国家示范性高等职业院校建设规划教材
高职高专教育校企合作特色示范性教材

建筑工程质量员实务

主　编　申永康

黄 河 水 利 出 版 社
·郑 州·

内 容 提 要

本书是国家示范性高等职业院校建设规划教材，是高职高专教育校企合作特色示范性教材。本书依托杨凌职业技术学院与陕西建工集团成立的校企合作理事会，根据校企合作共同开发的陕建建筑学院高等职业教育“建筑工程技术专业”人才培养方案要求，通过对建筑行业施工现场质量管理人员职业标准、陕西建工集团质量员岗位标准解析，结合高等职业教育的教学特点和企业特点进行设计和编写的。全书共分6个工作任务，主要内容包括质量员岗位的认知、质量员质量计划准备、施工工序质量控制、施工质量检查验收、施工质量问题和质量事故的处理、施工质量技术资料管理等。通过对本课程的学习，学生能够明确建筑工程质量员的工作职责、掌握质量的专业知识、熟练应用质量的专业技能，在建筑与市政工程施工现场，胜任施工安全策划、检查、监督等工作。

本书主要作为高等职业教育土建类建筑工程技术、工程造价、工程监理等专业的教学用书，也可作为岗位培训教材或供土建工程技术人员学习参考。

图书在版编目(CIP)数据

建筑工程质量员实务/申永康主编. —郑州：黄河水利出版社，2015.8

国家示范性高等职业院校建设规划教材

ISBN 978-7-5509-1190-1

Ⅰ.①建… Ⅱ.①申… Ⅲ.①建筑工程-工程质量-质量管理-高等职业教育-教材 Ⅳ.①TU712

中国版本图书馆CIP数据核字(2015)第193054号

组稿编辑：王路平　电话：0371-66022212　E-mail：hhslwlp@163.com
路夷坦　66022111　hhsllyt@126.com

出 版 社：黄河水利出版社
地址：河南省郑州市顺河路黄委会综合楼14层　邮政编码：450003
发行单位：黄河水利出版社
发行部电话：0371-66026940、66020550、66028024、66022620(传真)
E-mail：hhslcbs@126.com
承印单位：黄河水利委员会印刷厂
开本：787 mm×1 092 mm　1/16
印张：17
字数：390千字　印数：1—2 000
版次：2015年8月第1版　印次：2015年8月第1次印刷

定价：40.00元

国家示范性高等职业院校建设规划教材
高职高专教育校企合作特色示范性教材

编审委员会

《建筑工程质量员实务》

编写团队

主　审　袁忠泉　陕西建工集团总公司

主　编　申永康　杨凌职业技术学院

副主编　姜良波　陕西建工第七建设集团公司

　　　　韩迎国　陕西建工第一建设集团公司

　　　　贾　青　杨凌职业技术学院

参　编　卜　伟　杨凌职业技术学院

　　　　王　涛　陕西建工集团总公司

前 言

本书依托杨凌职业技术学院与陕西建工集团成立的校企合作理事会，根据校企合作共同开发的陕建建筑学院高等职业教育“建筑工程技术专业”人才培养方案要求，根据安全管理方面的法律法规和技术标准，形成安全管理全面、系统的知识体系，围绕当前建筑行业对学生现场安全管理能力的要求，结合陕建集团各个企业在施工管理中的新理念、新方法，依据陕建人才培养方案中建筑工程安全管理人员的岗位素质、知识、技能要求确定教材内容，突出陕建元素与传统学科知识体系的结合，基于建筑施工现场专业人员职业标准的要求构建教材结构体系，最后以陕建某项目为案例，介绍建筑施工现场安全管理的具体实施，以便在施工一线的安全管理工作者系统全面的学习。

本书为建筑工程专业最重要的学习内容之一，是从事建筑类工作必须具备质量管理方面的知识、技能的浓缩，是上岗必须掌握的基本技能。建筑工程质量员实务是建筑类岗位群的一门不可忽视的课程，无论是施工方、监理方还是与建筑工程相关的职业人员必须了解和掌握的能力与知识的一部分。本书旨在解决学生质量管理方面能力的培养问题，将对本专业工程质量分析、质量管理、质量检查、事故处理、质量资料整编等专业能力的培养起支撑作用。

本书由杨凌职业技术学院与陕西建工集团共同承担编写工作，编写人员及编写分工如下：工作任务 1 由杨凌职业技术学院申永康和陕西建工第七建设集团公司姜良波共同编写，工作任务 2、工作任务 3 由杨凌职业技术学院申永康编写，工作任务 4 由杨凌职业技术学院贾青和陕西建工第一建设集团公司韩迎国共同编写，工作任务 5 由杨凌职业技术学院贾青编写，工作任务 6 由杨凌职业技术学院卜伟和陕西建工集团总公司王涛共同编写。本教材由申永康担任主编，申永康、卜伟承担了全书的统稿和校订工作；由姜良波、韩迎国、贾青担任副主编；由陕西建工集团总公司袁忠泉担任主审。

本书在编写过程中，专业建设团队的领导和老师提出了许多宝贵意见，陕西省建筑工程集团公司给予了大力支持，同时得到了陕西建工第七建设集团公司李孝悌总工程师的指导，在此表示最诚挚的感谢！

本书在编写过程中参考了建设工程质量员管理实务方面的一些书籍和资料，在此对各位同行以及资料的作者深表谢意！

由于编者经验和水平有限，书中难免存在疏漏或不足之处，恳请广大读者和同行批评指正，编者不胜感激。

编 者

2015 年 6 月

目 录

前 言
工作任务1 质量员岗位的认知 …… (1)
子任务1.1 认知建筑施工质量控制体系 …… (1)
子任务1.2 认知质量员岗位国家标准 …… (10)
子任务1.3 认知陕西省质量员岗位标准 …… (17)
子任务1.4 陕西建工集团质量员岗位职责认知 …… (21)
任务小结 …… (32)
实训项目 …… (33)
复习思考题 …… (33)
工作任务2 质量员质量计划准备 …… (34)
子任务2.1 认识施工项目质量计划 …… (34)
子任务2.2 现场施工准备的质量控制 …… (42)
子任务2.3 认识施工作业技术准备状态 …… (48)
子任务2.4 陕西建工集团总公司项目质量技术策划 …… (55)
子任务2.5 陕西建工集团施工现场质量管理制度 …… (70)
任务小结 …… (79)
实训项目 …… (79)
复习思考题 …… (79)
工作任务3 施工工序质量控制 …… (80)
子任务3.1 地基与基础工程施工质量控制 …… (80)
子任务3.2 砌筑工程施工质量控制 …… (92)
子任务3.3 混凝土结构工程施工质量控制 …… (101)
子任务3.4 防水工程施工质量控制 …… (131)
子任务3.5 建筑装饰装修工程施工质量控制 …… (157)
子任务3.6 钢结构施工质量控制 …… (171)
子任务3.7 陕西建工集团建筑施工工序质量控制 …… (177)
任务小结 …… (185)
复习思考题 …… (186)
工作任务4 建设工程施工质量检查与验收 …… (187)
子任务4.1 施工质量及作业质量检验的认知 …… (187)
子任务4.2 施工质量检验程序的构建及实施 …… (192)

子任务4.3　建筑工程施工质量验收 …… (196)
任务小结 …… (211)
工作任务5　建设工程质量问题和质量事故的处理 …… (212)
子任务5.1　建设工程质量问题的认知及处理 …… (212)
子任务5.2　工程质量事故的认知 …… (218)
子任务5.3　工程质量事故处理程序 …… (220)
子任务5.4　事故处理方案确定及鉴定验收 …… (226)
子任务5.5　工程质量处理案例 …… (229)
任务小结 …… (231)
工作任务6　建筑施工质量技术资料管理 …… (232)
子任务6.1　施工质量检查记录与质量资料编制 …… (232)
子任务6.2　施工质量资料的汇总、整理与移交 …… (257)
子任务6.3　陕西建工集团施工质量技术资料整理 …… (260)
任务小结 …… (262)
参考文献 …… (263)

工作任务1　质量员岗位的认知

【学习目标】

能力目标	能够编制施工项目部各岗位质量职责与质量员岗位职责
知识要点	认知质量员岗位工作内容，熟悉施工项目部质量管理制度

【任务介绍】 本任务介绍了建筑工程施工现场质量员的岗位职责及岗位要求。

【任务分析】 主要包括建筑施工质量控制体系、国家质量员岗位标准、陕西省质量员岗位标准、陕西建工集团质量员岗位职责。

【任务实施】

子任务1.1　认知建筑施工质量控制体系

1.1.1　建立项目施工质量保证体系

1.1.1.1　质量目标体系

项目施工质量保证体系必须明确并符合质量总目标的要求。项目质量目标的分解主要从时间角度和空间角度展开。施工质量控制的总体目标是贯彻执行建设工程质量法规和强制性标准，正确配置施工生产要素和采用科学管理的方法，实现工程项目预期的使用功能和质量标准。这是建设工程参与各方的共同责任。

1. 建设单位的质量控制目标

通过施工全过程的全面质量监督管理、协调和决策，保证竣工项目达到投资决策所确定的质量标准。

2. 设计单位在施工阶段的质量控制目标

通过对施工质量的验收签证、设计变更控制及纠正施工中所发现的设计问题，采纳变更设计的合理化建议等，保证竣工项目的各项施工结果与设计文件（包括变更文件）所规定的标准相一致。

3. 施工单位的质量控制目标

通过施工全过程的全面质量自控，保证交付满足施工合同及设计文件所规定的质量标准（含工程质量创优要求）的建设工程产品。

4. 监理单位在施工阶段的质量控制目标

通过审核施工质量文件、报告报表及现场旁站检查、平行检测、施工指令和结算支付控制等手段的应用，监控施工承包单位的质量活动行为，协调施工关系，正确履行工程质量的监督责任，以保证工程质量达到施工合同和设计文件所规定的质量标准。

1.1.1.2 项目施工质量计划体系

应根据企业的质量手册和项目质量目标来编制项目施工质量计划。工程项目质量计划可以按内容分为质量工作计划和质量成本计划。按施工阶段,项目施工质量计划体系包括:

(1)施工准备质量计划。指工程项目开工前的全面施工准备和施工过程中各分部分项工程施工作业前的施工准备(或称施工作业准备)。此外,还包括季节性的特殊施工准备。施工准备质量是属于工作质量范畴,它对建设工程产品质量的形成产生重要的影响。

(2)施工过程的质量计划。指施工作业技术活动的投入与产出过程的质量控制,其内涵包括全过程施工生产及其各分部分项工程的施工作业过程。

(3)施工验收质量控制计划。指对已完工程验收时的质量控制,即工程产品质量控制,包括隐蔽工程验收、检验和验收、分项工程验收、分部工程验收、单位工程验收和整个建设工程项目竣工验收过程。

1.1.1.3 组织保证体系

建立健全各级组织,分工负责,做到以预防为主,预防与检查相结合,形成一个有明确任务、职责、权限、互相协调和互相促进的有机整体。

1. 工作保证体系

通过施工准备阶段、施工阶段、竣工验收阶段进行质量控制。

2. 相关法律知识

《中华人民共和国建筑法》中有关内容的规定:第十九条　建筑工程依法实行招标发包,对不适于招标发包的可以直接发包。第二十条　建筑工程实行公开招标的,发包单位应当依照法定程序和方式,发布招标公告,提供载有招标工程的主要技术要求、主要的合同条款、评标的标准和方法以及开标、评标、定标的程序等内容的招标文件。开标应当在招标文件规定的时间、地点公开进行。开标后应当按照招标文件规定的评标标准和程序对标书进行评价、比较,在具备相应资质条件的投标者中,择优选定中标者。第二十一条　建筑工程招标的开标、评标、定标由建设单位依法组织实施,并接受有关行政主管部门的监督。第二十二条　建筑工程实行招标发包的,发包单位应当将建筑工程发包给依法中标的承包单位。建筑工程实行直接发包的,发包单位应当将建筑工程发包给具有相应资质条件的承包单位。

1.1.2 建立建筑施工质量责任制

质量责任制是指保证产品或服务质量的一种责任制度,是搞好质量管理的一项重要的基础工作。在质量责任制中,应明确规定企业每个人在质量工作上的责任、权限与物质利益。质量责任制一般有企业各级行政领导责任制,职能机构责任制以及施工项目部、班组和个人责任制。

1.1.2.1 项目部质量责任

(1)认真贯彻“百年大计,质量第一”的方针,严格执行国家有关质量的法律、法规、标准以及有关上级质量工作的指示和精神。认真落实建设单位技术管理办法、施工承发包合同中有关质量的承诺,落实公司技术、质量管理规章制度。

(2)负责组织管辖范围内的质量大检查,检查施工过程中质量技术措施的落实情况。对施工中出现的质量问题和质量隐患,负责督促、整改、落实。

(3)了解、掌握管辖范围内质量动态,收集、处理各参建单位生产质量情况和信息,及时对质量形势进行分析判断,制定阶段工作重点和措施。

(4)编制管辖范围内指导性施工组织设计和专项方案,并报公司审批。

(5)针对管辖范围内工程特点,组织编制、下达专项质量事故应急救援预案,并适时组织演练。

(6)参加管辖范围内各类质量事故的调查处理工作,并及时赶赴现场做好抢险救援工作。

(7)参加参建工程的竣工验收,并完善交验手续。

1.1.2.2 项目部有关人员质量职责

1. 项目经理质量责任制

主持管辖范围内质量管理工作和管辖范围内质量管理目标及对策措施的制定;建立健全本单位各部门、人员质量责任制及各项规章制度。牵头组织好项目部质量领导小组和管辖范围内质量活动的开展,了解、掌握管辖范围内质量工作存在的问题,及时组织采取有效的应对措施和办法。对管辖范围内指导性施工组织设计,建设单位或集团公司确定的重点、控制工程的施工组织设计,组织进行审核,并报公司审批。参加管辖范围内各类质量事故的调查处理工作,并及时组织相关人员赶赴现场做好抢险救援工作。组织编制、下达有针对性的专项质量事故应急救援预案,并适时组织进行演练。负责对所属各部门质量管理工作进行检查、考核、评价。牵头组织对管辖范围内委外工程和协作队伍的监督管理工作,加大对分包、委外工程质量监督检查力度。正确处理工程质量和施工进度的关系,重视和控制质量成本,减少质量损失,不断改进工程质量,提高质量管理水平和效益。

2. 项目副经理质量责任

协助项目经理贯彻实施本单位的质量方针和目标,对质量责任制的贯彻落实情况进行监督检查。协助项目经理组织管辖区域内,定期或不定期的质量检查活动。并对活动开展情况的通报、总结,上传下达进行监督检查。负责组织对严重不合格品的评审、处置和纠正措施的制定、验证工作。支持质量管理人员的工作和行使质量否决权,制止任何忽视质量的做法,对不符合质量标准的工程有权责令停工或返工。参加管辖区域内重大工程技术方案、措施的审定工作。组织对质量情况的分析,制定改进和强化措施,督促有关部门和施工班组落实。参加管辖范围内各类质量事故的调查处理工作,协助项目经理组织相关人员赶赴现场进行抢险救援工作。组织实施管辖区域内的质量创优规划,推动质量创优工作的开展,促进工程质量的不断提高。参加本单位质量领导小组会议,负责对分管部门质量管理工作的检查、考核、评价。参加对管辖范围内委外工程和协作队伍的监督管理工作,特别是对分包、委外工程质量监督检查。

3. 项目部总工程师质量责任

协助项目经理组织制定本单位的质量方针目标和各项规章制度,负责技术管理、质量管理、质量控制工作,并对工程的最终质量负责。贯彻、执行有关政策、法令及有关规章制度,组织贯彻实施技术规程、施工规范、质量验收标准。督促、检查管段施工技术人员,严格按设计图进行施工,并认真执行质量验收标准。主持管辖范围内质量检查工作,加强阶段检查和竣工工程验评,发现问题及时采取措施,遇到难以解决的隐患,应及时上报。负责编制管辖范围内指导性施工组织设计和专项施工方案,并报公司审批。组织培训管段内施工人员学习有关规程、规范和标准,努力提高职工队伍技术业务素质。参加管辖范围各类质量事故的调查处理工作,协助项目经理组织相关人员赶赴现场开展抢险救援工作。督促检查管辖范围内施工实际情况,对违反施工规范、操作、规程、技术措施的行为,有权制止,责令其返工或停工。

4. 项目部党委书记质量责任

组织审定质量宣传提纲、质量宣传标语口号和资料。组织开展质量工作对外宣传报道,指导公司新闻媒体的质量宣传工作。参与事故的调查处理,并根据有关规定,对管辖范围内的事故责任人,给予党纪、政纪处分。参加质量委员会、质量决策会议。

5. 工会主席质量责任

积极组织开展群众性质量管理活动,动员广大职工投身质量振兴企业的活动中。参加质量大检查和项目部组织的质量事故的抢险救灾、调查处理工作。参加质量委员会、质量决策会议。

6. 项目部财务主管及会计员质量责任

保证用于工程质量管理所需资金,负责工程质量保证金的收付工作。监督质量措施费用、质量奖励资金的正确使用,落实工程质量管理工作的经济责任,负责统一发放、扣收各项有关工程质量管理工作的奖励、罚款。正确处理工作质量与工程成本之间的关系,避免过于追求质量而忽视效益或过于追求效益而忽视质量。参加质量检查活动和质量事故、问题的调查、分析和处理工作,对影响经济效益的质量问题提出改进建议。协同有关部门,结合实情研究优质优价政策。

7. 技术室质量责任

负责收集、贯彻与公司施工生产相关的国家、地方以及行业技术标准和质量验收规范,做好更新管理工作。审批或编制施工组织设计,监督、检查对安全质量威胁较大的重点工程中重要结构的检算、技术管理及措施的执行情况。督促、指导做好施工图审查、逐级技术交底等工作。按分级管理的原则,坚持测量复核制。负责在建工程产品顾客满意度的调查工作,收集有关信息并进行分析和处置。开展工程质量保修活动,参加工程质量回访。参与解决施工技术疑难问题,参加新工法、施工技术标准的编制。参与工艺标准的评审,特殊过程的鉴定。根据上级有关质量规定和公司质量管理目标,结合实际情况,补充制定有关质量监察工作的实施细则、制度、办法等,对施工质量的薄弱环节和关键问题,提出改进意见。参加质量回访工作,及时向上级和质量管理部门报送有关质量情况的统计报告。参加组织项目部定期和不定期的质量大检查,并经常深入现场检查,检查有关施工技术、质量措施的实施情况,抓好重点难点工程、技术复杂工程和关键工序的质量控制工作,对工程质量进行动态管理。负责审查施工技术资料、技术性文件的管理以及产品实现过程中相关记录的管理。对存在的问题,提出整改意见,督促施工单位采取措施纠正。监督检查质量验收标准执行情况,配合有关部门做好质量检验评定工作和返修质量检验工作。发现违反施工程序，不按设计图纸、规程、规范施工，使用材料、半成品和设备不符合质量要求者，有权制止。必要时，可向主管领导提出暂停施工。对不符合质量标准的工程和产品，有权责令返工。对危害工程质量的行为，有权越级报告。组织对工程一般、大及以上质量事故的调查、分析、评审和提出处理意见，负责技术分析以及整改措施的制定和实施检查。对原因复杂以及影响较大质量事故的调查处理，负责办理有关处理、呈报事宜。负责项目部各类质量事故台账的建立以及质量事故档案的管理工作。负责项目部有关质量方面的创牌申报、评审工作。

8. 安全员质量责任

参与施工组织设计、施工专项方案和重大方案以及事故应急救援预案的审查和论证。参与质量事故的调查、分析、处理。参加项目部质量大检查活动。

9. 材料室质量责任

负责物资设备的招标和质量控制，审查供应商的资质及质量保证能力。全面了解现场材料的供应工作，确保按物资采购计划供应工程所需物资。严格要求项目部执行材料的验收、储存、运输、保管制度，督促各成员对超过保管期限的材料，及时请有关单位部门鉴定并提出处理意见。督促检查项目部对原材料及有关试验项目的复试，并对出具的试验报告负责。督促物资的进货检验、验证及产品标识和可追溯性检查工作。监督检查主要工程材料的合理选用和保管。积极研究新品种材料与地方性材料的选用，推广有关新材料，为确保工程和产品质量发挥积极作用。监督指导项目部供应与工程项目相配套的、完好的施工机具。加强机具设备的革新改造，尽量满足施工需要。监督、指导项目部做好机具设备的管理、使用、保养、修理工作，按时进行各级保养及大修。保证施工机具、设备技术状态良好和正常运转，严禁机具、设备带病和超负荷运行。参与因物资设备质量问题而造成的工程质量事故的调查处理。

10. 劳资定额员质量责任

参加质量检查活动和有关质量的分析会议，牵头或协助组织技术竞赛活动，提高员工的技能水平。负责把质量管理有关内容纳入员工技术业务培训计划，不断提高员工的质量意识和搞好工程质量的自觉性。按照“先培训后上岗”的规定，做好新员工上岗前的岗位培训监督，对未经培训、未考试合格或未取得上岗证的人员，不得安排上岗。负责在制定奖惩考核制度时，将质量列为考核指标，并按规定考核。参加大及重大质量事故的抢险救灾，参与事故的调查处理，并配合有关部门，办理管辖范围内事故责任人党纪、政纪处分手续的归档以及事故的善后处理工作。

11. 实验员质量责任

按照技术标准、操作规范，编写与实施检测、试验工作计划。编制项目检验、试验工作计划并组织实施。负责工地日常检验、鉴定材料的取样送样，并及时正确记录工地所进材料的产地、数量及实用数量。按规定制作检查试件并按期送检。对工地使用粗细集料砖石料产地质量进行核查，测定沙、石含水率，检查复核掺合料、添加剂是否与鉴定品种相符，提供各种施工配合比卡片。认真做好仪器设备的使用登记和维修、保养工作；严格按操作规程操作、检测试验仪器设备，按仪器设备的检定周期及时送标准计量部门检定。严格按照有关规定填写并妥善保管检测过程的原始记录，认真复验核对检测数据，确保试验结果准确可靠，并对检测数据的准确性负责。建立并完善试验记录和台账，分工号保存、整理、检查试件试验报告、材料鉴定资料、配合比卡片及其他试验报告。参与质量情况和事故的分析，参与因配合比使用用料不当等涉及的试验工作所造成的事故分析。季度检查试件合格率。检测过程中出现事故时应及时向主管领导和项目负责人报告，并按要求进行处理；编写并提交“检测质量事故报告”。

12. 质检员质量责任

熟悉并执行国家、地方及上级质量工作法规、制度以及行业标准、规范，结合业主及合同要求，参与拟定并执行本单位各项质量管理制度，并督促其有效运行；牵头项目质量管理小组日常工作。做到本单位质量工作有章可循，有法可依。参与工程质量技术交底，监督施工人员按标准、规范、施工图、施工组织、作业指导书（工法）等规定进行施工；监控项目现场质检工作的具体实施情况，包括人员组织、技术措施、计量器具、质量、安全、成品保护等；查验进场原材料是否合乎要求，标识是否齐全，杜绝不合格材料的使用。检查、验证从施工到竣工各阶段工程质量（含隐蔽工程检查、工序验收），参与分项、分部、单位工程质量评定，填写质量记录，并收集整理归档。确保施工过程符合标准，产品质量合格，质量记录可追溯。组织对不合格工程（产品）进行调查分析、评审和处理，制定预防纠正措施，制定质量事故（事件）应急预案，执行质量事故报告制度，收集事故相关资料，参与质量事故的调查处理，完善调查报告，参与制定整改措施。参与维护、监督质量体系运行、组织和管理内部质量审核工作，及时传达上级有关质量工作的文件、通知的精神，收集来自各方有关工程质量信息并进行处理和信息反馈（含文字、图像、音响信息），完善质量体系运行资料、记录，接受质量体系的内外审查。

1.1.3 构建施工质量控制的依据

施工阶段进行质量控制的依据，大体上有以下四类。

1.1.3.1 工程合同文件

工程施工承包合同文件和委托监理合同文件中分别规定了参与建设各方在质量控制方面的权利和义务，有关各方必须履行在合同中的承诺。对于监理单位，既要履行委托监理合同的条款，又要督促建设单位、监督承包单位、设计单位履行有关的质量控制条款。因此，监理工程师要熟悉这些条款，据以进行质量监督和控制。

1.1.3.2 设计文件

“按图施工”是施工阶段质量控制的一项重要原则。因此，经过批准的设计图纸和技术说明书等设计文件，无疑是质量控制的重要依据。但是从严格质量管理和质量控制的角度出发，监理单位在施工前还应参加由建设单位组织的设计单位及承包单位参加的设计交底及图纸会审工作，以达到了解设计意图和质量要求，发现图纸差错和减少质量隐患的目的。

1.1.3.3 政府有关部门颁布的有关质量管理方面的法律、法规性文件

《中华人民共和国建筑法》(1997 年 11 月 1 日中华人民共和国主席令第 91 号发布)。

《建设工程质量管理条例》(2000 年 1 月 30 日中华人民共和国国务院令第 279 号发布)。

2001 年 4 月中华人民共和国建设部发布的《建筑业企业资质管理规定》。

以上列举的是国家及建设主管部门所颁发的有关质量管理方面的法规性文件。这些文件都是建设行业质量管理方面所应遵循的基本法规文件。此外,其他各行业如交通、能源、水利、冶金、化工等的政府主管部门和省、市、自治区的有关主管部门,也均根据本行业及地方的特点,制定和颁发了有关的法规性文件。

1.1.3.4　有关质量检验与控制的专门技术法规性文件

这类文件一般是针对不同行业、不同的质量控制对象而制定的技术法规性文件,包括各种有关的标准、规范、规程或规定。

技术标准有国际标准、国家标准、行业标准、地方标准和企业标准之分。它们是建立和维护正常的生产和工作秩序应遵守的准则,也是衡量工程、设备和材料质量的尺度。例如,工程质量检验及验收标准;材料、半成品或构配件的技术检验和验收标准等。技术规程或规范,一般是执行技术标准,保证施工有序地进行,而为有关人员制定的行动的准则,通常也与质量的形成有密切关系,应严格遵守。各种有关质量方面的规定,一般是由有关主管部门根据需要而发布的带有方针目标性的文件,它对于保证标准和规程、规范的实施和改善实际存在的问题,具有指令性和及时性的特点。此外,对于大型工程,特别是对外承包工程和外资、外贷工程的质量监理与控制中,可能还会涉及国际标准和国外标准或规范,当需要采用这些标准或规范进行质量控制时,还需要熟悉它们。

概括说来,属于这类专门的技术法规性的依据主要有以下几类。

1. 工程项目施工质量验收标准

这类标准主要是由国家或部统一制定的,用以作为检验和验收工程项目质量水平所依据的技术法规性文件。例如,评定建筑工程质量验收的《建筑工程施工质量验收统一标准》(GB 50300—2013)、《混凝土结构工程施工质量验收规范》(GB 50204—2012)、《建筑装饰装修工程质量验收规范》(GB 50210—2001)等。对于其他行业如水利、电力、交通等工程项目的质量验收,也有与之类似的、相应的质量验收标准。

2. 有关工程材料、半成品和构配件质量控制方面的专门技术法规性依据

有关材料及其制品质量的技术标准。诸如水泥、木材及其制品、钢材、砖瓦、砌块、石材、石灰、砂、玻璃、陶瓷及其制品;涂料、保温及吸声材料、防水材料、塑料制品;建筑五金、电缆电线、绝缘材料以及其他材料或制品的质量标准。

有关材料或半成品等的取样、试验等方面的技术标准或规程。例如,木材的物理力学试验方法总则、钢材的机械及工艺试验取样法、水泥安定性检验方法等。

有关材料验收、包装、标志方面的技术标准和规定。例如,型钢的验收、包装、标志及质量证明书的一般规定,钢管验收、包装、标志及质量证明书的一般规定等。

3. 控制施工作业活动质量的技术规程

例如,电焊操作规程、砌砖操作规程、混凝土施工操作规程等。它们是为了保证施工作业活动质量在作业过程中应遵照执行的技术规程。

4. 确定判断与控制质量的依据

凡采用新工艺、新技术、新材料的工程,事先应进行试验,并应有权威性技术部门的技术鉴定书及有关的质量数据、指标,在此基础上制定有关的质量标准和施工工艺规程,以此作为判断与控制质量的依据。

1.1.4 进行全面质量管理(TQC)

1.1.4.1 基本概念

全面质量管理,即 TQM(Total Quality Management)就是指一个组织以质量为中心,以全员参与为基础,目的在于通过顾客满意和本组织所有成员及社会受益而达到长期成功的管理途径。在全面质量管理中,质量这个概念和全部管理目标的实现有关。全面质量管理是以顾客为中心,为用户服务的观点。在企业内部,凡接收上道工序的产品进行再生产的下道工序,就是上道工序的用户,“为用户服务”和“下道工序就是用户”是全面质量管理的一个基本观点。通过每道工序的质量控制,达到提高最终产品质量的目的。

所谓全面管理,就是进行全过程的管理、全企业的管理和全员的管理。其中,全过程的管理即全面质量管理要求对产品生产过程进行全面控制。全企业管理的一个重要特点,是强调质量管理工作不局限于质量管理部门,要求企业所属各单位、各部门都要参与质量管理工作,共同对产品质量负责。全员管理即全面质量管理要求把质量控制工作落实到每一名员工,让每一名员工都关心产品质量。

QC 即英文 Quality Control 的简称,中文意义是品质控制,其在 ISO8402:1994 的定义是“为达到品质要求所采取的作业技术和活动”。有些推行 ISO9000 的组织会设置这样一个部门或岗位,负责 ISO9000 标准所要求的有关品质控制的职能,担任这类工作的人员就叫作 QC 人员,相当于一般企业中的产品检验员,包括进货检验员(IQC)、制程检验员(IPQC)和最终检验员(FQC)。

1.1.4.2 建筑施工管理中的全面质量管理

施工过程全面质量管理的活动场所都在施工现场,其工作重点是建立稳定可靠的施工系统,保证每个施工环节上的工程质量和预防工作。主要工作是严格贯彻执行工艺规程;加强每道工序的质量检测,做好施工设备、材料等方面的质量管理。在施工过程中,必须认识到工序质量是保证施工工程合格的基础,是进行全面质量管理的关键。在制定的各“施工管理细则”里,除明确规定各道工序的技术要求和误差标准外,还须强调工序间的自检、复检及记录,对关键性工序和隐蔽工作(如施工放样、基坑检查,桩底标高、钢筋结构、电线安装等)均需严格地检验,并报监理工程师。

监理人员必须经常巡查工地,检验工程质量,及时在施工现场验收签证。否则,将影响下道工序施工,以此来层层把关,步步设防,确保全面质量管理的顺利实施。另外,建设单位在进行建筑工程验收时,除总体外观和几何尺寸要在现场检验外,绝大部分的工作应有原始记录,以统计数据对照评分标准来反映建筑结构宏观及内在质量,切实做到全面质量管理在施工活动中的应用。

1.1.4.3 建筑施工质量管理 QC 小组活动

在对工程项目质量管理的过程中推行全面质量管理(TQM),建立适用和完善的质量工作体系,对每道施工工序加以管理,形成全面、全员、全过程的质量工作系统,从而不断地改善和提高工作质量,可以有效地促进质量目标的实现。QC 小组活动作为全面质量管理中的重要一环,正是一种解决一线实际问题,增进工作现场活力,改善和提高工作质量的有效活动。QC 小组是员工自愿组织起来,以改进质量、降低消耗为目的,运用质量管理的理论和方法,通过自身的专业技能去解决工作中出现的问题,并按计划开展活动的群众性组织。它是充分发挥员工工作积极性和创造性的一种民主管理组织形式,是解决实际问题、提高员工素质、改进工作质量最终达成各项目标的一种有效的管理方法。

在工程项目管理的过程中,开展 QC 小组活动的一般程序如下:

(1)确定质量管理目标:查找工程项目自身存在的质量问题、质量通病,识别造成质量变异的偶然因素和系统因素(偶然因素是随机发生的,客观存在的,是正常的;系统因素是人为的,异常的),判断质量数据的准确性和可靠性,以确定改进的目标。

(2)制订质量保证计划:为实现上述质量管理目标提出应当采用的具体措施的计划,计划要做到材料、设备、技术、组织的四落实。

(3)建立质量保证工作体系:建立组织保证体系和过程控制体系,有效地执行既定措施,检查、改进、完善。

(4)建立质量信息系统:对活动过程中产生的各种数据和资料进行汇总、分析和处理,总结活动成果,发现新的问题,确定新的目标。

1.1.4.4 过程质量问题控制

在工程项目的质量管理中,纠正过程质量问题是一个控制的重点。过程质量问题可以分为结构的、半结构的和非结构的三种,对结构问题可以一种直接的方式对目标作简单的规格或数量上的调整,以确保符合特定要求,但对于处理半结构和非结构的过程问题,则需要更多的创造力。通过有效开展 QC 小组活动,充分发挥员工的积极性和创造性,可以很好地解决后两类问题。

下面用一实例来说明 QC 小组活动在工程项目质量管理中的应用:

某建筑工程地处西北,气候干旱,风沙多,混凝土工程外观质量较差,而业主又提出了创"精品工程"的要求。经过分析认为,造成混凝土外观质量差的主要原因在于施工过程的设计问题和操作问题(非结构过程问题)。为解决该问题,满足业主的要求,成立了由熟悉 TQM 知识的管理人员和具有专业技能的施工技术人员组成的涵洞混凝土质量控制小组,进行技术攻关。

第一,小组成员进行了现状调查,对检查出的质量问题进行了统计,绘出帕累托图,找出主要原因有二:一是混凝土局部不平整,误差大于5 mm/m;二是混凝土表面龟裂,有通缝。

第二,QC 小组针对上述原因利用鱼刺图进行细致入微的调查,从"人、机、料、法、环"五个方面进行分析,找到末端原因。

第三,QC 小组针对末端原因,运用头脑风暴法,逐一制定改进措施,并在施工过程中严格执行既定方案。

第四,QC 小组进行对比总结,采取对策后上述问题出现频率降为5%,QC 小组的活动取得成功,并将混凝土表面气泡多、气泡大列为下一个攻关目标。

该 QC 小组活动的结果是使该项目中混凝土的施工过程设计合理,操作准确,30%的混凝土工程被评为"精品工程",并获得奖金15万元。

在工程项目质量管理中开展 QC 小组活动,可以很好地解决实际问题,改进和提高工作质量,但同时也要注意以下几点:

(1)工程项目质量管理的前提是解决生产什么、如何生产两大问题,任何一个问题未达到规定的质量要求，都会给工程项目带来严重的后果，那么QC小组活动的方向就是如何解决好这两方面的问题，特别是如何生产、如何实施技术方案，要通过开展QC活动快速有效的解决现场的问题。

(2)QC小组活动应以满足顾客需求为导向，具体到工程项目，质量管理的目标应是力求获得符合业主预定目标的、符合合同要求的工程，而不是单纯地追求质量最好的工程，所以在制定QC活动的目标时要注重实效、实用，不能盲目地去提高工程质量而忽视工期和费用的要求，要更侧重于如何保证质量而使成本降低的技术攻关。

(3)工程项目质量管理的过程中，要大力宣传QC知识，在工作实践中广泛地运用新旧七项工具去解决实际问题，使全体员工树立质量意识、问题意识、改进意识、参与意识，提高全体员工结合本岗位工作参与QC小组活动的积极性和创造性。

(4)工人是工程项目的具体实施者、操作者，工程项目的质量水平很大程度上取决于工人的工作质量，因此要吸纳更多的工人尤其是技术工人参加到QC小组活动中，对他们提出的意见给予充分的重视，并制定相应的激励措施。

(5)由于工程项目有一定的周期，QC小组活动的持续时间受到限制，因此要注意选题时抓住细节问题去攻关，制定措施应简单、易行，对成功和不成功的活动均要及时总结归纳，为以后的工程项目积累资料。

【案例1】 陕西建工集团施工质量全面质量管理(TQC)及管理小组(QC)。

中国施工企业管理协会表彰了2013年度全国工程建设优秀质量管理小组。陕西建工集团18个QC小组获表彰，占陕西省表彰总数53个的34%，以绝对优势领跑全省。2013年，陕西建工集团紧密结合国家相关政策，紧紧围绕工程质量、安全、绿色、低碳、环保、高新技术攻关等课题，广泛、深入开展QC小组活动。活动过程思路清晰、逻辑性强，讲求方法、注重实效，数据充分、工具方法运用正确，体现出实、活、新的特点，取得显著效果，为陕西省乃至全国建筑行业推广质量管理小组活动，提升施工质量管理水平，起到了积极的引领示范作用。据了解，全国共1 002个小组获殊荣，207个QC小组获一等奖，599个QC小组荣获二等奖，196个QC小组荣获三等奖，15人荣获最佳发布奖荣誉。陕西建工集团获一等奖1项、二等奖17项。

来源：中国施工企业管理协会工质字〔2013〕6号。

子任务1.2　认知质量员岗位国家标准

住房和城乡建设部于2011年7月13日颁发了《建筑与市政工程施工现场专业人员职业标准》(JGJ/T 250—2011)，包括了施工现场专业人员质量员职业标准。

1.2.1　专业术语

(1)职业标准(Occupational Standards)，在职业岗位分类的基础上，对从业人员应履行的工作职责、所需专业知识和专业技能，及其考核评价的方式、方法的规范性要求。

(2)工作职责(Roles)，职业岗位的工作范围和责任。

(3)专业技能(Technical Skills)，通过学习训练掌握的，运用相关知识完成专业工作任务的能力。

(4)专业知识(Technical Knowledge),完成专业工作应具备的通用知识、基础知识和岗位知识。

(5)通用知识(General Knowledge),在建筑与市政工程施工现场从事专业技术管理工作,应具备的相关法律法规及专业技术与管理知识。

(6)基础知识(Basic Knowledge),与职业岗位工作相关的专业基础理论和技术知识。

(7)岗位知识(Job Knowledge),与职业岗位工作相关的专业标准、工作程序、工作方法和岗位要求。

(8)职业能力评价(Competency Assessment Guidelines),通过考试、考核、鉴定等方式,对专业人员职业能力水平进行测试和判断。

(9)施工现场专业人员(Site Technicians),在建筑与市政工程施工现场从事技术与管理工作的人员。

(10)质量员(Quality Controller),在建筑与市政工程施工现场,从事施工质量策划、过程控制、检查、监督、验收等工作的专业人员。

1.2.2 职业能力标准

1.2.2.1 一般规定

(1)建筑与市政工程施工现场专业人员应具有中等职业(高中)教育及以上学历,并具有一定实际工作经验,身心健康。

(2)建筑与市政工程施工现场专业人员应具备必要的表达、计算、计算机应用能力。

(3)建筑与市政工程施工现场专业人员应具备下列职业素养:具有社会责任感和良好的职业操守,诚实守信,严谨务实,爱岗敬业,团结协作;遵守相关法律法规、标准和管理规定;树立安全至上、质量第一的理念,坚持安全生产、文明施工;具有节约资源、保护环境的意识;具有终生学习理念,不断学习新知识、新技能。

1.2.2.2 质量员的工作职责

质量员的工作职责宜符合表1-1的规定。

表1-1 质量员的工作职责

项次	分类	主要工作职责
1	质量计划准备	(1)参与进行施工质量策划。 (2)参与制定质量管理制度
2	材料质量控制	(3)参与材料、设备的采购。 (4)负责核查进场材料、设备的质量保证资料,监督进场材料的抽样复验。 (5)负责监督、跟踪施工试验,负责计量器具的符合性审查
3	工序质量控制	(6)参与施工图会审和施工方案审查。 (7)参与制定工序质量控制措施。 (8)负责工序质量检查和关键工序、特殊工序的旁站检查,参与交接检验、隐蔽验收、技术复核。 (9)负责检验批和分项工程的质量验收、评定,参与分部工程和单位工程的质量验收、评定

续表 1-1

项次	分类	主要工作职责
4	质量问题处置	(10)参与制定质量通病预防和纠正措施。 (11)负责监督质量缺陷的处理。 (12)参与质量事故的调查、分析和处理
5	质量资料管理	(13)负责质量检查的记录,编制质量资料。 (14)负责汇总、整理、移交质量资料

1.2.2.3 质量员的专业技能

质量员应具备表 1-2 规定的专业技能。

表 1-2 质量员应具备的专业技能

项次	分类	专业技能
1	质量计划准备	(1)能够参与编制施工项目质量计划
2	材料质量控制	(2)能够评价材料、设备质量。 (3)能够判断施工试验结果
3	工序质量控制	(4)能够识读施工图。 (5)能够确定施工质量控制点。 (6)能够参与编写质量控制措施等质量控制文件,并实施质量交底。 (7)能够进行工程质量检查、验收、评定
4	质量问题处置	(8)能够识别质量缺陷,并进行分析和处理。 (9)能够参与调查、分析质量事故,提出处理意见
5	质量资料管理	(10)能够编制、收集、整理质量资料

1.2.2.4 质量员的专业知识

质量员应具备表 1-3 规定的专业知识。

表 1-3 质量员应具备的专业知识

项次	分类	专业知识
1	通用知识	(1)熟悉国家工程建设相关法律法规。 (2)熟悉工程材料的基本知识。 (3)掌握施工图识读、绘制的基本知识。 (4)熟悉工程施工工艺和方法。 (5)熟悉工程项目管理的基本知识

续表1-3

项次	分类	专业知识
2	基础知识	(6)熟悉相关专业力学知识。 (7)熟悉建筑与市政构造、结构,建筑设备的基本知识。 (8)熟悉施工测量的基本知识。 (9)掌握抽样统计分析的基本知识
3	岗位知识	(10)熟悉与本岗位相关的标准和管理规定。 (11)掌握工程质量管理的基本知识。 (12)掌握施工质量计划的内容和编制方法。 (13)熟悉工程质量控制的方法。 (14)了解施工试验的内容、方法和判定标准。 (15)掌握工程质量问题的分析、预防及处理方法

1.2.2.5　质量员职业能力标准说明

本条明确了质量员的主要职责,即质量计划准备、材料质量控制、工序质量控制、质量问题处理和质量资料管理。

(1)施工质量策划是质量管理的一部分,是指制定质量目标并规定必要的运行过程和相关资源的活动。质量策划由项目经理主持,质量员参与。

(2)材料和设备的采购由材料员负责。质量员参与采购,主要是参与材料和设备的质量控制,以及材料供应商的考核。这里材料指工程材料,不包括周转材料;设备指建筑设备,不包括施工机械。

进场材料的抽样复验由材料员负责,质量员监督实施。进场材料和设备的质量保证资料包括:

产品清单(规格、产地、型号等);

产品合格证、质保书、准用证等;

检验报告、复检报告;

生产厂家的资信证明;

国家和地方规定的其他质量保证资料。

施工试验由施工员负责,质量员进行监督、跟踪。施工试验包括:

砂浆、混凝土的配合比,试块的强度、抗渗、抗冻试验;

钢筋(材)的强度、疲劳试验、焊接(机械连接)接头试验、焊缝强度检验等;

土工试验;

桩基检测试验;

结构、设备系统的功能性试验。

国家和地方规定需要进行试验的其他项目。

计量器具符合性审查主要包括:计量器具是否按照规定进行送检、标定;检测单位的资质是否符合要求;受检器具是否进行有效标识等。

(3)工序质量是指每道工序完成后的工程产品质量。工序质量控制措施由项目技术负责人主持制定,质量员参与。

关键工序指施工过程中对工程主要使用功能、安全状况有重要影响的工序。特殊工序指施工过程中对工程主要使用功能不能由后续的检测手段和评价方法加以验证的工序。

检验批、分项分部工程和单位工程的划分见《建筑工程施工质量验收统一标准》(GB 50300)。

(4)本标准将质量通病、质量缺陷和质量事故统称为质量问题。质量通病是建筑与市政工程中经常发生的、普遍存在的一些工程质量问题,质量缺陷是施工过程中出现的较轻微的、可以修复的质量问题,质量事故则是造成较大经济损失甚至一定人员伤亡的质量问题。

质量通病预防和纠正措施由项目技术负责人主持制定,质量员参与。质量缺陷的处理由施工员负责,质量员进行监督、跟踪。对于质量事故,应根据其损失的严重程度,由相应级别住房和城乡建设行政主管部门牵头调查处理,质量员应按要求参与。

(5)质量员在资料管理中的职责是:

进行或组织进行质量检查的记录;

负责编制或组织编制本岗位相关技术资料;

汇总、整理本岗位相关技术资料,并向资料员移交。

质量员的专业技能,应按土建施工、装饰装修、设备安装、市政工程四个子专业突出本专业的要求。

质量计划是针对特定的产品、项目或合同规定专门的质量措施、资源和活动顺序的文件。质量计划通常是质量策划的一个结果。要求质量员能够根据质量保证资料和进场复验资料,对材料和设备质量进行评价;能够根据施工试验资料,判断相关指标是否符合设计和有关技术标准要求。质量员的专业知识,应按土建施工、装饰装修、设备安装、市政工程四个子专业突出本专业的要求。

1.2.3 职业能力评价

1.2.3.1 一般要求

建筑与市政工程施工现场专业人员的职业能力评价,采取专业学历、职业经历和专业能力评价相结合的综合评价方法。其中,专业能力评价采用专业能力测试方法。专业能力测试包括专业知识和专业技能测试,应重点考查运用相关专业知识和专业技能解决工程实际问题的能力。建筑与市政工程施工现场专业人员参加职业能力评价,其施工现场职业实践年限应符合表1-4的规定。

表1-4 施工现场职业实践最少年限(年)

岗位名称	土建类本专业专科及以上学历	土建类相关专业专科及以上学历	土建类本专业中职学历	土建类相关专业中职学历	非土建类中职及以上学历
施工员、质量员、安全员、标准员、机械员	1	2	3	4	—
材料员、劳务员、资料员	1	2	3	4	4

建筑与市政工程施工现场专业人员专业能力测试的内容,应符合 JGJ/T 250—2011 相关规定。建筑与市政工程施工现场专业人员专业能力测试:专业知识部分应采取闭卷笔试方式;专业技能部分应以闭卷笔试方式为主,具备条件的可部分采用现场实操测试。专业知识考试时间宜为 2 小时,专业技能考试时间宜为 2.5 小时。

建筑与市政工程施工现场专业人员专业能力测试,专业知识和专业技能考试均采取百分制。专业知识和专业技能考试成绩同时合格,方为专业能力测试合格。已通过施工员、质量员职业能力评价的专业人员,参加其他岗位的职业能力评价,可免试部分专业知识。

建筑与市政工程施工现场专业人员的职业能力评价,应由省级住房和城乡建设行政主管部门统一组织实施。对专业能力测试合格,且专业学历和职业经历符合规定的建筑与市政工程施工现场专业人员,颁发职业能力评价合格证书。

1.2.3.2 质量员专业能力评价

质量员专业能力测试权重应符合表1-5 的规定。

表1-5 质量员专业能力测试权重

项次	分类	评价权重
专业技能	质量计划准备	0.10
	材料质量控制	0.20
	工序质量控制	0.40
	质量问题处置	0.20
	质量资料管理	0.10
	小计	1.00
专业知识	通用知识	0.20
	基础知识	0.40
	岗位知识	0.40
	小计	1.00

1.2.3.3 质量员质量能力评价标准说明

职业能力评价采取综合评价方式进行，由专业学历、职业经历和专业能力评价三部分组成。专业学历以文化程度为评价指标，职业经历以施工现场职业实践年限为评价指标，专业能力以专业能力测试成绩为评价指标。

建筑与市政工程施工现场专业人员专业能力测试不同于学历教育的学业考核，不应过分强调基本概念、基本原理的考查，而应重点考查运用相关专业知识和专业技能解决工程实际问题的能力。实际操作中，宜采用诸如工程案例等形式的测试题目。

依据国务院学位委员会《学位授予和人才培养学科目录(1997 年)》和教育部《普通高等学校本科专业目录(1998 年)》、《普通高等学校高职高专教育指导性专业目录(2004 年)》、《中等职业学校专业目录(2010 年)》，各职业岗位对应的土建类本专业、相关专业见表 1-6。

表 1-6 各职业岗位对应的土建类本专业、相关专业

序号	学历层次	施工员、质量员、标准员、安全员、机械员	材料员、劳务员、资料员
1	土建类研究生本专业	土木工程(一级学科)、建筑与土木工程(工程硕士)	土木工程(一级学科)、管理科学与工程、建筑与土木工程(工程硕士)
2	土建类本科本专业	土木工程、建筑环境与设备工程、给水排水工程、工程管理	土木工程、建筑环境与设备工程、给水排水工程、工程管理
3	土建类专科本专业	建筑设计类、土建施工类、建筑设备类、工程管理类、市政工程类	建筑设计类、土建施工类、建筑设备类、工程管理类、市政工程类、房地产类
4	土建类研究生相关专业	建筑学(一级学科)、管理科学与工程	建筑学(一级学科)
5	土建类本科相关专业	建筑学、城市规划	建筑学、城市规划、电气工程及其自动化
6	土建类专科相关专业	城镇规划与管理类、房地产类、公路监理、道路桥梁工程技术、高速铁道技术、电气化铁道技术、铁道工程技术、城市轨道交通工程技术、港口工程技术、管道工程技术、管道工程施工、水利工程与管理类	城镇规划与管理类、房地产类、公路监理、道路桥梁工程技术、高速铁道技术、电气化铁道技术、铁道工程技术、城市轨道交通工程技术、港口工程技术、管道工程技术、管道工程施工、水利工程与管理类
7	土建类中职本专业	建筑工程施工、建筑装饰、古建筑修缮与仿建、土建工程检测、建筑设备安装、供热通风与空调施工运行、给水排水工程施工与运行、楼宇智能化设备安装与运行	建筑工程施工、建筑装饰、城镇建设、工程造价、古建筑修缮与仿建、土建工程检测、建筑设备安装、供热通风与空调施工运行、给水排水工程施工与运行、工程施工机械运用与维修
8	土建类中职相关专业	城镇建设、道路与桥梁工程施工、市政工程施工、铁道施工与养护、水电工程建筑施工	道路与桥梁工程施工、铁道施工与养护、水电工程建筑施工、市政工程施工、物业管理、房地产营销与管理

TGJ/T 250—2011 规定了建筑与市政工程施工现场专业人员专业能力测试的框架性内容。为了保证本标准的可操作性，还将编制与本标准配套的考试大纲。

现场实操是最能反映专业技能测试真实水平的形式。但是，建筑与市政工程施工现场专业人员职业能力评价是一项量大面广的工作，专业技能测试全部采用现场实操是不现实的。因此，TGJ/T 250—2011 规定专业技能测试以闭卷笔试方式为主，但鼓励具备条件的地区部分采用现场实操测试。

建筑与市政工程施工现场专业人员专业能力测试成绩不实行滚动制，只有在同一次测试中，专业知识和专业技能都合格，方为专业能力测试合格。

在 TGJ/T 250—2011 所列职业岗位中，施工员、质量员所涉及的专业知识面相对较宽，要求也相对较高。为了减轻参加职业能力评价人员不必要的学习负担，TGJ/T 250—2011 规定，凡通过施工员或质量员职业能力评价的专业人员，参加其他岗位的职业能力评价，可以免试部分专业知识。

建筑与市政工程施工现场专业人员职业能力评价，是一项事关施工现场专业人员队伍建设的重要制度，涉及面广，政策性强，该工作应在住房和城乡建设部统一领导下，由省级住房和城乡建设行政主管部门统一组织实施。

子任务 1.3　认知陕西省质量员岗位标准

陕西省建设教育协会于 2013 年 8 月颁发的《陕西省建设行业施工现场专业人员考核评价大纲(试行)》。

1.3.1《法律法规及相关知识》考核评价大纲

1.3.1.1　劳动法规

(1)劳动合同：劳动合同的订立，劳动合同的类型，劳动合同的履行和变更，劳动合同的解除和终止。

(2)劳动保护的规定：劳动安全卫生，女职工和未成年工的特殊保护。

(3)劳动争议的处理：协商解决，调解解决，仲裁裁决。

1.3.1.2　建设许可与工程发包、承包

(1)建设许可：工程施工许可，从业单位资质许可，从业人员资格许可。

(2)建设工程发承包：建设工程发包，建设工程承包。

(3)违反建筑活动从业行为的法律责任：擅自施工处罚，非法发包、承揽处罚，转包与违法分包处罚。

1.3.1.3　建设工程招标与投标

(1)招标投标活动原则及适用范围，招标、投标概念，招标投标活动应遵循的基本原则，必须招标的项目范围和规模标准。

(2)工程招标：工程建设项目招标应当具备的条件、招标方式及其要求，招标程序和招标文件主要内容，招标组织形式与招标代理。

(3)工程投标：投标人的资格要求，投标人不得行使和禁止行使的行为，投标文件，联

合体投标。

(4)开标、评标和中标:开标程序和开标要求,组建评标委员会的规定和评标方法,中标候选人的确定,中标的条件。

(5)招标投标活动监督管理与法律责任:招标投标活动监督管理,招标人、投标人、招标代理机构、评标委员会成员、政府及其所属部门违反招标投标法律法规应承担的法律责任。

1.3.1.4 **建设工程合同**

1. 合同法原则及合同分类

合同法的基本原则及调整范围,合同的分类。

2. 合同的订立

合同的形式,合同的一般条款,订立合同的方式,缔约过失责任。

3. 合同的效力

合同的成立与合同生效,无效合同,可变更、可撤销合同,效力待定合同。

4. 合同的履行、变更和转让

合同履行的一般规定,合同变更、转让的条件和要求。

5. 合同的权利义务终止

合同的权利义务终止条件,解除合同的条件。

6. 违约责任

违约责任的承担方式,违约金与定金,不可抗力及违约责任的免除,合同争议的解决。

7. 建设工程合同

建设工程合同的概念、形式、种类及内容,建设工程合同的履行,建设工程合同违约责任和赔偿责任。

1.3.1.5 **建设工程安全生产管理**

1. 安全生产法规总则

安全生产法律、法规适用范围及安全生产的方针,建设工程安全生产规范性文件。

2. 工程建设相关主体的安全责任

建设单位的安全责任,施工单位的安全责任,工程监理单位的安全责任,勘察、设计单位的安全责任,其他相关单位的安全责任。

3. 安全生产监督管理

政府对安全生产监督管理的责任,安全生产许可证管理。

4. 法律责任

建设单位违反安全生产法律法规应承担的法律责任,施工单位违反安全生产法律法规应承担的法律责任,工程监理单位违反安全生产法律法规应承担的法律责任,勘察、设计单位违反安全生产法律法规应承担的法律责任。

1.3.1.6 **建设工程质量管理**

1. 建设工程质量法规总则

建设工程质量管理法律、法规适用范围,建设工程质量管理的目标。

2. 工程建设相关主体的质量责任

建设单位的质量责任,施工单位的质量责任,工程监理单位的质量责任,勘察、设计单位的质量责任,建设工程质量检验检测单位质量责任。

3. 建设工程质量监督管理

建设工程质量监督的主体,竣工验收备案制度。

4. 法律责任

建设单位违反工程质量法律法规应承担的法律责任,施工单位违反工程质量法律法规应承担的法律责任,工程监理单位违反工程质量法律法规应承担的法律责任,勘察、设计单位违反工程质量法律法规应承担的法律责任。

1.3.1.7 环境保护与建筑节能

1. 环境保护

建设工程项目环境影响评价制度,环境保护“三同时”制度。

2. 建筑节能

建筑节能的监督管理,建设主体的节能义务,主要建筑节能制度。民用建筑节能的相关规定相关法律法规:

《中华人民共和国劳动法》(主席令28号,1995年1月1日起施行);

《中华人民共和国劳动合同法》(主席令65号);

《中华人民共和国建筑法》(主席令91号);

《中华人民共和国招标投标法》(主席令21号);

《中华人民共和国合同法》(主席令15号);

《中华人民共和国安全生产法》(主席令70号);

《建设工程安全生产管理条例》(国务院令393号);

《建设工程质量管理条例》(国务院令279号);

《陕西省建设工程质量和安全生产管理条例》(陕西省人大常委会22号公告);

《陕西省建筑节能条例》(陕西省十届人大常委会第27次会议审议通过,于2007年1月1日起施行);

《建筑和市政基础设施工程施工图设计文件审查管理办法》(中华人民共和国住房和城乡建设部令第13号,于2013年8月1日起施行);

《建设项目环境保护管理条例》(中华人民共和国国务院令第253号);

《建设工程勘察设计管理条例》(中华人民共和国国务院令第293号)。

1.3.2 质量员考核评价大纲

1.3.2.1 专业基础知识

1. 建筑施工图的识读

建筑施工图的主要内容及识读,结构施工图的主要内容及识读。

2. 建筑材料的鉴别

建筑材料的性能及质量要求:

石灰、水泥,普通混凝土及组分材料,建筑砂浆及砖、石和砌块,建筑钢材,建筑防水材料、保温隔热材料,装饰装修材料。

建筑材料的进场检验和合格判定。

3. 建筑力学与结构知识

平面力系的平衡条件及应用,单跨静定梁内力计算及内力图,基础类型和构造,建筑结构可靠性要求,结构荷载和结构类型,砌体结构的受力特点、构造要求和抗震构造措施,钢筋混凝土梁、板、柱、墙的受力特点和构造要求;多层钢筋,混凝土框架结构抗震构造措施,预应力混凝土结构基本概念, 钢结构构件的连接方式。

4. 抽样统计分析

抽样方案类型及应用,统计分析方法及应用。

1.3.2.2 建筑施工工艺及质量检验标准

1. 地基基础工程

地基工程:地基处理方法,验槽和地基承载力的检测方法。

桩基础:混凝土预制桩(预应力管桩及方桩)施工工艺及质量标准,人工挖孔桩、机械钻孔灌注桩施工工艺及质量标准。

土方工程:施工降排水方法及质量标准,土方开挖、回填方法及质量标准。

基坑工程:排桩墙支护检验规定及检验标准,锚杆及土钉墙支护检验规定及检验标准。

2. 砌筑工程

砌筑工程质量控制等级的划分、砌筑砂浆质量要求、砌筑工艺和技术要求,砖砌体、混凝土小型空心砌块砌体、石砌体和填充墙砌体质量标准。

3. 混凝土结构工程

模板加工、安装工艺及质量标准,模板及支架拆除的要求;钢筋加工、连接和安装工艺及质量标准;混凝土施工工艺和质量标准;预应力混凝土先张法、后张法施工工艺及质量标准。

4. 钢结构工程

钢零件及钢部件加工工艺及质量标准,钢构件焊接工艺和质量标准,紧固件连接工艺及质量标准, 单层、多层钢结构安装方法及质量标准,钢结构涂装工艺及质量标准。

5. 防水工程

卷材、涂膜、刚性屋面防水施工工艺及质量标准,地下防水施工工艺(混凝土、附加层、细部)及质量标准,卫生间及外墙防水施工工艺及质量标准。

6. 装饰装修工程

抹灰、门窗、吊顶、轻质隔墙、饰面板(砖)、涂饰、裱糊与软包的施工工艺及质量标准,整体、块料地面的施工工艺及质量标准。

1.3.2.3 施工项目质量控制

1. 施工质量控制基本要求

质量责任制,项目施工质量保证体系,图纸会审及施工组织设计,施工质量控制方法及质量检测工具的使用。

2. 施工质量控制

施工质量计划的内容和编制,施工质量交底,主要材料、构件的进场验收和见证取样检测,施工现场计量器具的审查,工序质量控制和控制重点,隐蔽工程验收、施工质量检查和质量记录,施工质量不合格的处理和常见质量缺陷(通病)防治,质量事故处理。

3. 施工质量验收

施工质量验收层次划分,验收程序和组织。

检验批、分项分部工程和竣工验收。

施工质量资料的内容、收集和整理。

主要施工质量标准:

《建筑工程施工质量验收统一标准》(GB 50300—2013);

《建筑地基基础工程施工质量验收规范》(GB 50202—2002);

《砌体工程施工质量验收规范》(GB 50203—2012);

《混凝土结构工程施工质量验收规范》(GB 50204—2012);

《钢结构工程施工质量验收规范》(GB 50205—2012);

《屋面工程质量验收规范》(GB 50207—2012);

《地下防水工程质量验收规范》(GB 50208—2012);

《建筑地面工程施工质量验收规范》(GB 50209—2010);

《建筑装饰装修工程质量验收规范》(GB 50210—2001);

《建筑节能工程施工质量验收规范》(GB 50411—2007)。

子任务 1.4 陕西建工集团质量员岗位职责认知

1.4.1 陕西建工质量检查员岗位职责

在陕西建工集团质量管理体系中,质量检查员岗位至关重要,其岗位职责主要体现在工作职责与职业道德两个方面。

1.4.1.1 质量员工作职责

(1)认真学习和贯彻执行国家及建设行政管理部门颁布的有关工程质量控制和保证的各种规范、规程条例。

(2)参与施工组织设计(或施工方案)的制定,了解与掌握施工顺序、施工方法和保证工程质量的技术措施;同时,做好开工前的各种质量保证工作。

(3)参与图纸会审,督促并检查是否严格按图施工,对任意改变图纸设计的行为应立即制止。

(4)对原材料是否按质量要求进行订货、采购、运输、保管等进行监督和检查,对质量低劣或不符合标准者应及时指出。

(5)严格执行技术规程和操作规程,坚持对每一道施工工序都按规范、规程施工和验收,发现质量有问题的应提出,不留隐患。

(6)分析质量问题产生的各种因素,找出影响质量的主要原因,提出针对性的预防

(或控制)措施。

(7)坚持“预防为主”的方针,经常组织定期的质量检验活动,将“事先预防”、“事中检查”和“事后把关”结合起来,参与工程竣工的质量检验,并主动提供各种资料。

(8)认真积累和整理各种质量控制、质量保证、质量事故等的资料与报表。

(9)协助施工队长(项目经理)帮助班组兼职质检员加强质量管理,提高操作质量。

(10)协助公司其他部门做好工程交工后的回访和保修工作。

1.4.1.2　质量检查员职业道德

质量检查员是施工现场重要的技术人员,其自身素质对工程项目的质量、成本、进度有很大影响。因此,要求质量检查员应具有良好的职业道德:

(1)热爱质量检查员本职工作,爱岗敬业,工作认真,一丝不苟,团结合作。

(2)遵纪守法,模范地遵守建设职业道德规范。

(3)维护国家的荣誉和利益。

(4)执行有关工程建设的法律、法规、标准、规程和制度。

(5)努力学习专业技术知识,不断提高业务能力和水平。

(6)认真负责地履行自己的义务和职责,保证工程质量。

【案例2】　陕西五建陕北公司质量员岗位职责。

(1)对施工过程实施监控和检验,执行公司质量管理体系文件和国家、行业质量管理文件、技术规范标准,随时掌握产品质量情况。

(2)参与项目计划、施工组织设计、施工方案、技术交底的编制,提出质量改进意见。

(3)参与工程质量检查、核定,及时解决各类质量隐患。参与对采购物资的质量验证,防止不合格品投入使用。

(4)参与施工过程中的保修工作,进行质量验证。参与不合格品的控制,提出处理意见,并进行跟踪检查。

(5)负责分项工程质量评定,参与分部工程和竣工验收评定。

【案例3】陕西建工集团总公司质量员岗位职责(见图1-1)。

(1)对施工过程进行质量跟踪检验与评定,并做好质检记录。

(2)对现场原材料、半成品和成品进行质量检查,并做好记录。

(3)参加分项工程技术交底,核定分项工程质量等级,并及时沟通和传递质检情况。

(4)参与施工现场QC小组活动,并做好活动记录。

1.4.2　质量检查员工作内容及工作程序

1.4.2.1　参加图纸会审

(1)对图纸的质量问题提出意见。

(2)对施工中可能出现的技术质量难点提出保证质量的技术措施。

(3)对质量“通病”提出预防措施。

1.4.2.2　提出质量控制计划

(1)将质量控制计划向班组进行交底。

(2)组织实施控制计划。

图1-1 陕西建工总公司质量员岗位职责

1.4.2.3 对材料进行检验

建筑材料质量的优劣，在很大程度上影响建筑产品质量的好坏。正确、合理地使用材料，也是确保建筑安装工程质量的关键。

为了做好这项工作，施工企业要根据实际需要建立和健全材料试验机构，配备人员和仪器。试验机构在企业总工程师及技术部门的领导下，严格遵守国家有关的技术标准、规范和设计要求，并按照有关的试验操作规程进行操作，提出准确可靠的数据，确保试验工作质量。

凡用于施工的建筑材料，必须由供应部门提出合格证明，对那些没有合格证明的或虽有证明，但技术领导或质量管理部门认为有必要复验的材料，在使用前必须进行抽查、复验，证明合格后才能使用。为杜绝假冒伪劣产品用于工程中，防止建筑施工中出现质量事故，施工中所用的钢材、水泥必须在使用前做两次检验。

凡在现场配制的各种材料，如混凝土、砂浆等，均需按照有资质的试验机构确定的配合比和操作方法进行配制和施工，施工班组不得擅自改变。初次采用的新材料或特殊材料、代用材料必须经过试验、试制和鉴定，制定出质量标准和操作规程后，才能在工程上使用。

1.4.2.4 对构件与配件进行检验

由生产提供的构件与配件不参加分部工程质量评定，但构件与配件必须符合合格标准，检查出厂合格证。构件与配件检验一般分为门窗制作质量和钢筋混凝土预制构件质量检验。门窗制作质量检查数量，按不同规格的框、扇件数各抽查5%，但均不少于3件。

1.4.2.5 技术复核

在施工过程中，对重要的或影响全工程的技术工作，必须在分项工程正式施工前进行复核，以免发生重大差错，影响工程的质量和使用。

技术复核的项目及内容:

(1)建筑物的项目及高程:包括四角定位轴线桩的坐标位置,各轴线桩的位置及其间距,龙门板上轴线钉的位置,轴线引桩的位置,水平桩上所示室内地面的绝对标高。

(2)地基与基础工程:包括基坑(槽)底的土质,基础中心线的位置,基础的底标高,基础各部分尺寸。

(3)钢筋混凝土工程:包括模板的位置、标高及各部分尺寸,预埋件及预留孔的位置和牢固程度,模板内部的清理及湿润情况,混凝土组成材料的质量情况,现浇混凝土的配合比,预制构件的安装位置及标高、接头情况、起吊时预测强度以及预埋件的情况。

(4)砖石工程:包括墙身中心线位置,皮数杆上砖皮划分及其竖立的标高,砂浆配合比。

(5)屋面工程:指沥青、玛琋脂的配合比。

(6)管道工程:包括暖气、热力、给水、排水、燃气管道的标高及坡度,化粪池检查井的底标高及各部分的尺寸。

(7)电气工程:包括变电、配电的位置,高低压进出口方向,电缆沟的位置及标高,送电方向。

(8)其他:包括工业设备、仪器仪表的完好程度、数量和规格,以及根据工程需要指定的复核项目。

1.4.2.6 隐蔽工程验收

隐蔽工程是指那些在施工过程中,上一道工序的工作结果将被下一道工序所掩盖,是否符合质量要求已无法再进行复查的工程部位。例如:钢筋混凝土工程的钢筋,地基与基础工程中的地基土质、基础尺寸及标高,打桩的数量和位置等。为此,这些工程在下一工序施工以前,应由项目质量总监邀请建设单位、监理单位、设计单位共同进行隐蔽工程检查和验收,并认真办好隐蔽工程验收签证手续。隐蔽工程验收资料是今后各项建筑安装工程的合理使用、维护、改造、扩建的一项重要技术资料,必须归入工程技术档案。

注意,隐蔽工程验收应结合技术复核、质量检查工作进行,重要部位改变时还应摄影,以备查考。隐蔽工程验收项目与检查内容如下:

(1)土方工程:包括基坑(槽)或管沟开挖竣工图,排水盲沟设置情况,填方土料、冻土块含量及填土压实试验记录。

(2)地基与基础工程:包括基坑(槽)底土质情况,基底标高及宽度,对不良基土采取的处理情况,地基夯实施工记录、打桩施工记录及桩位竣工图。

(3)砖石工程:包括基础砌体,沉降缝、伸缩缝和防震缝,砌体中配筋情况。

(4)钢筋混凝土工程:包括钢筋的品种、规格、形状、尺寸、数量及位置,钢筋接头情况,钢筋除锈情况,预埋件数量及其位置,材料代用情况。

(5)屋面工程包括保温隔热层、找平层、防水层的施工记录。

(6)地下防水工程:包括卷材防水层及沥青胶结材料防水层的基层,防水层被地面、砌体等掩盖的部位,管道设备穿过防水层的固封处等。

(7)地面工程:包括地面下的地基土、各种防护层及经过防腐处理的结构或连接件。

(8)装饰工程:指各类装饰工程的基础情况。

(9)管道工程:包括各种给水、排水、暖、卫、暗管道的位置、标高、坡度、试压、通风试验、焊接、防腐与防锈保温,以及预埋件等情况。

(10)电气工程:包括各种暗配电气线路的位置、规格、标高、弯度、防腐、接头等情况,电缆耐压绝缘试验记录,避雷针接地电阻试验。

(11)完工后无法进行检查的工程、重要结构部位和有特殊要求的隐蔽工程。

1.4.2.7 竣工验收

工程竣工验收是对建筑企业生产、技术活动成果进行的一次综合性检查验收。因此,在工程正式交工验收前,应由施工安装单位进行自检与自验,发现问题及时解决。

建设单位收到工程验收报告后,应由建设单位(项目)负责人组织施工(含分包单位)、设计、监理等单位要严格按照建筑工程施工质量检验统一标准和验收规范办理验收手续,填写竣工验收记录。

竣工验收文件要归入工程技术档案。在竣工验收时,施工单位应提供竣工资料。

1.4.2.8 质量检查评定

建筑安装工程质量检验评定应按分项工程、分部工程及单位工程三个阶段进行。

1. 分项工程质量检查评定程序

(1)确定分项工程名称:根据实际情况参照建筑工程分部分项工程名称表、建筑设备安装工程分部分项工程名称表确定该工程的分项工程名称。

(2)主控项目检查:按照规定的检查数量,对主控项目各项进行质量情况检查。

(3)一般项目检查:按照规定的检查数量,对一般项目各项逐点进行质量情况检查。对允许偏差各测点逐点进行实测。

(4)填写分项工程质量检验评定表:将主控项目的质量情况、一般项目的质量情况及允许偏差的实测值逐项填入分项工程质量检验评定表内,并评出主控项目各项的质量。统计允许偏差项目的合格点数,计算其合格率;综合质量结果,对应分项工程质量标准来评定该分项工程的质量。工程负责人、工长(施工员)及班组长签名,专职质量检查员签署核定意见。

2. 分部工程质量检验评定程序

(1)汇总分项工程:将该分部工程所属的分项工程汇总在一起。

(2)填写分部工程质量评定表:把各分项工程名称、项数、合格项数逐项填入表内,并统计合格率,对应分部工程质量标准评定其质量。最后,由有关技术人员签名。

3. 单位工程质量检验评定程序

(1)观感质量评分:按照单位工程观感质量评分表上所列项目,对应质量检验评定标准进行观感检查。

各项评定等级填入表内,统计应得分及实得分,计算其得分率。检查人员签名。

(2)填写单位工程质量综合评定表:将分部工程评定汇总、质量保证资料及质量观感评定情况一起填入单位工程质量综合评定表内,根据这3项评定情况对照单位工程质量检验评定标准,评定单位工程质量。单位工程质量综合评定表填好后,在表下盖企业公章,并由企业经理或企业技术负责人签名。业主代表、监理单位、设计单位在该单位工程的负责人或技术负责人栏签名,盖上公章,报政府质监部门备案。

1.4.2.9 **工程技术档案**

1. 工程技术档案的内容

工程技术档案一般由以下两部分组成：

(1)有关建筑物合理使用、维护、改建、扩建的参考文件。在工程交工时，随同其他交工资料一并提交建设单位保存。其主要内容包括：施工执照复印件，地质勘探资料，永久水准点的坐标位置，建筑物测量记录，工程技术复核记录，材料试验记录（含出厂证明），构件、配件出厂证明及检验记录，设备的调整和试运转记录，图纸会审记录及技术核定单，竣工工程项目一览表及其预决算书，隐蔽工程验收记录，工程质量事故的发生和处理记录，建筑物的沉降和变形观测记录，由施工和设计单位提出的建筑物及其设备使用注意事项文件，分项分部及单位工程质量检验评定表，其他有关该工程的技术决定。

(2)系统积累的施工经济技术资料。其主要内容包括：施工组织设计、施工方案和施工经验；新结构、新技术、新材料的试验研究资料，以及施工方法、施工操作专题经验；重大质量和安全事故情况、原因分析及其补救措施的记录；技术革新建议、试验、采用、改进记录，有关技术管理的经验及重大技术决定；施工日记。

2. 工程技术档案管理

工程技术档案的建立、汇集和整理工作应当从施工准备开始，直到工程交工，贯穿于施工的全过程。凡是列入工程技术的文件和资料，都必须经各级技术负责人正式审定。所有的文件和资料都必须如实反映情况，不得擅改、伪造或事后补做。

工程技术档案必须严加管理，不得遗失或损坏。人员调动必须办理交接手续。由施工单位保存的工程技术档案，根据工程的性质，确定其保存期限。由建设单位保存的工程技术档案应永久保存，直到该工程拆毁。

【案例4】陕西七建某项目的质量管理体系

8.2.1 质量管理组织体系

项目部在组建时，对每个部门的配置要经过反复研究、每个岗位的人员要精心挑选，组成由有创优经验、组织能力强、有责任感、技术过硬的管理人员组成项目管理班子。建立完善质量岗位责任制，签订相应的质量岗位责任状，形成一个以项目经理为主责任人、项目副经理和项目总工领导监控、各职能部门执行监督、各专业作业队伍严格施工操作的项目组织体系，如图1-2所示。

8.2.2 质量管理职责

1. 项目经理

代表企业履行工程承包合同，执行企业质量方针，实现工程质量目标；负责项目的日常管理工作；建立和完善项目组织机构，明确人员职责，建立适当的激励机制，充分发挥项目所有职工的积极性；对供方进行监督和评审；主持项目工作会议，审定或签发对外的重要文件；组织编制职工培训计划；组织“项目质量计划”的实施及修改工作。

2. 项目副经理

负责项目质量体系的建立和运行；负责质量管理的日常工作；统筹项目质量保证计划及有关工作安排，开展质量教育，保证各项质量措施和制度的正常落实和运行；负责质量事故的处理、防范及实施。

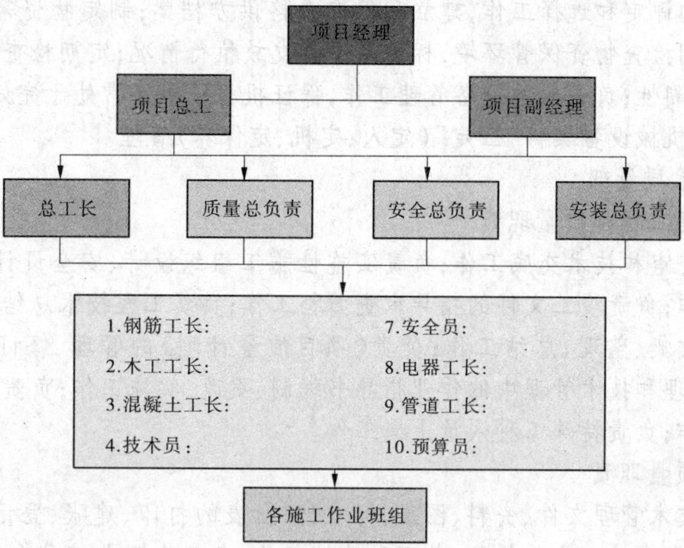

图1-2 项目部质量管理组织体系

3. 项目总工程师

对工程质量管理和工程质量负全面技术责任，督促各级人员行使质量责任；组织贯彻技术规程、施工规范、质量标准，负责组织分级编制审定工程施工组织设计、质量计划、特殊工程的施工方案；组织新材料、新工艺、新技术、新设备在本工程施工中的应用；不断改进施工方案和施工方法，采取有效技术措施，确保工期、进度、质量满足合同规定的要求；对检测、试验机构设置，人员技能配备，设备、仪器、仪表的配置、测试手段、管理制度，承担技术指导和领导责任；负责组织不合格品的原因分析评定和纠正预防措施的制定、实施；主持重大质量事故和重要质量问题的调查处理与改进。

4. 工程部

1）施工管理工程师质量职责

负责施工准备工作，认真复核设计图纸，审核施工组织设计及开复工报告；对工程质量不合格品进行处置；负责施工管理的各项技术交底工作，负责现场人员材料、机械、环境、施工方法的检查工作；对不合格施工下发整改通知单；参加质量策划，安排施工顺序，负责施工组织设计的实施工作；下达冬雨期施工措施，并组织实施；负责采购文件的检查、指导工作；负责半成品、结构件的标识管理、检查工作，负责标识文件的制定；负责关键和特殊过程的控制管理工作，收集各种资料，进行过程能力的认可；负责各种质量记录的管理工作；负责产品的保管、防护和交付的管理工作；负责产品交付后的服务工作，进行质量回访、投诉、处理、调查客户意见的组织管理工作。

2）机电组

负责进场机械的调配、保养及操作；施工用水用电设计与管理；机修加工；编制机械操作、保养安全规程及作业指导书，负责机械施工岗前培训等。

3）物资设备组

负责项目物资采购管理，确保所采购的产品符合规定要求；制定合格供方标准，组织并参与对供方的评定和选择工作，建立和保存合格供方档案；制定物资采购、保管、标识、发放制度并定期检查物资保管环境，标识情况及发放执行情况；定期检查物资系统原始记录，做到有可追溯性；负责机电设备管理工作，保证机械设备经常处于完好状态，满足施工生产要求；大型机械设备实行“三定”（定人、定机、定保养）管理。

5. 施工技术质量部

1）技术管理工程师质量职责

负责图纸会审和技术交底工作；负责实施性施工组织设计、安全设计、各种技术组织措施的制定工作；负责竣工文件的指导审查归档工作；负责工程技术总结、科研和新工艺、新材料应用的收集、整理、总结工作；负责《项目质量计划》的管理、修订、更改和执行工作；负责施工管理和技术管理中的作业指导书编制、更改、实施工作；负责统计技术的运用管理和指导工作；负责特殊工种人员上岗工作。

2）资料员质量职责

负责施工技术管理文件、资料、图集、标准、空白表的打印、建账、登记、造册、保管、标识和收发工作；负责竣工文件收集、整理和建档工作；负责合理化建议和科研项目的资料整理；负责绘图、出图、晒图及各种台账的建立工作。

3）试验人员质量职责

负责原材料、构、配件和施工过程的检验、试验工作，保管试验报告。对试验不合格的产品，及时上报总工、质检工程师，分析原因，通知施工班组改正；负责纠正措施所必需的试验工作，保管试验报告；负责试验设备的校准、标识、保养与管理。

4）计量人员质量职责

认真执行国家和企业有关计量法规、法则和各项管理制度；负责检验、测量、试验设备的控制、校准、检定、维修、管理、监督工作；负责计量器具管理办法和维修保养规则的实施，确保量值传送准确，测试误差符合国家标准；负责本单位检验器具的建档、定期校准、标识工作。

5）测量员质量职责

测量按合同要求，与监理工程师办理交接桩手续；复测中线、水平，检查测量复核情况，对工程组织测量复线，报监理工程师批准；负责工程结构的定位放样，为施工提供平面和高程控制点；负责测量的使用情况检查、配置能力分析。

6）质量员质量职责

负责项目施工的质量检查记录；经常分析质量状况，掌握工程的质量动态；按规定收集各工种操作质量原始记录，及时向上级反馈质量信息；负责组织开展 QC 小组攻关活动；掌握质量管理中常用的统计方法、计算、分析、运用；参与质量事故的调查处理工作。

8.2.3　质量管理制度

1. 实行质量责任签订制度

先由公司经理与项目经理签订项目经理责任状，确定质量目标，然后由项目经理与项目管理人员、施工班组、各施工分包商签订工程质量责任状，确定分部分项质量目标，层层落实质量责任，以利质量目标实现。

2. 实行质量一票否决制

3. 建立健全和严格执行各项制度

推行项目负责人技术管理工作责任制，严格贯彻执行各项技术规定，科学组织各项技术工作，建立正常的工程技术秩序，使项目部把技术管理工作的重点集中到提高质量、缩短工期和提高效益的具体技术工作上。

(1)建立健全各级技术责任制，正确划分各级技术管理工作的权限，使每位工程技术人员各有专职、各司其职，真正做到有职、有权、有责、有利。以充分发挥每一位工程技术人员的工作积极性和创造性，为本工程建设发挥应有的骨干作用。

(2)建立施工组织设计和施工方案审批制度。工程开工前，将我公司批准的工程施工组织设计报送监理工程师和建设单位总工程师审批。根据工程进度，对于重大或关键部位的施工，如基础防水、基础结构模板、外脚手架、屋面防水等，提前一周编制出专项方案呈报监理工程师和建设单位审批。

(3)建立质量奖罚制度。施工前和施工过程中由项目经理组织相关人员，根据公司有关规定，制定符合本工程施工、保证工程质量的奖罚措施。对施工质量实行“好奖坏罚”，杜绝出现不合格品。

(4)技术复核和技术交底制度。在认真组织进行施工图会审和技术安全交底的基础上，进一步强化特殊工序和关键施工过程的技术工作复核，除按质量标准规定的内容进行严格的复查检查外，在重点工序施工前，对关键检查项目进行严格复核，如建筑物轴线和高程；基础位置、标高、尺寸；梁、板、柱模板的尺寸、位置、标高；预埋件(管)和预留孔的位置；混凝土的配合比和钢材、水泥、砂、石、砖、防水材料的试验报告；特殊节点的形状、尺寸；以及其他需要复核的项目。

(5)三检制及检查验收制度。

①自检：在每一分项工程施工完后由施工班组对所施工产品进行自检，如符合质量验收标准要求，由班组长填写自检记录表。

②互检：经自检合格的分项工程，由专业工长和质量员组织上下工序的施工班组进行互检，对互检中发现的问题上下工序班组认真及时地予以解决。

③交接检：上下工序班组通过互检认为符合分项工程验收标准要求，双方填写交接检记录，经工长签字认可后，方可进行下道工序施工。

(6)实施混凝土浇筑令签发制。混凝土浇筑前，施工员须提出“混凝土浇筑令”书面申请，经项目经理审查确认已具备浇筑条件后，签发“混凝土浇筑令”，经监理工程师审批，否则不得进行混凝土施工。

8.2.4 质量管理措施

1. 坚持优质标准

各分部分项工程检查验收时按《建筑工程施工质量评价标准》(GB/T 50375—2006)的优良等级指标验评。施工中严格要求，为产品最终优质打下基础；施工交底时，把各项优良标准用文字明确下达到各施工班组，做到操作人员心里明了，协助班组达到和超过验评标准规定的相应的优良指标。

2. 组织QC小组，开展质量攻关活动

分工种组织QC小组，对难保证质量的分项工程进行PDCA循环的滚动分析，不断分析原因，找出提高质量的关键点解决矛盾，使施工质量不断得到提高。

3. 听取相关单位对质量的意见，认真整改，不断提高工程质量

虚心听取建设、监理、设计与质监单位对工程质量的意见与建议，并及时传达有关班组，认真整改，不断提高，力争做得更好。

4. 加强技术管理

严格施工图纸审查，坚持图纸会审制度，作好会审纪要。根据施工图纸的要求，精心编制施工组织设计，制定切合实际、保质保量的施工方法，正确指导施工。认真做好各项技术交底工作，包括设计交底，施工方案交底，特别是施工员向班组交待任务时要交待操作方法、工艺标准、质量安全要求，还要经常深入工作现场进行操作指导，并检查其工作结果。

5. 严格执行国家标准、规范

严格执行国家颁布的设计、施工规范、施工操作规程和工程质量验收标准，严格按施工图纸和建设单位审定的施工组织设计施工，设计变更、材料代换均要得到设计院、建设方同意并有文字资料后方可进行，基槽验收、基坑回填、钢筋隐蔽等验收必须邀请质监站、设计院、监理单位、建设单位参加，办理签证手续后方能进行下道工序施工。

8.2.5 过程质量监控

1. 对用户分包项目的管理

本工程针对业主自行分包的分项工程的管理以合同为依据，各种现场管理制度为附件，将分包管理融入项目管理中去。各分项工程施工前，由分项工程技术人员编制施工方案报项目部审核后执行，施工过程中，项目部不定期对分包项目的质量、安全、进度进行检查，对存在的问题及时发现、及时制止，迅速与用户和监理取得联系，并积极采取措施，保证本工程所有内容均达到精品工程要求，真正做到让用户放心满意。

2. 以施工组织设计和施工方案为龙头，全面实施质量控制

(1)本工程施工组织设计及施工方案在定稿前召开专题讨论会，充分考虑一切可能影响因素，通过方案的提出→讨论→编制→审核→修改→定稿→交底→实施几个步骤进行。现场实施中，项目部派专人负责施工组织设计和方案在实施中的跟踪调查工作，将方案与现场实施中不一致的情况及时汇报给项目技术负责人，通过内部协商或继续完善施工方案，以保证方案完备、可行。

(2)有完备、可行的方案前提下，现场施工重点抓落实执行。在施工中从严要求，把对方案的执行程度与管理人员和施工人员经济收入挂钩，对出现的质量问题，不论大小不能放过，形成问题追根制度。

(3)通过编制完备的施工组织设计和可行的工程方案，以及可操作性强的技术交底，在施工过程中狠抓落实，全部工程整体部署有条不紊，施工流水不乱，工人操作思路清晰，从而保证工程质量目标的顺利实现。

3. 过程控制制度保证

1)质量例会制度、质量会诊制度、质量讲评制度

(1)每周生产例会质量讲评。

项目经理部每周一召开生产例会，把质量讲评放在例会的重要议事议程上，除布置任

务外，对上周现场质量动态作一全面的总结，指出施工中存在的质量问题以及解决问题的切实可行、具可操作性的措施，并形成会议纪要，在下周例会时逐项检查执行情况。对执行落实不利或对工程质量表现差的可考虑解除合同并勒令退场。

(2)每月质量检查讲评。

每月底由项目质量员组织施工队伍行政及技术负责人对施工工程进行实体质量检查，之后，填写本月度在施工程质量总结报告，汇总后以《月度质量管理情况简报》的形式发至项目经理部有关领导，各部门和各施工队伍。简报中对质量好的予以奖励；需整改的部位明确整改截止期限，并在下周质量例会逐项检查是否彻底整改。

2)样板制度

将每一层的固定部位分部分项工程作为样板，请监理共同验收，样板未通过验收前不得进行下一步施工。样板施工部位挂牌注明工序名称、施工责任人、技术交底人、操作班长、施工日期。通过样板施工，使施工人员接受了技术标准、质量标准的培训，做到统一操作程序，统一施工做法，统一质量验收标准。

4. 挂牌制度

1)技术交底挂牌

在工序开始前针对施工中的重点和难点现场挂牌，将施工操作的具体要求写在牌子上。利于管理人员对操作工人进行现场交底，又便于工人自觉阅读技术交底，达到理论和实践的统一。

2)施工部位挂牌

执行施工部位挂牌制度：在现场施工部位挂“施工部位牌”，牌中注明施工部位、工序名称、施工要求、检查标准、检查责任人、操作责任人、处罚条例等，保证出现问题可以追查到底，并且执行奖罚制度，从而提高相关责任人的责任心和业务水平，达到练队伍，造人才的目的。

3)半成品、成品挂牌制度

对施工现场使用的钢筋原材、半成品、水泥、砂石等进行挂牌标识，标识注明使用部位、规格、产地、进场时间等，必要时注明存放要求。

4)问题追根制度

对施工中出现的质量问题，根据以往成功的施工经验，追根制度是其最好的解决方法。追根工作按以下程序严格执行：

(1)会诊。

(2)查原因、挖根子。

(3)追查责任人。

(4)限期整改。

(5)验收结果，不达到效果不罢休。

(6)写总结，立规矩。

8.2.6　建立质量保证体系

建立质量保证体系，如图1-3所示。

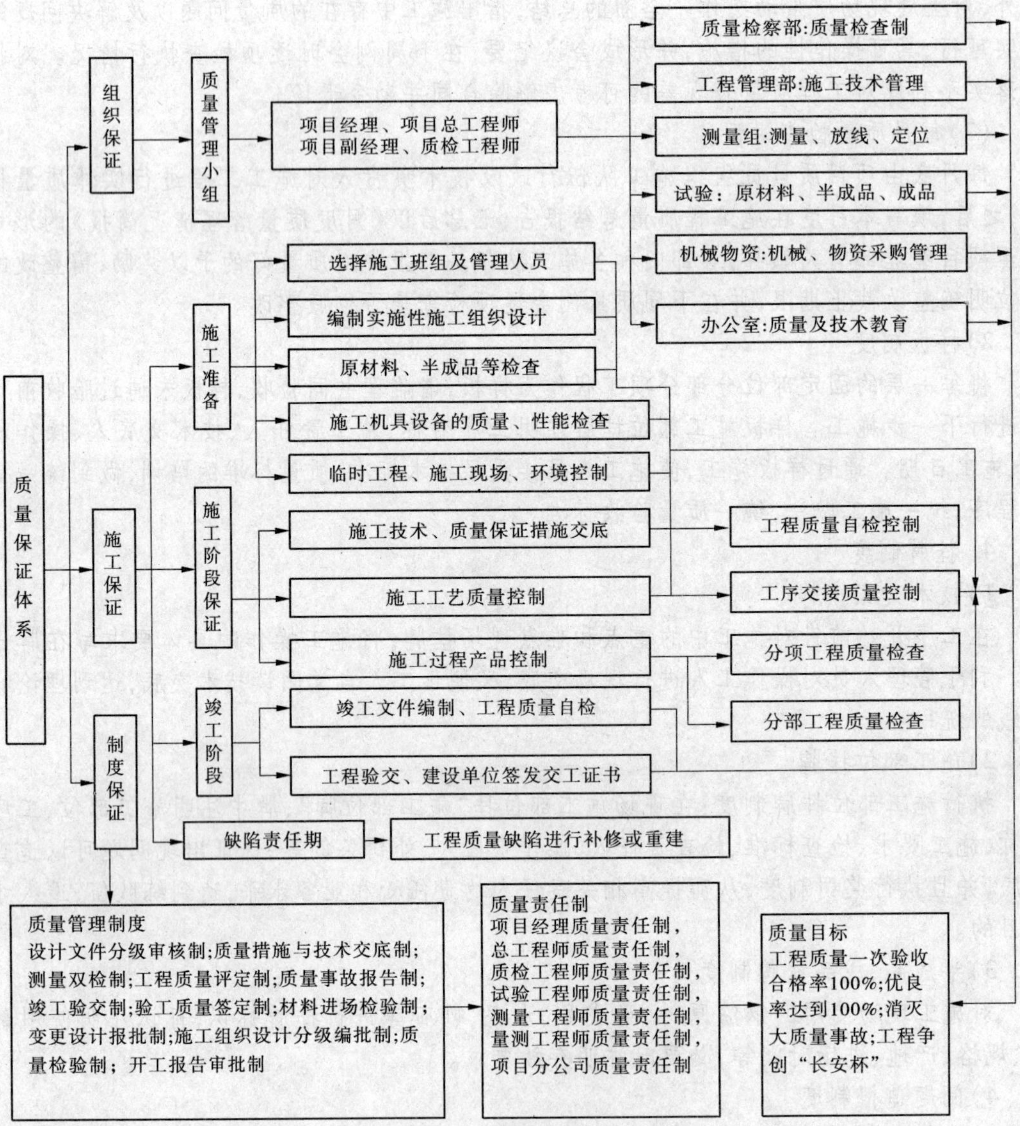

图1-3　质量保证体系

任务小结

本任务介绍了建筑施工现场质量控制体系的建立、陕西省质量检查员职业标准、国家施工现场管理人员质量检查员职业标准,重点介绍了陕西建工集团质量员岗位职责。

(1)建立施工现场质量控制体系。主要包括质量保证体系、质量责任体系、质量保证依据、全面质量管理共四个方面的内容。

(2)施工现场质量员职业标准。主要从陕西省及国家施工现场人员职业标准中解读,重点介绍质量员的岗位知识、岗位技能及岗位职责,介绍了质量员的职业能力评价及考核。

(3)陕西建工集团质量员岗位职责。主要介绍了陕西建工集团施工质量员的岗位职责、职业道德、工作内容及工作程序。

实训项目

1. 编写一份施工项目部质量员的岗位职责。
2. 编写一份施工项目部施工质量控制体系。

复习思考题

1. 施工质量控制体系包括哪些内容?
2. 简述施工项目部施工质量责任制。
3. 简述全面质量管理及质量管理小组。
4. 施工现场质量员职业道德包括哪些内容?
5. 简述施工现场质量员的工作职责及工作程序。

工作任务2　质量员质量计划准备

【学习目标】

能力目标	能够参与编制施工项目质量计划的专业技能,能够参与进行施工质量策划,参与制定施工质量管理制度
知识要点	施工质量计划的内容及编制方法

【任务介绍】　本任务介绍了建筑工程施工现场质量员质量计划的编制及施工质量管理制度。

【任务分析】　主要包括认识施工项目质量计划、现场施工准备的质量控制、认识施工作业技术准备状态、陕西建工集团总公司项目质量技术策划、陕西建工集团施工现场质量管理制度。

【任务实施】

子任务2.1　认识施工项目质量计划

2.1.1　质量计划与施工组织设计联系

质量计划是质量策划结果的一项管理文件。对工程建设而言,质量计划主要是针对特定的工程项目为完成预定的质量控制目标,编制专门规定的质量措施、资源和活动顺序的文件。其作用是,对外作为针对特定工程项目的质量保证,对内作为针对特定工程项目质量管理的依据。根据质量管理的基本原理,质量计划包含为达到质量目标、质量要求的计划、实施、检查及处理这四个环节的相关内容,即PDCA循环。具体而言,质量计划应包括下列内容:编制依据;项目概况;质量目标;组织机构;质量控制及管理组织协调的系统描述;必要的质量控制手段,检验和试验程序等;确定关键过程和特殊过程及作业的指导书;与施工过程相适应的检验、试验、测量、验证要求;更改和完善质量计划的程序等。

(1)P——计划:计划主要是确定为达到预期的各项质量目标,通过施工组织设计文件的编制,提出作业技术活动方案,即施工方案,包括施工工艺、方法、机械设备、脚手模具等施工手段配置的技术方案和施工区段划分、施工流向、工艺顺序及劳动组织等组织方案。

(2)D——实施:进行质量计划目标和施工方案的交底,落实相关条件并按质量计划的目标所确定的程序和方法展开作业技术活动。

(3)C——检查:首先是检查有没有严格按照预定的施工方案认真执行,其次是检查实际的施工结果是否达到预定的质量要求。

(4)A——处理:对检查中发现偏离目标值的纠偏及改正,出现质量不合格的处置及不合格的预防。包括应急措施和预防措施与持续改进的途径。

国外工程项目中,承包单位要提交施工计划及质量计划。施工计划是承包单位进行施工的依据,包括施工方法、工序流程、进度安排、施工管理及安全对策、环保对策等。在我国现行的施工管理中,施工承包单位要针对每一特定工程项目进行施工组织设计,以此作为施工准备和施工全过程的指导性文件。为确保工程质量,承包单位在施工组织设计中加入了质量目标、质量管理及质量保证措施等质量计划的内容。质量计划与现行施工管理中的施工组织设计有相同的地方,又存在着差别。

(1)对象相同。质量计划和施工组织设计都是针对某一特定工程项目而提出的。

(2)形式相同。二者均为文件形式。

(3)作用既相同又存在区别。投标时,投标单位向建设单位提供的施工组织设计或质量计划的作用是相同的,都是对建设单位做出工程项目质量管理的承诺;施工期间承包单位编制的详细的施工组织设计仅供内部使用,用于具体指导工程项目的施工,而质量计划的主要作用是向建设单位做出保证。

(4)编制的原理不同。质量计划的编制是以质量管理标准为基础的,从质量职能上对影响工程质量的各环节进行控制;而施工组织设计则是从施工部署的角度,着重于技术质量形成规律来编制全面施工管理的计划文件。

(5)在内容上各有侧重点。质量计划的内容按其功能包括质量目标、组织结构和人员培训、采购、过程质量控制的手段和方法;而施工组织设计是建立在对这些手段和方法结合工程特点具体而灵活运用的基础上。

2.1.2 施工项目质量计划的编制

2.1.2.1 施工项目质量计划的编制内容

施工项目质量计划是指确定施工项目的质量目标和如何达到这些质量目标所规定必要的作业过程、专门的质量措施和资源等工作。施工项目质量计划的主要内容包括:编制依据,项目概述,质量目标,组织机构,质量控制及管理协调的系统描述,必要的质量控制手段,施工过程、服务、检验和试验程序及其相关的支持性文件,确定关键过程和特殊过程及作业指导书,与施工阶段相适应的检验、试验、测量、验证要求,更改和完善质量计划的程序。

2.1.2.2 施工项目质量计划的编制依据

施工项目质量计划编制的主要依据有:工程承包合同、设计文件;施工企业的《质量手册》及相应的程序文件;施工操作规程及作业指导书;各专业工程施工质量验收规范;《建筑法》《建设工程质量管理条例》、环境保护条例及法规;安全施工管理条例等。

2.1.2.3 施工项目质量计划的编制要求

施工项目质量计划应由项目经理主持编制。质量计划作为对外质量保证和对内质量控制的依据文件,应体现施工项目从分项工程、分部工程到单位工程的过程控制,同时也要体现以资源投入到完成工程质量最终检验和试验的全过程控制。施工项目质量计划编制的要求主要包括以下几个方面。

1. 质量目标

合同范围内的全部工程的所有使用功能符合设计(或更改)图纸要求。分项、分部、单位工程质量达到既定的施工质量验收统一标准,合格率100%,其中专项达到:

(1)所有隐蔽工程为业主质检部门验收合格。

(2)卫生间不渗漏、地下室、地面不出现渗漏,所有门窗不渗漏雨水。

(3)所有保温层、隔热层不出现降热桥。

(4)所有高级装饰达到有关设计规定。

(5)所有的设备安装、调试符合有关验收规范。

(6)特殊工程的目标。

(7)工程交工后维修期为一年,其中屋面防水维修期三年。

2. 管理职责

项目经理是本工程实施的最高负责人,对工程符合设计、验收规范、标准要求负责;对各阶段、各工号按期交工负责。项目经理委托项目质量副经理(或技术负责人)负责本工程质量计划和质量文件的实施及日常质量管理工作;当有更改时,负责更改后的质量文件活动的控制和管理。

(1)对本工程的准备、施工、安装,交付和维修整个过程质量活动的控制、管理、监督、改进负责。

(2)对进场材料,机械设备的合格性负责。

(3)对分包工程质量的管理、监督检查负责。

(4)对设计和合同有特殊要求的工程和部位负责组织有关人员、分包商和用户按规定实施,指定专人进行相互联络,解决相互间接口发生的问题。

(5)对施工图纸、技术资料、项目质量文件记录的控制和管理负责。

3. 资源提供

规定项目经理部管理人员及操作工人的岗位任职标准及考核认定方法。规定项目人员流动时进出人员的管理程序。规定人员进场培训(包括供方队伍、临时工、新进场人员)的内容,考核、记录等。规定对新技术、新结构、新材料、新设备修订的操作方法和操作人员进行培训并记录等。规定施工所需的临时设施(含临建、办公设备、住宿房屋等)支持性服务手段、施工设备及通信设备等。

4. 工程项目实现过程策划

规定施工组织设计或专项项目质量的编制要点及接口关系。规定重要施工过程的技术交底和质量策划要求,规定新技术、新材料、新结构、新设备的策划要求。规定重要过程验收的准则或技艺评定方法。

5. 材料、机械、设备、工具的采购要求

由企业自行采购的工程材料、工程机械设备、施工机械设备、工具等,质量计划做如下规定:

(1)对供方产品标准及质量管理体系的要求。

(2)选择、评估评价和控制供方的方法。

(3)必要时对供方质量计划的要求及引用的质量计划。

(4)采购的法规要求。

(5)有可追溯性(追溯所考虑对象的历史应用情况或所处场所的能力)要求时,要明确追溯内容的形成,记录标志的主要方法。

(6)需要的特殊质量保证证据。

6. 施工工艺过程的控制

对工程从合同签订到交付全过程的控制方法做出规定,对工程的总进度计划、分段进度计划,分包工程的进度计划、特殊部位进度计划、中间交付的进度计划等做出过程识别和管理规定,规定工程实施全过程各阶段的控制方案、措施、方法及特别要求等。主要包括下列过程:

(1)施工准备。

(2)土石方工程施工。

(3)基础和地下室施工。

(4)主体工程施工。

(5)设备安装。

(6)装饰装修。

(7)附属建筑施工。

(8)冬、雨期施工。

(9)特殊工程施工。

(10)交付。

7. 搬运、储存、包装成品保护和交付过程的控制

规定工程实施过程中形成的分项、分部、单位工程的半成品、成品保护方案、措施、交接方式等内容作为保护半成品、成品的准则;规定工程期间交付、竣工交付、工程的收尾、维护验评;后续工作处理的方法措施,作为管理的控制方式,规定重要材料及工程设备的包装防护的方案及方法。

8. 安装和调试的过程控制

对于工程水、电、暖、电信,通风、机械设备等的安装、检测、调试、验评、交付、不合格的处置等内容,规定方案,措施、方式。由于这些工作同土建施工交叉配合较多,因此对于交叉接口程序、验证哪些特性、交接验收、检测、试验设备要求、特殊要求等内容要做出明确规定,以便各方面实施时遵循。

9. 检验、试验和测量的过程控制

规定材料、构件、施工条件、结构形式在什么条件、什么时间必须进行检验试验、复验,以验证是否符合质量和设计要求,如钢材进场必须进行型号、钢种、炉号、批量等内容的检验,不清楚时要进行取样试验或复验。规定施工现场必须设立实验室(室,员)配置相应的试验设备,完善试验条件,规定试验人员资格和试验内容,对于特定要求,要规定试验程序及对程序过程进行控制的措施。规定要在本工程项目上使用所有检验、试验、测量和计量设备的控制和管理制度,包括:设备的标识方法,设备校准的方法,标明、记录设备校准状态的方法。明确哪些记录需要保存,以便一旦发现设备失准时,确定以前的测试结果是

否有效。

10. 不合格品的控制

要编制工种、分项、分部工程不合格产品出现的方案、措施以及防止与合格产品之间发生混淆标识和隔离措施。规定哪些范围不允许出现不合格;明确一旦出现不合格,哪些允许修补返工,哪些必须推倒重来,哪些必须局部更改设计或降级处理。

编制控制质量事故发生的措施及一旦发生后的处置措施。规定当分项分部和单位工程不符合设计图纸(更改)和规范要求时,项目和企业各方面对这种情况的处理有如下职权:①质量监督检查部门有权提出返工修补处理、降级处理或作不合格处理。②质量监督检查部门以图纸(更改)技术资料、检测记录为依据用书面形式向以下各方发出通知,当分项分部项目工程不合格时通知项目质量副经理和生产副经理;当分项工程合格时通知项目经理;当单位工程不合格时通知项目经理和公司生产经理。

2.1.3 认识施工作业方案

施工作业方案是单位工程施工组织设计的核心,也是施工质量计划的重要内容。施工作业方案包括的内容很多,主要有施工方法的确定、施工机具和设备的选择、施工顺序的安排、科学的施工组织、合理的施工进度、现场的平面布置及各种技术措施。施工方案前两项属于施工技术问题,后四项属于科学施工组织和管理问题。

2.1.3.1 施工方法的确定

施工方法是施工方案的核心内容,具有决定性作用。施工方法一经确定,机具设备的选择就只能以满足它的要求为基本依据,施工组织也是在这个基础上进行。

2.1.3.2 施工机械的选择

正确拟订施工方案和选择施工机械是合理组织施工的关键,二者又有相互紧密的联系。施工方法在技术上必须满足保证施工质量、提高劳动生产率、加快施工进度及充分利用机械的要求,做到技术上先进,经济上合理,而正确地选择施工机械能使施工方法更为先进、合理、经济。因此,施工机械选择的好与坏很大程度上决定了施工方案的优劣。

2.1.3.3 施工组织

施工组织是研究施工项目施工过程中各种资源合理组织的科学。施工项目是通过施工活动完成的,进行这种活动即施工需要有大量的各种各样的建筑材料,施工机械、机具和具有一定生产经验和劳动技能的劳动者,并且要把这些资源按照施工技术规律与组织规律以及设计文件的要求在空间上按照一定的位置、在时间上按照先后顺序、在数量上按照不同的比例将它们合理地组织起来,让劳动者在统一的指挥下行动,由不同的劳动者运用不同的机具,以不同的方式对不同的建筑材料进行加工。

2.1.3.4 施工顺序的安排

施工顺序安排是编制施工方案的重要内容之一,施工顺序安排得好可以加快施工进度,减少人工和机械的停歇时间,并能充分利用工作面避免施工干扰以达到均衡、连续的施工,实现科学组织施工,做到不增加资源,加快工期,降低施工成本。

2.1.3.5 现场平面布置

科学的布置现场可使施工机械、材料减少工地二次搬运和频繁移动施工机械产生的费用,可节省现场搬运的费用。

2.1.3.6　**技术组织措施**

技术组织是保证选择的施工方案实施的措施。它包括加快施工进度保证工程质量和施工安全降低施工成本的各种技术措施。如采用新材料、新工艺、先进技术建立安全质量保证体系及责任制,编写工序作业指导书实行标准化作业,采用网络技术编制施工进度等。

2.1.3.7　**施工方案审查的注意事项**

(1)重要的分部、分项工程的施工方案,承包单位在开工前,向监理工程师提交详细说明为完成该项工程的施工方法、施工机械设备及人员配备与组织、质量管理措施以及进度安排等,报请监理工程师审查认可后方能实施。

(2)在施工顺序上应符合先地下、后地上,先土建、后设备,先主体、后围护的基本规律。所谓先地下、后地上,是指地上工程开工前,应尽量把管道、线路等地下设施和土方与基础工程完成,以避免干扰,造成浪费、影响质量。此外,施工流向要合理,即平面和立面上都要考虑施工的质量保证与安全保证;考虑使用的先后和区段的划分,与材料、构配件的运输不发生冲突。

(3)施工方案与施工进度计划的一致性。施工进度计划的编制应以确定的施工方案为依据,正确体现施工的总体部署、流向顺序及工艺关系等。

(4)施工方案与施工平面图布置的协调一致。施工平面图的静态布置内容,如临时施工供水供电供热、供气管道、施工道路、临时办公房屋、物资仓库等,以及动态布置内容,如施工材料模板、工具器具等,应做到布置有序,有利于各阶段施工方案的实施。

2.1.4　认识施工作业进度计划

2.1.4.1　**施工作业进度安排的原则**

(1)符合合同条款有关进度要求。

(2)先进可行。通过努力是可以完成的,调动参加施工人员的积极性和主动性。

(3)符合国家政策、法律和法规。

(4)结合项目部的施工能力切合实际、优化地安排施工进度。

(5)满足企业对工程项目要求的施工进度目标。

(6)保证施工过程中施工的均衡性和连续性。

(7)有利节约施工成本,保证施工质量和施工安全。

(8)应用网络计划技术编制施工进度计划,力求科学化,能在不增加资源条件下尽量缩短工期。

2.1.4.2　**施工作业进度安排的依据**

(1)以合同工期为依据安排开竣工时间。

(2)设计图纸、定额资料等。

(3)机械设备和主要材料的供应及到货情况。

(4)项目部可能投入的施工力量及资源情况。

(5)工程项目所在地的水文、地质等方面自然情况。

(6)工程项目所在地资源可利用情况。

(7)影响施工的经济条件和技术条件。

(8)工程项目的外部条件等。

2.1.4.3　**施工作业进度安排的作用**

(1)规定各项工程的施工顺序和开竣工时间。

(2)为各施工过程指明一个确定的施工日期以此为依据确定各作业施工所必需的劳动力、机械设备和各种技术物质的供应计划。

(3)可以组织施工现场的其他管理工作。施工进度安排在项目施工组织设计中起着主导作用,它直接影响工程项目的施工成本施工质量和安全。如果安排不当会导致工期延误,增加施工现场各项费用的开支,使得工程项目的经济效益和社会效益受到严重影响。

2.1.4.4　**施工作业进度计划编制**

(1)单位工程施工进度计划按照施工部署的安排进行编制。

(2)施工进度计划可采用网络图或横道图表示,并附必要说明;对于工程规模较大或复杂的工程,宜采用网络图表示。

2.1.5　认识施工准备与资源配置计划

施工准备应包括技术准备、现场准备和资金准备等。①技术准备应包括施工所需技术资料的准备、施工方案编制计划、试验检验及设备调试工作计划、样板制作计划等;主要分部工程和专项工程在施工前应单独编制施工方案,施工方案可根据工程进展的情况,分阶段编制完成;对需要编制的主要施工方案应制订编制计划;试验检验及设备调试工作计划应根据现行规范、标准中的有关要求及工程规模、进度等实际情况制订;样板制作计划应根据施工合同或招标文件的要求并结合工程特点制定。②现场准备应根据现场施工条件和工程实际需要,准备现场生产、生活等临时设施。③资金准备应根据施工进度计划编制资金使用计划。

施工组织设计编制的程序和方法如下。

2.1.5.1　**资源供应计划的作用**

施工方案确定后,施工顺序、施工方法、作业组织形式也就确定了。它指导所需资源、计划的编制。若需采用机械化施工,提出所需的各种机械使用计划,若需人力施工,提出劳动力使用计划。施工顺序确定之后可以制订周转性材料等计划。施工进度安排确定之后,为了保证施工进度的实现,应编制资源的供应计划以避免停工待料对施工进度产生影响。资源供应计划与施工成本有着密切的关系,特别是材料供应计划编制一定要切合实际,既要保证正常的施工需要,还要保证施工进度加快时的需要,否则计划过大增加施工成本,计划过小影响施工的正常进展。资源供应计划关系到项目流动资金的周转。资源供应计划编制的优劣与流动资金的周转率和利用率有直接关系。

2.1.5.2　**资源供应计划编制的要求**

(1)明确编制资源供应计划的指导思想是以提高经济效益为中心,降低施工成本为目的。为此编制资源供应计划时工程项目部各职能部门都要参加编制,投标时由施工技术部门编制。做到按质、按量、适时、适地、适价、经济合理、成套齐备地供应工程项目建设所需的材料,保证施工活动顺利进行完成项目建设。

(2)按质就是按工程设计所提供的质量标准正确选用品种、规格,并能满足相应的质量要求。不能低于设计要求,否则工程质量不合格;高于要求则材料费用增加引起工程造价的增加。

(3)按量指进货量、储存量和供应量要能满足施工需要,要有一定的余量不能满打满算。否则过少造成停工,待料过多造成积压和浪费资金。

(4)适时就是按施工进度对材料需要量的要求以最短的储存时间分批、分期地均衡供应现场。过早费用增加,过晚造成窝工。

(5)适价指购进材料单价尽量不超过工程预算价格。

(6)经济合理指质量好、价格低。

(7)成套齐备指材料供应要符合项目建设的配套要求,不齐则此配套项目不能一次性完成。

2.1.6 认识施工质量的技术组织措施

技术组织措施是施工方案的补充内容,有些技术与组织方面的内容在施工方案中不能完全反映出来,是通过技术组织措施将它们反映出来的。技术组织措施主要反映工程项目的质量、工期、安全、环保等方面的要求和做法。

2.1.6.1 施工作业进度组织措施

施工作业进度组织措施的主要内容如下:

(1)施工作业进度的控制及动态管理。

(2)施工各方的协调。

(3)施工现场的管理。

(4)施工作业进度管理的岗位责任制及管理制度。

(5)项目各职能部门的保障工作等。

(6)和施工作业进度有直接关系的协调控制。

2.1.6.2 施工作业质量技术组织措施

施工作业质量技术组织措施的主要内容如下:

(1)建立和完善质量保障体系落实质量管理组织机构明确质量责任。

(2)建立项目质量监控流程。

(3)实行各项质量管理制度及岗位责任制。

(4)设立重点、难点及技术复杂分部、分项工程质量的控制点。

(5)技术复杂、易出质量问题的施工措施。

(6)冬、夏两期施工措施。

(7)工序作业指导书等。

2.1.6.3 施工作业安全技术组织措施

施工作业安全技术组织措施的主要内容如下:

(1)安全施工作业组织落实。

(2)安全施工作业监控。

(3)安全施工作业目标。

(4)安全施工作业技术措施计划。

(5)重点工程施工安全要求。

(6)施工作业安全制度及岗位责任制。

(7)不安全因素控制点的设立。

(8)安全教育、安全技术措施交底。

2.1.6.4 施工作业环境保护组织措施

施工作业环境保护组织措施的主要内容如下：

(1)规范施工现场的场容，保持作业环境的整洁卫生。

(2)减少施工对周围居民环境的影响。

(3)环境保护的组织、落实及各种责任制。

(4)施工现场固体废弃物的处理和处置。

(5)严格控制强噪声作业时间。

(6)严格控制人为噪声如无故甩打模板、高音喇叭。

(7)施工废水、废油污染的处理等。

2.1.6.5 其他

其他有关方面的技术组织措施如下：

(1)成品保护措施。

(2)突发事故防范措施。

(3)消防保卫措施。

(4)与各协作单位配合服务承诺的措施。

(5)拆迁配合承诺措施。

(6)工程交验后服务措施。

子任务 2.2 现场施工准备的质量控制

2.2.1 工程定位及标高基准控制

工程施工测量放线是建设工程产品由设计转化为实物的第一步。施工测量的质量好坏，直接影响工程产品的综合质量，并且制约着施工过程中有关工序的质量。例如，测量控制基准点或标高有误，会导致建筑物或结构的位置或高程出现错误，从而影响整体质量；又如长隧道采用两端或多端同时掘进时，若洞的中心线测量失准发生较大偏差，则会造成不能准确对接的质量问题；永久设备的基础预埋件定位测量失准，则会造成设备难以正确安装的质量问题等。因此，工程测量控制可以说是施工中事前质量控制的一项基础工作，它是施工准备阶段的一项重要内容。监理工程师应将其作为保证工程质量的一项重要的内容，在监理工作中，应由测量专业监理工程师负责工程测量的复核控制工作。

施工承包单位对建设单位(或其委托的单位)给定的原始基准点、基准线和标高等测量控制点进行复核,并将复测结果报监理工程师审核,经批准后施工承包单位始能据以进行准确的测量放线,建立施工测量控制网,并应对其正确性负责,同时做好基桩的保护。

在工程总平面图上,各种建筑物或构筑物的平面位置是用施工坐标系统的坐标来表示的。施工测量控制网的初始坐标和方向,一般是根据测量控制点测定的,测定好建筑物的长向主轴线即可作为施工平面控制网的初始方向,以后在控制网加密或建筑物定位时,便不再用控制点定向,以免使建筑物发生不同的位移及偏转。复测施工测量控制网时,应抽检建筑方格网、控制高程的水准网点及标桩埋设位置等。

2.2.2 施工平面布置的控制

为了保证施工作业能够顺利,应督促建设单位按照合同约定并结合承包单位施工的需要,事先划定并提供给承包单位占有和使用现场有关部分的范围。如果在现场的某一区域内需要不同的施工承包单位同时或先后施工、使用,就应根据施工总进度计划的安排,规定他们各自占用的时间和先后顺序,并在施工总平面图中详细注明各工作区的位置及占用顺序,要检查施工现场总体布置是否合理,是否有利于保证施工的正常、顺利进行,是否有利于保证质量,特别是要对场区的道路、防洪排水、器材存放、给水及供电、混凝土供应及主要垂直运输机械设备布置等方面予以重视。

2.2.2.1 施工平面布置的内容

(1)原有地形、地物。

(2)沿线的生产、行政、生活等区域的规划及其设施。

(3)沿线的便道、便桥及其他临时设施。

(4)基本生产、辅助生产、服务生产设施的平面布置。

(5)安全消防设施。

(6)施工防排水临时设施。

(7)主要结构物平面位置等。

2.2.2.2 施工平面布置图的设计原则

(1)充分利用原有地形、地物,少占农田,因地制宜以降低工程成本。

(2)充分考虑水文、地质、气象等自然条件的影响。

(3)场区规划必须科学合理。

(4)场内运输形式的选择及线路的布设应尽量减少二次倒运和缩短运距。

(5)一切设施和布局必须满足施工进度、方法、工艺流程及科学组织生产的需要。

(6)必须符合安全生产、保安防火和文明施工的规定和要求。

2.2.3 材料构配件采购订货的控制

2.2.3.1 进场材料设备质量验收

工程所需的原材料、半成品、构配件等都将构成为永久性工程的组成部分。所以,它们的质量好坏直接影响到未来工程产品的质量,因此需要事先对其质量进行严格控制。

(1)凡运到现场用于工程建设的原材料、成品、半成品、构配件、设备,要对其外观、尺寸、形状、数量进行检查验收,杜绝外观、尺寸不合格或实物性能与标准不符合的劣质材料进场,更不准用于工程;在验收合格的基础上再按检验批,送到具有检测资质的检验机构进行复试,合格后方可使用。

(2)对于半成品或构配件,应按经过审批认可的设计文件和图纸要求采购订货,质量应满足有关标准和设计的要求,交货期应满足施工及安装进度安排的需要。材料、设备要检查性能是否符合设计要求,当质量达到规范规定的合格标准时,若设计有要求,必须按设计要求进行检查验收。

(3)供货厂家是制造材料、半成品、构配件主体,所以通过考查优选合格的供货厂家,是保证采购、订货质量的前提。为此,大宗的器材或材料的采购应当实行招标采购的方式。

(4)对于半成品和构配件的采购、订货,监理工程师应提出明确的质量要求、质量检测项目及标准;出厂合格证或产品说明书等质量文件的要求,以及是否需要权威性的质量认证等。

(5)某些材料,诸如瓷砖等装饰材料,订货时最好一次订齐和备足货源,以免由于分批而出现色泽不一的质量问题。

(6)供货厂方应向需方(订货方)提供质量文件,用以表明其提供的货物能够完全达到需方提出的质量要求。此外,质量文件也是承包单位(当承包单位负责采购时)将来在工程竣工时应提供的竣工文件的一个组成部分,用以证明工程项目所用的材料或构配件等的质量符合要求。检查质量证明文件,根据产品质量法的规定,生产厂家对产品质量负责,因此进场材料、设备必须有生产厂出具的产品质量证明文件,凡没有产品质量证明文件或提供的证明文件是未重新加盖印章的复印件或产品质量证明文件填写不全,例如未注明性能指标、生产日期、采用标准、代表批量等主要参数,均视为不合格产品。

质量文件主要包括:产品合格证及技术说明书;质量检验证明;检测与试验者的资格证明;关键工序操作人员资格证明及操作记录(如大型预应力构件的张拉应力工艺操作记录);不合格品或质量问题处理的说明及证明;有关图纸及技术资料;必要时,还应附有权威性认证资料。

2.2.3.2 常用主要建筑材料的质量控制

1. 进场水泥的质量控制

对进场水泥的质量进行验收。检查进场水泥的生产厂是否具有产品生产许可证。检查进场水泥的出厂合格证或试验报告。对进场水泥的品种、标号、包装或散装仓号、出厂日期等进行检查。对袋装水泥的实际质量进行抽查。按照产品标准和施工规范,对进场水泥进行抽样复试。抽样方法及测试结果必须符合国家有关标准的规定。当对水泥质量有怀疑时,或水泥出厂日期超过三个月时,应进行复试,并按试验结果使用。水泥的抽样复试应按见证取样送检的有关规定执行。

进场水泥的保存、使用要求:必须设立专用库房保管。库房应通风、干燥、屋面不渗漏、地面排水通畅。水泥应该按品种、标号、出厂日期分别堆放,并应用标牌加以明确标示。标牌书写项目、内容应齐全。储存期超过三个月或受潮、结块时,或遇到标号不明、对质量有怀疑时,应进行取样复试,并按复试结果使用。这样的水泥,不允许用于重要工程和工程的重要部位。为了防止材料混合出现变质或强度降低现象,不同品种的水泥,不得混合使用。

2. 进场钢筋的控制

进场钢筋的验收:检查进场钢筋生产厂家是否具有产品生产许可证。检查进场钢筋的出厂合格证或试验报告。按炉罐号、批号及直径对钢筋的标志、外观等进行检查。按照产品标准和施工规范要求,按炉罐号、批号及直径分批抽取试样作力学性能试验。结果应符合国家有关标准规定。当钢筋在运输、加工过程中,发现脆断、焊接性能不良或力学性能显著不正常等现象时,应根据国家标准对该批钢筋进行化学成分检验或其他专项检验。钢筋的抽样复试应符合见证取样送检的有关规定。

冷拉钢筋的质量验收,除上述所检查的项目外,还应作以下检查:应进行分批验收。每批由不大于20 t的同级别、同直径冷拉钢筋组成。钢筋表面不得有裂纹和局部缩颈,当用作预应力筋时,应逐根检查。从每批冷拉钢筋中抽取2 根钢筋,每根取2 个试样分别进行拉力和冷弯试验。

3. 对冷拔钢丝的质量验收

逐盘检查外观,钢丝表面不得有裂纹和机械损伤。甲级钢丝的力学性能应逐盘检验。乙级钢丝的力学性能可分批抽样检验。各种钢筋或冷拉钢丝验收合格后,应按批分别堆放整齐,避免锈蚀或油污,并应设置标示牌,标明品种、规格、数量等。

2.2.3.3 防水材料的质量控制

1. 进场防水材料验收的主要内容

检查进场防水卷材的准用证和检测认证文件。对进场防水卷材的品种、规格、包装和外观质量进行检查。按照产品标准和施工规范要求,对进场防水卷材进行抽样复试的试验结果,必须符合有关标准规定。对进场防水卷材抽样复试应符合建设工程质量检测见证取样相关文件规定。进场防水卷材的物理性能,应进行复试。防水卷材在保存、加工、铺贴过程中,如发现老化、断裂、黏结、流淌等不正常现象,应重新检验其物理性能。

2. 验收合格的卷材,其保存、储存要求

验收合格的卷材,其保存、储存必须符合下列规定:

不同品种、标号、规格和等级的产品应分别堆放。应储存在阴凉通风的室内,避免雨淋、日晒和受潮,严禁接近火源。沥青防水卷材储存环境温度不得高于45 ℃。卷材宜直立堆放,其高度不宜超过两层,并不得倾斜或横压,短途运输中临时平放不宜超过四层。应避免与化学介质及有机溶剂等有害物质接触。

2.2.3.4 混凝土预制构件进入施工现场的质量控制

1. 对进入施工现场的预制混凝土构件进行验收

提供预制混凝土构件的厂家,必须具备相应的资质等级。进厂构件不得有影响结构性能或影响安装、使用的外观缺陷。每批构件应具有质量合格证明。每件构件上应标注生产厂家的名称或代号,同时应注明质量合格标志。

2. 进场验收合格的预制混凝土构件的堆放要求

进场验收合格的预制混凝土构件,其堆放应符合以下规定:堆放构件的场地应平整坚实,并具有排水措施,堆放构件时应使构件与地面之间留有一定的空隙。应根据构件的刚度和受力情况,确定构件平放或立放,并保持其稳定性。重叠堆放的构件,吊环应向上,标志应向外;其堆垛高度应根据构件与垫木的承载能力及堆垛稳定性确定。各层垫木的位置应在一条直线上。采用靠放架立放的构件,必须对称靠放和吊运,其倾斜角度应保持大于 80°,构件上部宜用木块隔开。

2.2.3.5 预拌混凝土进入现场的质量控制

1. 施工现场使用预拌混凝土的要求

施工现场使用预拌混凝土应具备下列条件:道路畅通,泵车支设处地基坚实平整,有照明和水源条件。具备混凝土的制作、养护条件。现场管理和制作试块人员,须经过培训、考核,并持有经企业上级主管单位签发的试验岗位合格证。使用泵送混凝土,应事先制订泵送施工方案。混凝土工程施工前应有技术安全交底,并应具备混凝土工程的养护条件。

2. 预拌混凝土的验收要求

应建立对混凝土质量和数量的交接验收手续。非泵送混凝土的坍落度,应根据浇筑工艺和技术要求,比泵送混凝土酌情降低。使用单位应在混凝土运送到浇筑地点 15 min 内按规定制作试块。现场混凝土的坍落度检测,应在交接验收前完成。当发现预拌混凝土质量不合格时,不得验收和使用。

2.2.4 施工机械配置的控制

2.2.4.1 施工机械选择

施工机械设备的选择,除应考虑施工机械的技术性能、工作效率、工作质量、可靠性及维修难易、能源消耗,以及安全、灵活等方面对施工质量的影响与保证外,还应考虑其数量配置对施工质量的影响与保证条件。例如,为保证混凝土连续浇筑,应配备有足够的搅拌机和运输设备;在一些城市建筑施工中,有防止产生噪声的限制,必须采用静力压桩等。此外,要注意设备形式应与施工对象的特点及施工质量要求相适应。例如,对于黏性土的压实,可以采用羊足碾进行分层碾压;但对于砂性土的压实,则宜采用振动压实机等类型的机械。在选择机械性能参数方面,也要与施工对象特点及质量要求相适应,如选择起重机械进行吊装施工时,其起重量、起重高度及起重半径均应满足吊装要求。

2.2.4.2 施工机械审查

审查施工机械设备的数量是否足够。例如在进行就地灌注桩施工时,是否有备用的混凝土搅拌机和振捣设备,以防止由于机械发生故障,使混凝土浇筑工作中断,造成断桩质量事故等。

审查所需的施工机械设备,是否按已批准的计划备妥;所准备的机械设备是否与监理工程师审查认可的施工组织设计或施工计划中所列者相一致;所准备的施工机械设备是否都处于完好的可用状态等。对于与批准的计划中所列施工机械不一致,或机械设备的类型、规格、性能不能保证施工质量者,以及维护修理不良,不能保证良好的可用状态者,都不准使用。

2.2.5 设计交底与施工图纸的现场核对

2.2.5.1 设计交底

施工阶段,设计文件是施工作业工作的依据。因此,应认真参加由建设单位主持的设计交底工作,以透彻地了解设计原则及质量要求。同时,要认真做好审核及图纸核对工作,对于审图过程中发现的问题,及时以书面形式报告给建设单位。

参加设计交底应着重了解的内容如下:

(1)有关地形、地貌、水文气象、工程地质及水文地质等自然条件方面。

(2)主管部门及其他部门(如规划、环保、农业、交通、旅游等)对本工程的要求、设计单位采用的主要设计规范、市场供应的建筑材料情况等。

(3)设计意图方面:如设计思想、设计方案比选的情况、基础开挖及基础处理方案、结构设计意图、设备安装和调试要求、施工进度与工期安排等。

(4)施工应注意事项方面:如基础处理的要求,对建筑材料方面的要求,主体工程设计中采用新结构或新工艺对施工提出的要求,为实现进度安排而应采用的施工组织和技术保证措施等。

2.2.5.2 施工图纸的现场核对

施工图是工程施工的直接依据,为了使施工承包单位充分了解工程特点、设计要求,减少图纸的差错,确保工程质量,减少工程变更,应要求做好施工图的现场核对工作。

施工图纸现场核对主要包括以下几个方面:

(1)施工图纸合法性的认定:施工图纸是否经设计单位正式签署,是否按规定经有关部门审核批准,是否得到建设单位的同意。

(2)图纸与说明书是否齐全,如分期出图,图纸供应是否满足需要。

(3)地下构筑物、障碍物、管线是否探明并标注清楚。

(4)图纸中有无遗漏、差错或相互矛盾之处(例如,漏画螺栓孔、漏列钢筋明细表;尺寸标注有错误、平面图与相应的剖面图相同部位的标高不一致;工艺管道、电气线路、设备装置等是否相互干扰、矛盾)。图纸的表示方法是否清楚和符合标准(如对预埋件、预留孔的表示以及钢筋构造要求是否清楚)等。

(5)地质及水文地质等基础资料是否充分、可靠,地形、地貌与现场实际情况是否相符。

(6)所需材料的来源有无保证,能否替代;新材料、新技术的采用有无问题。

(7)所提出的施工工艺、方法是否合理,是否切合实际,是否存在不便于施工之处,能否保证质量要求。

(8)施工图或说明书中所涉及的各种标准、图册、规范、规程等,承包单位是否具备。对于存在的问题,要求承包单位以书面形式提出,在设计单位以书面形式进行解释或确认后,才能进行施工。

子任务 2.3 认识施工作业技术准备状态

所谓作业技术准备状态，是指各项施工准备工作在正式开展作业技术活动前，是否按预先计划的安排落实到位的状况，包括配置的人员、材料、机具、场所环境、通风、照明、安全设施等。做好作业技术准备状况的检查，有利于实际施工条件的落实，避免计划与实际不一致，承诺与行动相脱离，在准备工作不到位的情况下贸然施工。作业技术准备状态的控制，应着重抓好以下环节的工作。

2.3.1 质量控制点的设置

2.3.1.1 质量控制点的概念

质量控制点是指为了保证作业过程质量而确定的重点控制对象、关键部位或薄弱环节。

设置质量控制点是保证达到施工质量要求的必要前提，监理工程师在拟订质量控制工作计划时，应予以详细地考虑，并以制度来保证落实。对于质量控制点，一般要事先分析可能造成质量问题的原因，再针对原因制定对策和措施进行预控。

承包单位在工程施工前应根据施工过程质量控制的要求，列出质量控制点明细表，表中详细地列出各质量控制点的名称或控制内容、检验标准及方法等，提交监理工程师审查批准后，在此基础上实施质量预控。

2.3.1.2 选择质量控制点的一般原则

可作为质量控制点的对象涉及面广，它可能是技术要求高、施工难度大的结构部位，也可能是影响质量的关键工序、操作或某一环节。总之，不论是结构部位、影响质量的关键工序、操作、施工顺序、技术、材料、机械、自然条件、施工环境等均可作为质量控制点来控制。概括地说，应当选择那些保证质量难度大的、对质量影响大的或者是发生质量问题时危害大的对象作为质量控制点：

(1)施工过程中的关键工序或环节及隐蔽工程，如预应力结构的张拉工序，钢筋混凝土结构中的钢筋架立。

(2)施工中的薄弱环节，或质量不稳定的工序、部位或对象，如地下防水层施工。

(3)对后续工程施工或对后续工序质量或安全有重大影响的工序、部位或对象，如预应力结构中的预应力钢筋质量、模板的支撑与固定等。

(4)采用新技术、新工艺、新材料的部位或环节。

(5)施工上无足够把握的、施工条件困难的或技术难度大的工序或环节，如复杂曲线模板的放样等。

显然，是否设置为质量控制点，主要是视其对质量特性影响的大小、危害程度以及其质量保证的难度大小而定。表 2-1 为建筑工程质量控制点设置的一般位置示例。

表2-1 建筑工程质量控制点设置表

工程测量定位	标准轴线桩、水平桩、龙门板、定位轴线、标高
地基、基础（含设备基础）	基坑（槽）尺寸、标高、土质、地基承载力，基础垫层标高，基础位置、尺寸、标高，预留洞、预埋件的位置、规格、数量，基础标高、杯底弹线
砌体	砌体轴线，皮数杆，砂浆配合比，预留洞孔、预埋件位置、数量，砌块排列
模板	位置、尺寸、标高，预埋件位置，预留洞孔尺寸、位置，模板强度及稳定性，模板内部清理及湿润情况
钢筋混凝土	水泥品种、强度等级、砂石质量，混凝土配合比，外加剂比例，混凝土振捣，钢筋品种、规格、尺寸、搭接长度，钢筋焊接，预留洞、孔及预埋件规格、数量、尺寸、位置，预制构件吊装或出厂强度，吊装位置、标高、支承长度、焊缝长度
吊装	吊装设备起重能力、吊具、索具、地锚
钢结构	放样图、放大样
焊接	焊接条件、焊接工艺
装修	视具体情况而定

2.3.1.3 作为质量控制点重点控制的对象

（1）人的行为。对某些作业或操作，应以人为重点进行控制，如高空、高温、水下、危险作业等，对人的身体素质或心理应有相应的要求；技术难度大或精度要求高的作业，如复杂模板放样，精密、复杂的设备安装，以及重型构件吊装等对人的技术水平均有相应的较高要求。

（2）物的质量与性能。施工设备和材料是直接影响工程质量和安全的主要因素，对某些工程尤为重要，常作为控制的重点。例如，基础的防渗灌浆、灌浆材料细度及可灌性、作业设备的质量、计量仪器的质量都是直接影响灌浆质量和效果的主要因素。

（3）关键的操作，如预应力钢筋的张拉工艺操作过程及张拉力的控制，是可靠地建立预应力值和保证预应力构件质量的关键过程。

（4）施工技术参数，例如，对填方路堤进行压实时，对填土含水量等参数的控制是保证填方质量的关键；对于岩基水泥灌浆，灌浆压力和吃浆率；冬季施工混凝土受冻临界强度等技术参数是质量控制的重要指标。

（5）施工顺序，对于某些工作必须严格作业之间的顺序。例如，对于冷拉钢筋应当先对焊、后冷拉，否则会失去冷强；对于屋架固定一般应采取对角同时施焊，以免焊接应力使已校正的屋架发生变位等。

（6）技术间歇，有些作业之间需要有必要的技术间歇时间，例如砖墙砌筑后与抹灰工序之间，以及抹灰与粉刷或喷涂之间，均应保证有足够的间歇时间；混凝土浇筑后至拆模之间也应保持一定的间歇时间；混凝土大坝坝体分块浇筑时，相邻浇筑块之间也必须保持足够的间歇时间等。

(7)新工艺、新技术、新材料的应用。由于缺乏经验，施工时可作为重点进行严格控制。

(8)产品质量不稳定、不合格率较高及易发生质量通病的工序应列为重点，仔细分析、严格控制。如防水层的铺设，供水管道接头的渗漏等。

(9)易对工程质量产生重大影响的施工方法。例如，液压滑模施工中的支承杆失稳问题、升板法施工中提升差的控制等，都是一旦施工不当或控制不严，即可能引起重大质量事故问题，也应作为质量控制的重点。

(10)特殊地基或特种结构。如湿陷性黄土、膨胀土等特殊土地基的处理，大跨度和超高结构等难度大的施工环节和重要部位等都应予特别重视。

总之，质量控制点的选择要准确、有效。为此，一方面需要有经验的工程技术人员来进行选择。另一方面也要集思广益，集中群体智慧由有关人员充分讨论，在此基础上进行选择。选择时要根据对重要的质量特性进行重点控制的要求，选择质量控制的重点部位、重点工序和重点的质量因素作为质量控制点，进行重点控制和预控，这是进行质量控制的有效方法。

2.3.1.4 质量预控对策的检查

所谓工程质量预控，就是针对所设置的质量控制点或分部、分项工程，事先分析施工中可能发生的质量问题和隐患，分析可能产生的原因，并提出相应的对策，采取有效的措施进行预先控制，以防在施工中发生质量问题。质量预控及对策的表达方式主要有：①文字表达；②用表格形式表达；③解析图形式表达。下面举例说明。

(1)钢筋电焊焊接质量的预控用文字表达。列出可能产生的质量问题，以及拟定的质量预控措施。

①可能产生的质量问题：焊接接头偏心弯折；焊条型号或规格不符合要求；焊缝的长、宽、厚度不符合要求；凹陷、焊瘤、裂纹、烧伤、咬边、气孔、夹渣等缺陷。

②质量预控措施。根据对电焊钢筋质量上可能产生的质量问题的估计，分析产生上述电焊质量问题的重要原因，不外乎两个方面，一是施焊人员技术不良，二是焊条质量不符合要求，所以监理工程师可以有针对性地提出质量预控的措施如下：检查焊接人员有无上岗合格证明，禁止无证上岗；焊工正式施焊前，必须按规定进行焊接工艺试验；每批钢筋焊完后，承包单位自检并按规定对焊接接头见证取样进行力学性能试验；在检查焊接质量时，应同时抽检焊条的型号。

(2)混凝土灌注桩质量预控用表格形式表达。用简表形式分析其在施工中可能发生的主要质量问题和隐患，并针对各种可能发生的质量问题提出相应的预控措施，如表2-2所示。

表 2-2　混凝土浇筑桩质量预控表

可能发生的质量问题	质量预控措施
孔斜	1. 督促承包单位在钻孔前对钻机认真整平
混凝土强度达不到要求	2. 随时抽查原料质量；混凝土配合比经监理工程师审批确认；评定混凝土强度；按月向监理报送评定结果
缩颈、堵管	3. 督促承包单位每桩测定混凝土坍落度 2 次，每 30 ~ 50 cm 测定一次混凝土浇筑高度，随时处理
断桩	4. 准备足够数量的混凝土供应机械（拌和机等），保证连续不断地灌注
钢筋笼上浮	5. 掌握泥浆比重和灌注速度，灌注前做好钢筋笼固定

（3）混凝土工程质量预控及质量对策用解析图的形式表达。用解析图的形式表示质量预控及措施对策是用以下两份图来表达的。

①工程质量预控图。在该图中间按该分部工程的施工各阶段划分，即从准备工作至完工后质量验收与中间检查以及最后的资料整理；右侧列出各阶段所需进行的与质量控制有关的技术工作，用框图的方式分别与工作阶段相连接；左侧列出各阶段所需进行的质量控制有关管理工作的要求。

②质量控制对策图。该图分为两部分：一部分是列出某一分部分项工程中各种影响质量的因素；另一部分是列出对应于各种质量问题影响因素所采取的对策或措施。

2. 3. 2　作业技术交底的控制

承包单位做好技术交底，是取得好的施工质量的条件之一。为此，每一分项工程开始实施前均要进行交底。作业技术交底是对施工组织设计或施工方案的具体化，是更细致、更明确、更加具体的技术实施方案，是工序施工或分项工程施工的具体指导文件。为做好技术交底，项目经理部必须由主管技术人员编制技术交底书，并经项目总工程师批准。技术交底的内容包括施工方法、质量要求和验收标准，施工过程中需注意的问题，可能出现意外的措施及应急方案。技术交底要紧紧围绕和具体施工有关的操作者、机械设备、使用的材料、构配件、工艺、工法、施工环境、具体管理措施等方面进行，交底中要明确做什么、谁来做、如何做、作业标准和要求、什么时间完成等。

关键部位，或技术难度大、施工复杂的检验批，分项工程施工前，承包单位的技术交底书（作业指导书）要报监理工程师。经监理工程师审查后，如技术交底书不能保证作业活动的质量要求，承包单位要进行修改补充。没有做好技术交底的工序或分项工程，不得进入正式实施。

2. 3. 3　进场材料构配件的质量控制

（1）凡运到施工现场的原材料、半成品或构配件，进场前应向项目监理机构提交《工程材料/配件/设备报审表》，同时附有产品出厂合格证及技术说明书，并且附有由施工承包单位按规定要求进行检验的检验报告或试验报告，经监理工程师审查并确认其质量合格后，方准进场。凡是没有产品出厂合格证明及检验不合格者，不得进场。如果监理工程师认为承包单位提交的有关产品合格证明的文件以及施工承包单位提交的检验和试验报告，仍不足以说明到场产品的质量符合要求时，监理工程师可以再行组织复检或见证取样试验，确认其质量合格后方允许进场。

(2)进口材料的检查、验收，应会同国家商检部门进行。当在检验中发现质量问题或数量不符合规定要求时，应取得供货方及商检人员签署的商务记录，在规定的索赔期内进行索赔。

(3)材料构配件存放条件的控制。质量合格的材料、构配件进场后，到其使用或安装时通常都要经过一定的时间间隔。在此时间内，如果对材料等的存放、保管不良，可能导致质量状况的恶化，如损伤、变质、损坏，甚至不能使用。因此，监理工程师对承包单位在材料、半成品、构配件的存放、保管条件及时间也应实行监控。

对于材料、半成品、构配件等，应当根据它们的特点、特性以及对防潮、防晒、防锈、防腐蚀、通风、隔热、温度、湿度等方面的不同要求，安排适宜的存放条件，以保证其存放质量。例如，对水泥的存放应当防止受潮，存放时间一般不宜超过3个月，以免受潮结块；硝铵炸药的湿度达3%以上时即易结块、拒爆，存放时间应妥为防潮；胶质炸药（硝化甘油）冰点温度高（+13 ℃以下），冻结后极为敏感易爆，存放温度应予以控制；某些化学原材料应当避光、防晒；某些金属材料及器材应防锈蚀等。如果存放、保管条件不良，监理工程师有权要求施工承包单位加以改善并达到要求。

对于按要求存放的材料，监理工程师在存入后每隔一定时间（如一个月）可检查一次，随时掌握它们的存放质量情况。此外，在材料、器材等使用前，也应经监理工程师对其质量再次检查确认后，方可允许使用；经检查质量不符合要求者（如水泥存放时间超过规定期限或受潮结块、强度等级降低），则不准使用，或降低等级使用。

(4)对于某些当地材料及现场配制的制品，一般要求承包单位事先进行试验，达到要求的标准方准施工。除应达到规定的力学强度等指标外，还应注意以下方面的检验与控制：

①材料的化学成分。例如使用开采、加工的天然卵石或碎石作为混凝土粗骨料时，其内在的化学成分至关重要，因为如果其中含有无定形氧化硅时（如蛋白石、白云石、燧石等），而水泥中的含碱（Na_2O，K_2O）量也较高（>0.6%）时，则混凝土中将发生化学反应生成碱—硅酸凝胶（碱—集料反应），并吸水膨胀，从而导致混凝土开裂。

②充分考虑到施工现场加工条件与设计、试验条件不同而可能导致的材料或半成品质量差异。例如，某工程混凝土所用的砂是由当地的河砂，经过现场加工清洗后使用，按原设计的混凝土配合比进行混凝土试配，其单位体积重量指标值达不到设计要求的标准。究其原因，是由于现场清洗加工工艺条件使加工后的砂料组成发生了较大变化，其中细砂部分流失量较大，这与设计阶段进行室内配合比试验时所用的砂组分有较大的差异，因而导致混凝土密度指标值达不到原设计要求。这样，就需要先找出原因，设法妥善解决后（如调整配合比、改进加工工艺），经监理工程师认可后才能允许进行施工。

2.3.4 环境状态的控制

2.3.4.1 施工作业环境的控制

所谓作业环境条件,主要是指如水、电或动力供应、施工照明、安全防护设备、施工场地空间条件和通道,以及交通运输和道路条件等。这些条件是否良好,直接影响到施工能否顺利进行,以及施工质量。例如,施工照明不良,会给要求精密度高的施工操作造成困难,施工质量不易保证;交通运输道路不畅,干扰、延误多,可能造成运输时间加长,运送的混凝土拌和料质量发生变化(如水灰比、坍落度变化);路面条件差,可能加重所运混凝土拌和料的离析、水泥浆流失等。此外,当同一个施工现场有多个承包单位或多个工种同时施工或平行立体交叉作业时,更应注意避免它们在空间上的相互干扰,影响效率及质量、安全。

所以,监理工程师应事先检查承包单位对施工作业环境条件方面的有关准备工作是否已做好安排和准备妥当;当确认其准备可靠、有效后,方准许其进行施工。

2.3.4.2 施工质量管理环境的控制

施工质量管理环境主要是指:施工承包单位的质量管理体系和质量控制自检系统是否处于良好的状态;系统的组织结构、管理制度、检测制度、检测标准、人员配备等方面是否完善和明确;质量责任制是否落实;监理工程师做好承包单位施工质量管理环境的检查,并督促其落实,是保证作业效果的重要前提。

2.3.4.3 现场自然环境条件的控制

监理工程师应检查施工承包单位,对于未来的施工期间,自然环境条件可能出现对施工作业质量的不利影响时,是否事先已有充分的认识并已做好充足的准备和采取了有效措施与对策以保证工程质量。例如,对严寒季节的防冻;夏季的防高温;高地下水位情况下基坑施工的排水或细砂地基防止流砂;施工场地的防洪与排水;风浪对水上打桩或沉箱施工质量影响的防范等。又如,深基础施工中主体建筑物完成后是否可能出现不正常的沉降,影响建筑的综合质量;以及现场因素对工程施工质量与安全的影响(例如,邻近有易爆、有毒气体等危险源;或邻近高层、超高层建筑,深基础施工质量及安全保证难度大等),有无应对方案及有针对性的保证质量及安全的措施等。

2.3.5 进场施工机械设备性能及工作状态的控制

保证施工现场作业机械设备的技术性能及工作状态,对施工质量有重要的影响。因此,监理工程师要做好现场控制工作。不断检查并督促承包单位,只有状态良好,性能满足施工需要的机械设备才允许进入现场作业。

2.3.5.1 施工机械设备的进场检查

机械设备进场前,承包单位应向项目监理机构报送进场设备清单,列出进场机械设备的型号、规格、数量、技术性能(技术参数)、设备状况、进场时间。

机械设备进场后,根据承包单位报送的清单,监理工程师进行现场核对是否和施工组织设计中所列的内容相符。

2.3.5.2 机械设备工作状态的检查

应审查作业机械的使用、保养记录，检查其工作状况；重要的工程机械，如大马力推土机、大型凿岩设备、路基碾压设备等，应在现场实际复验（如开动、行走等），以保证投入作业的机械设备状态良好。

还应经常了解施工作业中机械设备的工作状况，防止机械设备带病运行。发现问题，及时修理，以保持良好的作业状态。

2.3.5.3 特殊设备安全运行的审核

对于现场使用的塔吊及有特殊安全要求的设备，进入现场后在使用前，必须经当地劳动安全部门鉴定，符合要求并办好相关手续后方允许承包单位投入使用。

在跨越大江大河的桥梁施工中，经常会涉及承包单位在现场组装的大型临时设备，如轨道式龙门吊机、悬灌施工中的挂篮、架梁吊机、吊索塔架、缆索吊机等。这些设备使用前，承包单位必须取得本单位上级安全主管部门的审查批准，办好相关手续后，监理工程师方可批准投入使用。

2.3.6 施工测量及计量器具性能、精度的控制

工程项目中，施工单位应建立实验室。如确因条件限制，不能建立实验室，则应委托具有相应资质的专门实验室作为实验室。如是新建的实验室，应按国家有关规定，经计量主管部门进行认证，取得相应资质；如是本单位中心实验室的派出部分，则应有中心实验室的正式委托书。

（1）工程作业开始前，应向项目监理机构报送实验室（或外委实验室）的资质证明文件，列出本实验室所开展的试验、检测项目，主要仪器、设备；法定计量部门对计量器具的标定证明文件；试验检测人员上岗资质证明；实验室管理制度等。

（2）应检查实验室资质证明文件、试验设备、检测仪器能否满足工程质量检查要求，是否处于良好的可用状态；精度是否符合需要；法定计量部门标定资料，合格证、率定表，是否在标定的有效期内；实验室管理制度是否齐全，符合实际；试验、检测人员的上岗资质等。经检查，确认能满足工程质量检验要求，则予以批准，同意使用；否则，应进一步完善、补充，在没得到监理工程师同意之前，实验室不得使用。

（3）施工测量开始前，承包单位应向项目监理机构提交测量仪器的型号、技术指标、精度等级、法定计量部门的标定证明，测量工的上岗证明，监理工程师审核确认后，方可进行正式测量作业。在作业过程应经常检查了解计量仪器、测量设备的性能、精度状况，使其处于良好的状态之中。

2.3.7 施工现场劳动组织及作业人员上岗资格的控制

劳动组织涉及从事作业活动的操作者及管理者，以及相应的各种制度。

操作人员：从事作业活动的操作者数量必须满足作业活动的需要，相应工种配置能保证作业有序、持续进行，不能因人员数量及工种配置不合理而造成停顿。

管理人员到位：作业活动的直接负责人（包括技术负责人），专职质检人员，安全员，与作业活动有关的测量人员、材料员、试验员必须在岗。

相关制度要健全:如管理层及作业层各类人员的岗位职责;作业活动现场的安全、消防规定;作业活动中环保规定;实验室及现场试验检测的有关规定;紧急情况的应急处理规定等。同时要有相应措施及手段以保证制度、规定的落实和执行。

从事特殊作业的人员(如电焊工、电工、起重工、架子工、爆破工),必须持证上岗,对此监理工程师要进行检查与核实。

子任务2.4 陕西建工集团总公司项目质量技术策划

2.4.1 认知项目质量技术策划

2.4.1.1 策划概念

策划是人的一种脑力活动或智力活动的理性行为。最根本、最通俗的解释可用四个字来描述——"出谋划策"。

策划是针对未来要发生的事情做出当前的决策。"凡事预则立,不预则废",应该说策划是一切活动的起点。"项目管理策划"这一概念被引入到项目管理工作中,是市场竞争环境的变化和企业内部管理的需要共同作用的结果。

策划能为人们提供新观念、新思路、新方法,起到改善管理、增强竞争力的作用;能够有效地保证决策的正确性、计划的可行性、管理的科学性;策划的过程,是发现问题、寻找对策、解决问题的过程。

2.4.1.2 工程项目策划作用

具体到我们工程实际中,项目管理策划是指在项目管理实施之前,依照合同等的约定,结合项目本身特点,对项目管理目标、管理方法、管理措施和管理手段进行科学分析和论证,对项目的各项管理活动进行谋划。简单的说就是"计划你的工作,工作你的计划",具体为:

(1)为完善、明确、细化各项质量、技术目标。

(2)为科学、有效的保证目标实现。

(3)为项目成本、进度、安全等各项工作协调有序的开展提供依据。

(4)为降低工程成本,创造更为明显的经济效益与社会效益。

2.4.1.3 项目技术负责人、项目经理在项目策划中的职责与义务

项目技术负责人不仅要具有技术负责人的基本素质和职责,即法律、法规标准的掌握者和执行者,施工组织设计专项方案等的编写者,工程质量检查、控制的监督者,各级验收的组织者,新技术、新材料、新工艺的推广者,资料整理与管理指导者,技术问题难题的解决者,更主要的是要是一个思想者、设计师,把该想的提前想好,为顺利实施铺平道路,达到"事半功倍"。

项目经理不仅仅要具有项目经理最基本的素质和职责,即受企业法人委托全权负责项目班子建设,工期、成本、质量、安全控制,劳动力组织,人员调配,各方沟通协调的同时,在质量与技术管理及与技术负责人的工作配合与协调中,应该做好保障工作,支持工作。

2.4.1.4 策划类别

一个工程项目，从开工到竣工，应该策划的内容很多，包括项目组建与解体、成本策划与实施、安全与文明施工、质量与技术管理、项目劳务、材料、设备准备与购置、节能环保与绿色施工等诸多方面的策划，在此，将重点讲项目质量技术管理策划。

2.4.1.5 技术质量策划的主要内容

以一个具体的质量策划书为例，介绍质量策划应包括的主要内容。一个完整的质量技术策划书，应包括以下内容：

一、工程概况

二、编制依据

三、控制目标

四、组织管理及措施

1. 健全管理体系
2. 完善质量保证制度
3. 优选劳务队伍

五、实体质量控制

1. 分部分项工程质量
2. 样板实施
3. 亮点策划

六、技术管理

1. 方案编制
2. 材料检验与专项检测
3. 新技术推广应用
4. 工程技术资料整理
5. 过程图片资料收集
6. 验收汇报资料整理

2.4.2 质量技术策划的编制

2.4.2.1 工程概况

工程名称，工程地址，建筑面积、长、宽、高，开竣工时间，结构形式，主要结构做法，主要建筑做法（具体做法可作为策划附件附于策划书之后），各方参建及监督单位。

例如：

西安榆林商会大厦位于榆林市开发区，由陕西榆商建设有限公司投资，中国建筑西北研究院设计，陕西中建西北工程监理有限责任公司实施监督，陕西建工集团总公司组织施工。开工时间为2011年9月1日，竣工时间为2014年9月30日。

本工程总建筑面积180 391 m^2，钢筋混凝土框筒结构，其中地上143 215 m^2，地下37 176 m^2；地下两层，地下室深度9.5 m；地上主楼A座26层，总建筑高度99.95 m；地上主楼B座34层，总建筑高度135.75 m；裙房地上4层，建筑高度23.25 m。本工程建筑工程等级为特级，耐火等级为一级，属一类公共建筑。本设计主体结构的合理使用年限为三类、50年,建筑结构安全等级为二级,地基基础设计等级为甲类,建筑抗震设防烈度为6度,防空地下室类别及抗力为甲类核6常6级人防物资库。建筑物抗震等级:多层裙房框架为四级,A、B座及地下室一层框架抗震等级为三级,剪力墙为二级;地下二层框架抗震等级为三级,剪力墙为三级。

裙房1~3层为展览厅,4层为餐厅、桑拿、健身游泳及会议厅; A座5~26层为办公用房, B座第5层为会议室,6~12层为酒店,13~34层为酒店式办公,其中第13、24层为避难层,B座顶141.3 m处为停机坪。主要建筑、安装用料与做法略。

2.4.2.2 编制依据

编制依据主要有以下几个方面:

(1)合同约定或承诺。

(2)招标文件、设计图纸、重大变更及洽商记录。

(3)国家、地方有关法律法规、标准规范。

(4)企业的质量、安全、环境管理体系文件及手册。

(5)企业文件、标准。

例如:

2.1 施工合同、招标文件、承诺书

2.2 设计图纸

2.3 图纸答疑纪要

2.4 重大变更

2.5《建筑工程施工质量验收统一标准》(GB 50300—2001)

2.6《建筑工程施工质量评价标准》(GB/T 50375—2006)

2.7《建筑节能工程施工质量验收规范》(GB 50411—2007)

2.9《建筑工程绿色施工评价标准》(GB 50640—2010)

2.4.2.3 控制目标

(1)在一个项目质量策划中,在明确总体质量目标的同时,应按阶段、类别对质量技术目标进行分解,明确为保证总体目标实现所必须具有的、循序的、多方面的细化目标,并确定每个具体目标实施的时间、条件、负责人、主管领导等,以阶段目标保证总体目标的实现。

(2)需要强调的是:就应该学习和掌握集团、省内、国家有关目标的实施、验收条件及要求,早策划、严过程、抓实施、重成效,切不可疲于应付,草草了事。

(3)为保证目标的实现,各参建单位之间应达成共识,各管理人员之间应合理分工,各负其责,相互协作,学习掌握标准,自加压力,确保自己所分工负责部分目标的圆满完成。

例如:

榆林商会大厦工程,质量目标"鲁班奖",施工过程中,将围绕质量目标做如表2-3所示质量技术安排。

表 2-3　榆林商会大厦工程质量技术安排

分类		名称(内容)	计划验收时间(年-月)	验收时间要求	实施人	负责人	备注
技术管理目标		省级新技术应用示范工程	2015-09	各项新技术内容应用完成后			
	论文	冬季混凝土施工控制	2012-07				发表
		砂土回填质量控制	2012-07				
		后砌墙裂缝质量控制	2013-07				
		超高层混凝土冬季施工质量控制	2013-06				
	专利	塑料梁柱接头专用模板	2012-09				发明
		低温条件下混凝土泵送管保温技术	2012-06				实用新型
		水坠砂砂土回填施工技术	2012-06				实用新型
	工法	140 m 双弧形梁混凝土质量控制	2013-06				国家级
		低温条件下(-15 ~ 20 ℃)冬季混凝土施工质量控制	2013-06				省　级
		超高层混凝土冬季施工质量控制	2013-07				省　级
		塑料板地面质量控制	2014-08				省　级
		吸音板墙面质量控制	2014-08				省　级
	综合技术总结	对本工程应用新技术、施工难点、百米超高塔吊选型与安装、双弧形放线控制、超高泵送、综合管线布设、大面积塑料地板铺设等技术进行全面总结,形成办公、酒店、会议等综合楼工程施工综合技术					

2.4.2.4　**组织管理及措施**

一个工程的组织实施和目标实现,需要建设、设计、监理、施工等各单位间的通力合作,任何一方的消极或不给力,都会给工程的顺利实施造成困难,形成阻力。所以,作为一个项目组织,应该有积极、乐观、良好的团队精神与沟通机制,以良好、平和、谦让的态度与各方进行沟通,遇事多站在别人的角度想想,要掌握解决问题的技巧和方法,多以自己认真、负责、敬业和高尚的人格感化和影响别人,赢得他人的认可和尊重。注重效率和效果,减少不需要的过程和摩擦。静下心来"内强素质、外塑形象",组织管理处处要渗透企业文化,要有整体形象。

(1)建立健全的质量管理体系。

(2)明确职责及分工。创优工程,建设、施工、监理各方应在充分沟通和共识的基础上,建立确实能够领导、协调的创优领导小组应健全。

(3)完善质量保证制度。以制度促管理、以制度提效益、以制度保质量。项目质量技术管理,应建立的制度包括:学习培训制度;技术交底制度;材料进场检验制度;样板引路制度;施工挂牌制度;过程三检制度;质量奖罚制度;成品保护制度;质量文件、技术资料记录和管理制度、工程质量检查、验收、等级评定、核定制度;竣工服务承诺制度共11种制度。

①学习培训制度:标准规范学习、岗前技能培训如何实施。

②技术交底制度:坚持以技术进步来保证施工质量的原则。技术部门应编制有针对性的施工组织设计,积极采用新工艺、新技术;针对特殊工序编制要有针对性的作业指导书。每个工种、每道工序施工前要组织进行各级技术交底,包括项目工程师对工长的技术交底、工长对班组的技术交底、班组长对作业班组的技术交底。各级交底以书面进行。因技术措施不当或交底不清而造成质量事故的要追究有关部门和人员的责任。

③材料进场检验制度:编制材料检验计划,不合格材料不得用于工程,对使用不合格材料追究相应责任。

④样板引路制度:每个工种、分项、开工前都应做样板,样板包括样板件、样板墙或样板间。统一要求,明确目标。

⑤施工挂牌制度:主要工种如钢筋、混凝土、模板、砌砖、抹灰等,施工过程中在现场实行挂牌制,注明管理者、操作者、施工日期,并做相应的图文记录,作为重要的施工档案保存。因现场不按规范、规程施工而造成质量事故的要追究有关人员的责任。

⑥过程三检制度:实行并坚持自检、互检、交接检制度,自检要做文字记录。隐蔽工程要由工长组织项目技术负责人、质量检查员、班组长检查,并做出较详细的文字记录。

⑦质量奖罚制度:对不合格分项、分部和单位工程必须进行返工。不合格分项工程流入下道工序,要追究班组长的责任,不合格分部工程流入下道工序要追究工长和项目经理的责任,不合格工程流入社会要追究公司经理和项目经理的责任。有关责任人员要针对出现不合格品的原因采取必要的纠正和预防措施。

⑧成品保护制度:应当像重视工序的操作一样重视成品的保护。项目经理人员应合理安排施工工序,减少工序的交叉作业,上下工序之间应做好交接工作,并做好记录。当下道工序的施工可能对上道工序的成品造成影响时,应征得上道工序操作人员及管理人员的同意,并避免破坏和污染,否则,造成的损失由下道工序操作及管理人员负责。

⑨质量技术文件、资料记录和管理制度:质量记录、技术资料是工程验收、质量责任追溯的依据,应真实和详尽。各类现场操作记录及材料试验记录、质量检验记录等要妥善保管,特别是各类工序接口的处理,应详细记录当时的情况,理清各方责任。工程技术资料专人收集、与工程同步。

⑩工程质量检查、验收、等级评定、核定制度:竣工工程首先由施工企业按国家有关标准、规范进行质量等级评定,然后报当地工程质量监督机构进行等级核定,合格的工程发给质量等级证书,未经质量等级核定或核定为不合格的工程不得交工。

⑪竣工服务承诺制度:工程竣工后在建筑物醒目位置镶嵌标牌,注明建设单位、设计单位、施工单位、监理单位以及开工竣工的日期,这是一种纪念,更是一种承诺。我司将主

动做好回访工作，按有关规定实行工程保修服务。

例如：

4.1　成立精品工程创优小组

4.1.1　建设单位及监理单位创优领导小组

成立建设单位及监理单位创优领导小组，如表2-4所示。

表2-4　建设单位及监理单位创优领导小组

序号	分工	姓名	单位	职务	工作任务
1	组长	王彦山	建设单位	项目主管	创优总协调
2	副组长	贺亚军		项目主管	具体组织实施
		张学礼		总监	
4	组员	张欢		甲方代表	
5	组员	李琦			
6	组员	李保			
7	组员	赵斌	监理单位	监理员	负责材料半成品质量验收控制，过程产品质量预防、监控、纠正、验收、组织三检控制。 负责监督具体实施，建立施工记录，监督进行技术交底、隐检预检及技术资料把关、整编
8	组员	安建胜			
9	组员	宋亚飞			
10	组员	魏晓东			
11	组员	景莉萍			
12	组员	黄京			

4.1.2　总公司创优领导小组

为搞好西安榆林商会大厦工程项目建设，加强对该工程的协调领导，确保实现“鲁班奖”工程目标，总公司决定，成立陕西建工集团总公司西安榆林商会大厦工程项目建设创优领导小组。

组　长：薛永武（集团总公司总经理、党委副书记）

副组长：张义光（集团总公司副总经理、党委副书记）

姬文智（集团总公司副总经理、党委常委）

总调度长：吴纯玺（集团九公司董事长、总经理）

成　员：王坤武（集团总公司生产管理处处长）

时　炜（集团总公司科技质量处处长）

杨大经（集团总公司安全生产监督管理处处长）

朱晓斌（集团总公司企业发展处处长）

张朝辉（集团总公司财务处处长）

杨海生（集团六公司董事长、党委书记）

王巧莉（集团总公司科技质量处副处长）

李　嵬（集团总公司劳动人事教育处副处长）

为切实保障该工程项目顺利实施，集团总公司科技质量处为对口支持处室，集团六公司为对口支持企业。

4.1.3　项目部创优实施小组名单

成立项目部创优实施小组，各单如表2-5所示。

表2-5　项目部创优实施小组名单

序号	分工	姓名	职务	工作任务
1	组长	李东航	项目经理	负责质量定职定岗，形成创建精品工程管理班子
2	副组长	王　良	现场经理	具体组织实施创精品工程目标有效实现
3	副组长	高　仓	项目总工	组织编制施工方案、技术措施，质量目标，并培训、开展精品管理，进行质量效益验证，组织过程监控，负责施工过程摄像资料制作
4	组　员	崔力宁	质量员	负责材料半成品质量验收，过程产品质量预防、监控、纠正、验收、组织三检，评定记录
5	组　员	吴广朝	总工长	负责具体实施，负责设施材料质量和组织施工准备，建立施工记录，进行技术交底，组织隐检预检
6	组　员	陆兴国	总工长	
7	组　员	郭在成	总工长	
8	组　员	陈红卫	试验工	负责具体实施
9	组　员	田骐铭	安装项目经理	
10	组　员	张瑞涛	安装工长	
11	组　员	刘中才	安装工长	
12	组　员	党志明	材料员	对原材料、构配件进场质量把关
13	组　员	赵高刚	材料员	
14	组　员	高　慧	资料员	对技术资料把关，归类整编
15	组　员	师　庚	质量员	对工程质量进行把关，检查

2.4.2.5　优选劳务队伍

(1)对劳务分包严格考察，明确选择标准，考察方式及人员。分包队伍应是有健全的管理体制、管理水平高、有一定优质工程施工经验的队伍。

(2)建立分包责任制，服从项目部统一管理，进行技术和质量教育培训。

(3)劳务分包方合同，应明确质量技术、安全文明、环保及绿色施工目标。

(4)责、权、利分明，承担相应的质量问题所造成的损失。

(5)定期组织不同工种进行现场质量控制讲评。

2.4.2.6 **工程实体质量**

1. 分部分项工程质量控制

(1)应按照《建筑工程施工质量验收统一标准》(GB 50300—2013)合理划分分项工程及检验批。创优工程,应按照《建筑工程施工质量评价标准》(GB/T 50375—2007)确定优良分项目标,进行过程质量评价。

(2)施工质量应进行严格的过程监控,在每个检验批合格或优良的基础上,保证整体工程质量。

(3)过程监控质量需要高标准、严要求。以先进、合理、适用的施工方法和工艺,严格的过程验收保证工序质量。坚持问题不放过原则,一步一步实现质量目标。不可把精品工程高调化、口号化,务虚而不见实效。只有扎实的过程管理和实施才能保证高质量目标,生产出优质工程。

例如:某工程分部分项工程质量控制如表2-6所示。

表2-6 分部分项工程质量控制表

序号	分部子分部工程	主要分项工程	优良率
1	地基与基础工程	混凝土灌注桩工程 钢筋工程 混凝土工程	100% 100% 100%
2	主体工程	钢筋工程 混凝土工程 砌体工程	95% 95% 95%
3	地面与楼面工程	基层分项 面层分项	95% 95%
4	门窗工程	门安装 窗安装	95% 95%
5	建筑装饰装修工程	内装饰工程 外墙装饰工程	95% 95%
6	建筑屋面工程	屋面基层 保温层 防水工程	100% 100% 100%
7	建筑给水排水及采暖	给水排水(采暖)管道配件 安装、卫生器具安装	95%
8	建筑电气	电线、电缆导管、 线槽敷设灯具安装	95%
9	通风与空调		95%

2. 样板实施

(1)基础工程、结构工程、重点推广的新工艺、装饰分项工程、安装工程等,均应在施工前先组织样板间(件)施工。

(2)样板间(件)施工所用的材料应与设计确定的材料、施工方法、工艺一致。

(3)隐蔽工程样板间(件),可在工程现场提前做出样板。

(4)装饰装修工程或不及时隐蔽工程的样板间(件),尽量在实体上施工,位置应避开验收经常检查的位置,相应的分部分项样板间(件)在大面积施工前一周内完成。

(5)样板间(件)施工完后应邀请甲方、监理进行验收合格后方可进入。

样板实施计划如表 2-7 所示。

表 2-7　样板实施计划表

序号	部位	内容		位置	实施人	验收人	时间	备注
1	主体	钢筋	筏板	样板展示区			2012-06	
			梁柱接头					
			圆形柱					
			120 厚现浇板					
			弧形梁					
		模板及架体	外墙	实体、必要时,可在样板展示区				
			变形缝墙					
			边柱					
			4.5 楼层现浇板					
			楼梯					
		砌体	填充墙顶部	实体				
			卫生间					
			门窗洞口					
2	防水工程	底板		实体				材料、层次
		卫生间						
		屋面						
		外墙						

3. 亮点策划

(1)应结合工程特点,在分部分项工程合格或优良的基础上,在工程质量各方面具有质量特色的基础上,确定本工程可能实现的细部亮点,并在过程中通过优选材料、创新工艺、改进方法确保亮点的实现。

(2)质量特色或亮点的形成,可能会产生图纸的变更或增加一定的费用,这都需要充分熟悉图纸,与建设监理单位的协调沟通。

(3)目前,总公司正在编制《细部做法工艺标准》,项目把这部分内容确定后,有些可直接从其中进行选用。

例如:工程细部亮点,如表 2-8 所示。

表 2-8　工程细部亮点计划表一

质量技术策划主要内容序号	部位	亮点效果简要描述	实施人	验收人	备注
1	屋面工程	屋面地砖排版合理,拼花套色			
		女儿墙套色、压顶挡水、耐候胶缝			
		石材天沟			
		出水口、水簸箕、管根护墩			
		种植屋面			
		水泥砂浆面层分块合理,PVC 条镶缝,面砖镶边嵌到位			
2	室内装饰	细石混凝土地面机械式收光抹面			
		地下室坡道石材防滑			
		花岗岩地面镶边及踢脚线			
		地砖地面砖缝宽塑料卡控制及镶边、踢脚线			
		彩色石英塑料板地面拼缝对花			
		地毯地面墙根处理			
		楼梯滴水线、镶边、不锈钢栏杆			

2.4.2.7　技术管理

1. 方案编制

(1)工程施工需编制的技术文件包括施工组织设计、专项施工方案、技术交底。三者的作用、侧重点、编制时间、审批程序等均有所不同。施工组织开工前由项目经理部完成,是从决策层角度出发的战略部署,是宏观的、定性的,体现指导性、原则性,由企业副总或总工审批。其编制内容目前已成熟且相对固定。

(2)施工专项方案从管理层的角度出发的战役计划,是具有针对性、实用性,是在施工组织设计的指导下针对分项工程编制的,由项目经理或主管部门(危险性较大)审批。

(3)技术交底是从操作层的角度出发的微观控制。注重操作细节及可操作性,由项目总工审批。

(4)项目管理应明确需编制的专项方案,细化或规范化方案编制要点,做到统一、规范。对建设单位分包工程,应明确编审批程序及相关要求。

例如:某项目施工专项方案编制如表 2-9 所示。

表2-9 专项方案编制计划表

序号	名 称	编制人	编制时间（年-月）	审核人	批准人	备注
1	大体积混凝土施工方案		2011-09			
2	测量放线施工方案		2012-06			
3	冬季施工方案		2012-07			
4	塔吊安拆方案		2013-06			
5	室内外砂土回填施工方案		2013-07			
6	临时用电用水施工方案		2013-08			
7	高架支模施工方案		2013-09			
8	混凝土工程施工方案		2012-08			
9	电动提升脚手架施工方案		2012-09			论证
10	外用电梯安拆方案		2012-10			
11	填充墙施工方案		2013-08			
12	钢结构二次深化施工方案		2013-12			

施工专项方案编制大纲及要点如下：

一、工程概况

1.1 说明工程的建筑面积、结构形式、层数、高度等

1.2 与本方案有关的面积、工程量及具体的高度、长度、规格、吨位等

1.3 本方案的施工难点、要点

1.4 本方案编制适用范围

1.4.1 ....

1）........

以下各条格式均同

质量技术策划主要内容

二、编制依据

2.1 《建筑工程施工质量验收统一标准》（GB 50300—2013）

2.2 《建筑工程施工质量创优技术标准》（GB 50375—2006）

2.3 《建筑工程施工安全技术规范》（JGJ 59—99）

2.4 《建筑节能工程施工质量验收规范》（GB 50411—2007）

2.5 工程建设强制性条文（房屋建筑部分）

2.6 本方案涉及的其他规范、标准、文件等

三、控制目标

结合质量创优,说明本方案要达到具体的定性或定量的目标要求。

四、原材料要求

要达到控制目标,本方案对原材料的质量要求。

五、施工准备

从劳动力、材料、机械、施工技术等方面阐述施工前的准备工作要求。

六、施工部署

说明本方案所涉及的内容中大的布置情况,包括进度、现场平立面总体布置。

七、施工工艺及方法

以流程图的形式把工艺顺序表达清楚,针对每一工艺在施工过程中采取的方法和措施。

八、质量保证措施

对每一工艺步骤的要求、要点及预防措施。

九、环保与节能

现场材料充分二次利用,节约能源及原材料,描述清楚节能环保、绿色施工的施工要求。

十、安全文明及成品保护

从原材料加工、安装到成品的每一施工过程需要注意的安全文明及成品保护。

十一、应急预案

现场发生紧急事件需要提前准备的事宜。

2. 材料检验及检测计划

现场检测检验包括原材、半成品及专项检测内容,应详细列表反映。其编制应符合专项方案编制大纲格式要求,内容如下:

(1)检验检测一般要求(进场管理、见证、取样、资料收集传递、不合格处置)。

(2)人员安排。

(3)器具配置。

(4)原材检项目及取样规定。

(5)专项检测项目及规定。

3. 新技术推广应用

(1)根据图纸设计及建筑业推广应用新技术内容要求,项目部应充分讨论分析,确定设计明确应用内容,分析施工中可能采取的新技术内容,并想办法在施工中更多的应用新技术内容。

(2)明确技术攻关和创新内容,提高工程技术含量,以技术保质量,提升工程技术含量,增加技术亮点。

例如:某项目工程新技术应用如表2-10所示。

表2-10 工程新技术应用项目表

序号	项名称	子项名称	数量	部位	实施人	负责人	技术负责人	备注
1	地基基础和地下空间工程技术	灌注桩后注浆技术	8 003 根	基础				
2	混凝土技术	轻骨料混凝土技术	615 m^3	地下室				
		混凝土裂缝控制技术	3 200 m^3	地下室				
3	钢筋及预应力技术	大直径钢筋直螺纹连接技术	10 000 t	主体				
		高强钢筋应用技术	10 000 t	主体				
4	模板及脚手架技术	组拼式大模板技术	2 000 m^2	主体				
		插接式钢管脚手架及支撑架技术	3 000 m^2					
		早拆模板施工技术	3 000 m^2					
		塑料模板技术	2 000 m^2					
		附着升降脚手架技术						
5	钢结构技术	深化设计技术		主体				
		钢与混凝土组合结构技术						

4. 工程技术资料管理

(1)明确工程技术资料负责人及职责。

(2)群体工程明确单位工程资料划分规定,总公司总承包工程应明确总分包之间资料整理归属管理,交接程序。

(3)按陕西省资料整编规定明确资料整理目录,分册及分类组卷要求。

5. 过程影像资料收集

(1)要求随工程进度及时拍照,选择施工期间的有代表性的做法样本,多角度、多画面。

(2)对重要工序过程做法应连续拍照或摄像。

(3)现场应配备摄影机或照相机各一台,随工程进度根据需要及时进行拍摄。

(4)由谁管理,谁保存,传递及交接程序。资料的收集除保存在项目部电脑中外,应配备大容量硬盘一个进行备份保存,以防丢失。

(5)结合工程需要,明确收集资料的具体内容。

例如:某项目施工过程图片资料收集如表2-11所示。

表 2-11　施工过程图片资料收集表

序号	分部工程	分项工程	收集人	管理人	收集要点	备注
1	地基与基础	混凝土灌注桩工程 钢筋工程 钢筋连接工程 混凝土工程				
2	主体结构	钢筋工程 钢筋连接工程 混凝土工程 砌体工程				
3	建筑装饰装修	内装饰工程 外墙装饰工程				
4	建筑屋面	屋面基层 屋面保温层 防水工程				
5	建筑给水排水及采暖	给水排水（采暖）管道配件安装、卫生器具安装、安装过程				
6	建筑电气	电线、电缆导管、线槽敷设灯具安装、安装过程				
7	通风与空调	管道布置 设备安装 安装过程				
8	电梯	设备安装				

6. 验收汇报资料整理

工程施工到竣工全过程中，会接受建设、施工、政府等单位的各种检查，做好迎检工作汇报既是对自己工作的总结肯定，也是对外宣传的窗口，必须认真对待每次检查、验收和指导工作。

（1）对各类必须接受的专业检查及验收项目进行识别，明确资料整理汇报要求。

（2）常规检查应提前 2 天做好汇报资料，提前 1 天进行演示。

（3）工程专业检查验收项目表，如表 2-12 所示。

表2-12　工程专业检查验收项目表

序号	检查项目名称	时间	负责人	参加人	汇报资料准备人	资料要求	备注
1	地基验槽						PPT
2	基础验收						
3	结构验收						
4	文明工地						音像、PPT
5	企业季度检查						
6	建设单位检查						
7	绿色施工						
8	竣工验收						
	专项验收						

(4)汇报资料主要内容。

工程概况

主要施工方法

钢筋工程:加工方式、连接方式、定位措施、保护措施

模板工程:模板体系选择、脱模剂使用、模板维修保养

混凝土工程:混凝土选用、运输、养护、季节性措施

【案例1】　陕西一建安装公司项目施工策划先行

陕西一建安装公司在以质量、成本为中心的项目管理中,从源头抓起,以项目前期策划的形式制定出针对质量、安全、文明施工、成本等各项管理目标、管理方案和控制措施,收到明显效果,受到甲方、监理及总包方的广泛认可。近年来,陕西一建安装公司认真总结经验教训,深刻认识到要保证工程质量,有效控制成本,做好事前的策划、预控是一个重要环节。他们要求各个项目部在工程开工前期,必须进行周密、详尽的策划,使项目部每一个成员都明白对实现工程的各项目标而需采取的具体措施和各自职责目标。前期策划以质量、安全、文明工地建设、工期成本控制等为主要内容,尤为在质量上,围绕各项目施工的重点、难点,从每一个环节、程序、措施、成本等,都做出详尽的论证,对可能出现的质量通病制定可行性预防预控措施,从源头为杜绝质量问题,提高施工标准奠定基础。在成本控制上,由项目经理根据合同要求、总包环境等对成本进行初步评估,分析成本组成,通过综合各方意见建议,制定控制成本预案。

由于项目策划到位、过程控制严格、各类资料同步,使工程质量和成本控制都得到明显提高,仅2005年,这个公司就创建出AAA工程8个、省级文明工地6个、市级文明工地5个,同时,所有项目均实现不亏损的基本目标。

来源:陕西日报2006年05月31日13:07

子任务2.5 陕西建工集团施工现场质量管理制度

施工现场质量管理制度是施工质量计划准备主要内容之一,也是质量员的主要工作职责。结合陕西建工集团施工现场管理,归纳为以下12项施工现场质量管理制度。

2.5.1 施工过程控制

(1)必须实行专业检查和班组自查相结合的办法。坚持施工班组自检、互检、工序交接检的“三检制”。施工班组自检合格后报请专业工长。由专业工长会同下道工序专业工长,施工班组进行互检及工序交接检。互检及工序交接检必须有书面的记录并签字齐全。交接检完成后由专业工长提出书面申请通知项目专职质量员或技术员进行分项质量检查。分项质量检查必须有记录并签字齐全。

(2)技术、质量负责人在进行内部分项质量检查,并确认合格后,方可向建设(监理)单位报验。

(3)坚持施工现场“挂牌制”,质量责任具体落实到施工人员,对经检验确定不合格的,对施工人员应有处理措施。不符合设计及规范要求的应进行返工。

(4)坚持“样板制”,装饰工程施工前,先做样板。样板经质量处、项目部验收后,再请建设、监理单位负责人签字认可,最后项目部方可组织大面积施工。

2.5.2 施工验收制度

(1)分部分项验收:分部分项验收由技术负责人或专职质量员负责,各专业工长负责专业之间的互检和交接检工作。

(2)孔桩验收:对内提前一天通知工程管理部、公司质量部门进行预验,对外项目上提前一至两天通知建设单位、监理单位,由建设单位负责邀请地质勘探部门、设计院、质量监督人员参与孔桩验收。

(3)基础工程验收:基础工程施工完毕,回填土之前,应进行基础验收。验收前项目部应将工程资料整理齐全,并经工程管理部预检,在预检合格基础上,提前两天报于集团公司技术质量部门。集团公司技术质量部门在对资料和基础工程检查合格后,方可报请建设单位、监理单位组织基础验收。

(4)主体结构验收:准备工作完成(同基础工程程序)报集团公司技术质量处检查。检查合格后,报请建设、监理单位组织验收。

(5)竣工验收:工程完工后,项目部自检合格,根据《最终检验和试验控制工作程序》要求,填写《单位工程内部验收记录》,连同工程竣工资料报技术质量处。由总工室、技术质量处负责工程的最终验收,项目部配合。

2.5.3 质量例会制度

在现场工程施工过程中,项目部必须定期召集现场各个班组和管理人员主持召开工地例会,会议内容要由项目部负责人起草,并由项目部人员商定。工地例会要包括以下内容：

(1)检查上次例会议定事项的落实情况，分析未完事项原因。

(2)检查分析工程项目进度计划完成情况，提出下一阶段目标及落实措施。

(3)检查分析工程项目质量状况，针对存在的质量问题提出改进措施。

(4)解决需要协调的有关事项。

(5)其他有关事宜。

项目经理或技术负责人应根据需要及时组织专题会议，以解决施工过程中的各项问题。

质量例会制度

(1)项目部每月5日由项目经理组织召开项目部质量例会。项目部技术负责人、技术员、专业工长、施工班组长均应参加。工程管理部的质量负责人视需要参加月质量例会。

(2)项目部技术负责人每周一组织召开项目部技术员、专业工长、各施工班组长参加的月质量例会。

(3)月质量例会对本月将要施工的过程质量提出要求，由项目技术员负责按周计划分解后，在周质量例会上对各检验批施工质量作出要求。并对上月施工质量进行总结。

(4)周质量将各检验批的质量控制目标分解到各专业工长负责，并由各专业工长上报本专业各检验批的验收时间(检验批的验收时间不应滞后于项目部周进度计划)。

(5)周质量例会时各专业工长应汇报各专业上周施工完而未验收的各检验批工程质量的检查情况，并将各施工班组的自检结果上报技术负责人。

(6)质量例会按期召开，如因故推迟，推后不得超过每月7日，周质量例会不得迟于周二召开。月质量例会必须项目经理负责组织召开，周质量例会可由项目经理委托项目技术负责人组织召开。

(7)质量例会应有会议记录，应注明与会人员并如实记录会议内容。

2.5.4 技术交底制度

(1)工程开工前，项目技术负责人应将图纸会审内容、设计中规定的图集做法、分部(项)工程质量目标和工期要求并对专业施工工长进行前期图纸交底及工程情况交底。

(2)项目技术负责人应在每一个分项工程施工前，对该分项工程施工要点、注意事项、检验批划分和质量预控目标向专业工长进行分项工程技术交底。

(3)各分项工程技术交底不少于三份，技术负责人、专业工长各一份，存档一份，且应完成签字手续。

(4)特殊工序的技术交底，除应有书面交底外，还应加强施工现场的技术指导和跟踪检查。

(5)各专业工长应根据技术负责人的分项工程交底、施工现场的实际情况、检验批的划分以及施工班组的自身情况，对施工班组进行有针对性的现场书面交底。

(6)分项工程技术交底中应指出该分项中工程所使用材料的规格、品种或数量，对于应检验的材料和项目应加以注明。

(7)项目技术负责人应在进行施工技术交底的同时,做好安全技术交底,并要求接受交底对象完成签字手续。

(8)在施工过程中,若发生了设计变更或其他更改施工工序的情况,应及时进行补充技术交底,并应有连续性。

2.5.5 现场材料管理办法

(1)现场材料员根据工程施工负责人提出用料计划量进行采购。钢材、水泥一类由项目部参与,公司统一采购。对于由现场采购的物资,材料员应对供方的产品质量、价格、交货信誉、质量保证能力和售后服务等进行综合调查。采购员在合格供方中选取供货方。

(2)材料进场时,材料员应根据合同进行进场验证,同时核对产品出厂合格证或供方提供的其他质量证明书。符合要求后,将材料置于待检区,填写"物资验收单"。

(3)材料进场后材料员根据国家及行业主管部门的规定对需要进行检验的原材料进行抽样送检,验收合格的产品方可办理入库手续;检验不合格的,材料员要及时做上"不合格"的标识,隔离存放。按《不合格品控制程序》进行处理。对有见证取样要求的材料(如钢材、水泥、砖、砂、石、防水材料等)进场后,材料员应及时通知现场监理人员进行现场取样并送中心实验室试验。

(4)所有材料入库后必须凭有效领料单按实出库,无领料单决不予出库。

(5)门卫应对所有出门材料要求出示项目负责人签发的出门证并核实数量后,方可出门。

2.5.6 现场材料存放与管理

为了保证施工现场的材料质量和满足××省××市达标工地的要求,特拟定以下规定对现场材料进行文明规范管理控制。

一、钢材

1. 钢材进入现场必须分规格放在钢筋棚边上的指定地点,并在每种规格钢筋上挂上钢筋规格。

2. 堆放钢筋的架子下面要垫上石子,将石子夯实。并在上面垫上木方,并将其架子四周的立杆固定住。要保证外架的刚度。

3. 钢材堆放处最好要搭设防雨棚,并要求有运输道路直通钢筋棚。

二、石子、砂

现场在运输道路边要砌筑石子、砂堆料处,并在旁边挂上材料名称及规格,并在边上设置排水沟。

三、水泥

1. 入库的水泥应按品种、标号、出产日期分别堆放,并树立标志,做到先到先用,并防止混掺使用。

2. 为了防止水泥受潮,现场仓库应尽量密闭。包装水泥存放时,应垫起离地约30 cm,离墙也应在30 cm以上。堆放高度一般不要超过10包,临时露天暂存水泥也应用防雨篷盖严,底板要垫高,并采取防潮措施,一般可用油毡,油纸或油布铺垫。

3. 水泥储存时间不宜过长,以免结块降低强度。

2.5.7 质量与经济挂钩制度

(1)为加强工程质量管理,现对在施工的各班组采用质量与经济挂钩制度。

(2)各专业工长在每天下班前,对在施工配备班组施工的全天工作内容进行检查并做记录。

(3)每周由专职质量员和技术人员、专业工长对各班组全周施工内容进行检查,并做记录。

(4)每月项目部根据专业工长日记录和专职质量员周记录对各施工班组进行评比,并进行打分。

(5)各班组打分在90分以上作为奖励班组,80~90分不奖不罚,80分以下班组作为罚款班组,并根据情况通知所在劳务公司和决定该班组去留。

(6)项目技术人员要在每个工序施工前向班组传达该工作内容的技术和安全交底。

(7)其班组在未按交底的情况下操作,出现质量问题,班组应承担相应责任。

2.5.8 挂牌制度

为建立"文明"现场,创建"达标"工地,特为本工程指定其安全生产目标管理方案。

一、安全生产目标管理方法:

为了全面落实《建筑施工安全检查》标准及有关安全生产法规,检查"安全第一,预防为主"的方针,实行综合治理,建立健全安全生产管理质量,狠抓各项安全措施的落实。

二、项目安全目标

1. 无重伤以上安全事故,最大限度地控制轻伤事故的发生。

2. 负伤频率控制在15%以内。

3. 确保安全文明达标,争创广州市安全文明达标工地。

4. 无重大火灾事故。

5. 无重大设备事故,完好率95%以上。

6. 全员教育面100%。

7. 特殊工种持证上岗。

三、实施方法

1. 项目积极组织全体职工学习安全基础知识和总公司的各项规章制度,突出一个重点,搞好两个整顿,强化三项工作,检查四不放过的原则。

2. 严格执行建设部"一个标准,五个规范"及广州市文明工地,环境检查制度要求进行检查考核。

3. 坚持管理人员及特殊工种持证上岗制度,并认真登记注册;严禁无证人员从事特殊工种操作。

4. 严格执行施工现场各项验收制度;凡未经验收就使用的龙门架、脚手架、施工机具、施工用电等一律视为违章指挥处罚。

5. 积极执行"四级"安全检查制度,并做好各项记录,对检查中安全部门签发的隐患整改通知单认真对待，按期整改完毕，并按手续报安全部门销案。

四、安全技术措施

1. 抓好现场临时用电、脚手架搭拆、模板支拆并依此带动其他安全防护工作。本工程必须单独编制临时用电施工方案。采用 TN—S 系统布线，实行三级配电二级保护，使用统一合格的标准配电箱，实行"一机一闸"制度。

2. 开工前认真编制施工组织设计，并按规定报批，严禁无方案施工。

3. 现场安全措施用品必须按上级统一指定的厂家进行采购，要有安全用品准用证，把好安全质量关。

2.5.9 月评比及奖罚制度

项目部为了保证工程的安全质量和进度，将对现场的各个班组采取月评比制度，将对每个表现良好或差的班组采取一定的奖罚。制度内容如下：

(1)严格按照项目部安排的工作进行，若不听项目部安排扣 10 分。

(2)严格按照国家标准规定施工，若有不按规范施工造成质量事故扣 20 分。

(3)在控制好质量的同时，要抓好工程的进度，若有延误工程进度的班组扣 20 分。

(4)抓好本班组的安全、文明工作，注意企业形象，若有班组没有一定的安全措施扣 30 分。

(5)不注意企业形象，没有做好文明施工扣 20 分。

以上制度满分 100 分，项目部每月的下旬均进行评分，每次评分最高的班组奖励 500 元，评分最低的班组扣 500 元。对于其中有两项均未得分的班组扣 200 元，希望各个班组严格要求自己，以保证本工程的顺利进行。

2.5.10 三检及交接检制度

(1)各班组在完成施工任务时，自己要先认真对所施工内容的质量进行检查。

(2)班组在自检合格后报送专业工长进行专业检查，专业工长检查时，班组长必须陪同。

(3)专业工长检查评定合格后，报项目部专职质量和技术部门，对已完成的工作量进行质量、安全等全方面检查。

(4)每次检查必须要检查人和被检查人签字。

(5)对在检查中发现的质量和安全等问题要在限期内整改完成，并经项目部检验后方为合格。

(6)前面工序完成后，在进行后一工序施工前，两施工班组必须进行交接检查，并有书面检查内容。

(7)项目部全面检查合格后报送监理公司和建设单位，经监理公司和建设单位同意后，方可进行下道工序。

2.5.11 施工现场试验、测量设备和仪器管理检修制度

(1)对购置的或自制的测量、试验设备，在使用前，应按有关要求进行验收，并送国家

授权的部门进行校准或检定。经校准或检定合格后方可使用。现场计量员(兼)负责在“监视和测量装置台账”上登记。校准或检定判为不合格的,坚决不予使用。

(2)对试验、测量装置周期的校准或检定,根据总公司技术处制定的“监视和测量装置周检计划表”,由计量员配合总公司负责实施,到期未校准或检定,以及校准、检定不合格的试验、测量装置不准使用。计量员负责对周期检定结果进行登记。

(3)现场经检定合格的试验、测量装置,在试验、测量装置的适当部位粘贴相应的标签,并保护试验、测量装置的校准或检定状态标签。

(4)对于试验、测量装置,在使用前应进行自校准,填写相应的校准记录,具体执行公司《校准和检定规程》的规定。

(5)对试验上,测量装置应由专人保管并进行定期的维护、保养。

(6)试验、测量仪器闲置后需封存并在明显部位贴“封存”标记。

(7)使用者应严格按照使用说明书或操作规程进行操作,在搬运、维护和保存期间要严格遵守相应的规定,防止其损坏或失效。

2.5.12 原材料检验制度

针对本工程具体情况,制定以下制度:

1. 水泥检验

施工现场专职试验工从现场来样中20个以上不同部位取等量样品,总量至少为12 kg,在监理见证人见证下送至检测中心实验室试验,代表批量最大不得大于100 t,同时供货单位提供水泥快测及28 d强度报告。

2. 砂、石检验

砂、石进场在监理见证人见证下取样。

送检,每项检验最大代表批量为600 t。

3. 钢材检验

本工程采用热轧带肋钢筋取样件数,任选两根切取拉伸2件,冷弯2件,反向弯曲1件,碳素钢拉伸及冷弯各取1件,进场ϕ6.5~ϕ32钢筋,根据不同批号在监理公司见证下取样、送检。

4. 红砖检验

红砖批量不超过10万块时,要求取样试验一次,混凝土砌块每一万块取样试验一次。

【案例2】 陕西建工十一公司白桦林居项目部工程质量管理制度。

本工程严格按照公司关于GB/T 19001—2000标准要求所制定的体系进行运作,实行项目经理目标责任制。建立健全以项目经理为首的项目质量保证体系。设立技术质量组、生产安全组、材料动力组、安装组及财务劳资组,配备持证上岗的优秀质检员、技术员、工长、材料员等。组建由各职能小组负责人及工长参加的全面质量管理领导小组,对工程质量进行控制和监督,层层落实使全体施工管理人员各尽其职、各负其责,每一项工作都落实到人,确保工程质量达标。

一、材料采购、检验和试验制度

1. 生产组提出所需材料产品的名称、规格、型号、数量、材质要求及进场时间等有关资料，经项目经理签字同意后，由材料组与顾客联系进场有关事项。

2. 采购物资到货后，材料组库管员对到货的物资名称、规格、型号、数量等与送料单或验收单上的相应项目内容进行核对验收、填写（到货物资记录），同时将材质合格证书及（到货物资记录）一份交给技术质量组。

3. 技术质量组根据（到货物资记录）确定检验或试验项目通知试验员和监理人员按规定抽取试样、并填写试验委托单且签字。

4. 技术质量组及时派试验员将试样送达实验室按标准进行试验，并及时取回试验报告，合格后材料组填写（检验验证记录），经质检人员签字后，方可用于施工中。

二、图纸会审、设计变更、技术交底制度

1. 项目部收到图纸和技术文件后，技术副经理组织有关技术人员对图纸进行审查，并提出意见，形成纪要，以书面形式交于监理公司。

2. 技术副经理组织有关人员参加由业主主持的工程图纸会审会议，并根据会审结论组织项目部技术人员、生产人员、作业班组人员进行技术交底，明确有关技术要求、质量标准、解释图纸，内部技术交底要形成记录。

3. 对审查过的图纸会审纪要、设计变更，技术副经理应批注意见、发给使用部门，技术质量组应在图纸上标注设计变更及图纸会审纪要内容、修改时间、编号并签字。

4. 工序作业开始前项目部生产组应向有关作业班组人员进行技术交底，明确施工方法、技术和质量要求、施工重点注意事项，对作业人员提出的问题进行解答，交底以口头交底和书面交底相结合，填写技术交底书并签字确认。

三、施工过程质量检查制度

1. 技术复核管理制度

(1)技术复核工作应在受控工序已完成且工长组织班组自检合格后下道工序施工前进行，主管工长通知技术质量组及有关人员进行检查。

(2)检查结束后由项目部质量员填写（检验批质量验收记录表）并通知监理公司共同验收。

(3)重要工序（如建筑物定位放线等）的技术复核由项目部生产副经理、技术副经理、质量检查员、工长、测量员等有关人员并通知监理共同进行验收。一般工序的技术复核由生产组长组织项目质量检查员、工长、测量员等有关人员，并通知监理人员共同进行验收，经检查合格的工序可进行下道工序施工，否则待整改完毕后再进行检查，直至达到质量规定的要求。

2. 隐蔽工程验收制度

(1)隐蔽工程验收记录在班组自检互检合格后由主管工长填写，要写明工程名称、部位、验收的内容和范围，如实填写并通知技术质量组验收。

(2)技术质量组组织有关人员进行隐蔽验收，并由质量检查员在隐蔽验收记录表上签署意见并通知监理公司共同验收。

(3)隐蔽工程验收时对半成品、原材料出场证明及试验资料一并检查验收，经签字认可后方可转入下道工序。

(4)技术质量组应保存隐蔽验收记录和试验记录，工程竣工时予以整理归档。

3. 质量检查程序

(1)对所有分项工程进行质量验收,质量检查在下道工序前完成,由班组长自检、互检,主管工长复检,质量检查员核定,形成质量检查"三检"制度。

(2)监督检查记录要写明工程名称、部位,并按表格内容如实填写。

(3)及时对分部工程验收记录进行总结评定,并由技术质量组收集整理归档。

四、样板引路制度

施工操作要注意工序的优化、工艺的改进和工序的标准化操作,通过不断探索积累管理和操作经验,提高工序的操作水平,确保操作质量。每个分项工程,特别是量大、面积广的分项工程,都要在大面积操作前做出示范样板,如样板墙、样板件、统一工艺标准、统一操作要求,实现质量目标。

五、质量奖罚制度

(1)对不符合质量要求的分部、分项工程必须进行返工。对达不到质量要求的分项工程要追究班组长的责任并视其质量成本损失情况处以100~500元罚款。有关责任人员要针对可能出现的不利因素制定必要的预防措施和纠正方法。

(2)项目部根据本工程质量目标要求和现场操作人员及管理人员所承担的指责范围,对超额完成质量目标者,经考核属实,除通报表扬外将给予100~500元的奖励。

【案例3】 工程质量创优管理办法陕七建〔2005〕29号。

第一章 总则

第一条 为了贯彻落实《建筑法》和国务院《建设工程质量管理条例》,适应市场经济发展的要求,提高我司工程质量创优水平,树立企业形象,扩大企业社会信誉,实施品牌战略,提高企业竞争力,特制定本办法。

第二条 本办法依据国家建筑工程强制性条文、陕西省建筑安装工程专项治理的规定、陕西省文明工地检查的要求和地方性法规制定。

第三条 严格执行陕西建工集团总公司质量管理办法及工艺标准,认真按照我司《质量手册》所要求的程序进行管理,接受上级部门的监督和检查。

第四条 本办法适应我司总包和分包的建筑及安装工程。

第二章 质量目标管理

第五条 工程项目开工前,项目部和分公司应明确确定该项目工程的质量等级及创优目标,上报公司质量处,并做好工程的质量策划,质量处批准备案后实施。创"鲁班奖""长安杯"的工程由公司质量处和总工办组织质量策划。

第六条 创杯等级为国家级"鲁班奖"、省级"长安杯"、市级"雁塔杯"和集团公司级"华山杯"(或其他省市不同级别的建筑质量奖项)。不创杯工程质量分级为AAA级、AA级和A级。

第七条 公司根据年度工程质量计划,重点对创杯工程和AA级以上工程进行控制监督。分公司控制A级工程,公司进行抽查。

第三章 工程质量监督管理

第八条 公司每季度或分阶段对分公司进行检查,主要检查分公司有关人员按照公司《质量手册》所要求的质量职责完成情况。

第九条　在工程施工过程中,公司质量处每月对项目工作进行检查,主要检查分公司和项目部按照《质量手册》和“程序文件”对项目的控制情况,并以会议或检查监督报告的形式通报情况。

第十条　工程资料应与工程进度同步,并应及时分类整理,在检查时应有而未收集的资料视为没有资料。

第十一条　工程项目在阶段性验收前应通知公司质量处并应附工程自查报告,质量处对其进行整理完毕的工程资料进行检查并参与验收。

第十二条　对工程实体质量,公司质量处视工程的进度情况进行不定期的抽查,检查强制性条文和质量策划的执行情况,并检查项目部的技术质量管理制度的落实情况。

第十三条　工程申请内部验收前,应将整理好的工程资料向公司质量处报送一套,并附项目部或分公司对该项目的自检报告一份,以备公司对项目资料进行核查和对工程质量进行验收。

第十四条　对较远的外省项目部由公司的派出机构进行日常的检查和阶段性验收。

第四章　奖惩

第十五条　工程项目开工前,公司收取项目中标价0.3‰的质量保证金,其质量保证金由项目经理交纳。工程竣工验收如达到质量创优目标,返还质量保证金,达不到创优目标的工程,其质量保证金作为质量奖励基金,不返还项目经理,质量奖励基金由公司资金中心发专户管理。

第十六条　对于获得奖杯的项目经理公司进行如下奖励:

1. 国家级“鲁班奖”30 000 元。
2. 省级“长安杯”20 000 元。
3. 市级“雁塔杯”、集团总公司级“华山杯”10 000 元。

对于项目部的其他人员,由分公司和项目部按照工作情况给予必要的奖励。

第十七条　达到创杯目标,公司对质量处和总工办进行如下奖励:

1. 国家级“鲁班奖”10 000 元。
2. 省级“长安杯”5 000 元。
3. 市级“雁塔杯”、集团总公司级“华山杯”3 000 元。

第十八条　项目在公司及质量处的日常检查中,一般质量问题出现两次(含两次)以上者扣罚项目经理200元,并要求针对该问题制定整改措施。

第十九条　在质量检查中发现违反“强制性条文”规定的,要求制定整改措施限期整改,视损失情况每次最少扣罚项目经理500元。

第二十条　工程项目施工过程中,如果发生质量事故,造成重大经济损失及恶劣社会影响的,视其情况最少扣罚项目经理2 000元。

第二十一条　工程竣工后质量管理目标未达到者,该项目部不能评为优秀项目部,项目经理不能评为优秀项目经理,并对其罚款2 000元。

第二十二条　未达到创杯目标,公司对质量处和总工办处罚1 000元。

第二十三条　对以上罚款收缴公司资金中心,进入质量管理基金专户。

第二十四条　以上办法监督实施由公司质量处负责落实。

任务小结

本任务重点介绍了施工质量计划的认知及其编制、现场施工准备的质量控制、施工作业技术准备质量控制等内容,重点介绍了陕西建工集团施工技术质量策划及质量管理制度。

(1)施工质量计划的认知及其编制。施工质量计划包括计划、实施、检查及处理这四个环节的相关内容。施工项目质量计划应由项目经理主持编制,包括质量目标,管理职责,资源提供,工程项目实现过程策划,材料、机械、设备、工具的采购要求,施工工艺过程的控制,搬运储存、包装成品保护和交付过程的控制,安装和调试的过程控制,检验、试验和测量的过程控制,不合格品的控制等10项内容。

(2)现场施工准备的质量控制。主要包括施工测量质量控制、施工平面布置、材料构配件采购订货的控制、施工机械布置等内容。

(3)施工作业技术准备质量控制。主要包括质量控制点设置、质量控制点的对象、作业技术交底、施工作业材料、机具质量控制、施工作业环境控制等。

(4)陕西建工集团施工技术质量策划及质量管理制度。施工质量技术策划主要包括策划作用和目的,项目技术负责人、项目经理在项目策划中的职责与义务,策划类别,技术质量策划主要内容。

实训项目

1. 编制一份建筑工程施工质量技术策划大纲。
2. 编制一份砌体工程施工作业计划。

复习思考题

1. 施工质量计划与施工组织存在哪些区别与联系?
2. 编制施工作业质量计划包括哪些内容?
3. 陕西建工集团施工质量计划策划包括哪些内容?
4. 施工现场施工准备质量控制主要包括哪些方面?

工作任务3 施工工序质量控制

【学习目标】

能力目标	参与编写质量控制措施等质量控制文件，并实施质量交底等的专业技能，能够参与施工图会审和施工方案审查，参与制定工序质量控制措施
知识要点	工程施工工艺和方法，工程质量控制的方法，施工质量控制点

【任务介绍】 本任务介绍了建筑工程施工现场施工工序质量控制技术。

【任务分析】 主要包括地基与基础工程施工质量控制、砌筑工程施工质量控制、混凝土结构工程施工质量控制、防水工程施工质量控制、建筑装饰装修工程施工质量控制、钢结构施工质量控制、陕西建工集团建筑施工工序质量控制。

【任务实施】

子任务3.1 地基与基础工程施工质量控制

3.1.1 认知地基基础工程

地基与基础工程是建筑工程中重要的分部工程，任何一个建筑物或构筑物都是由上部结构、基础和地基三个部分组成。基础担负着承受建筑物的全部荷载并将其传递给地基一起向下产生沉降；地基承受基础传来的全部荷载，并随土层深度向下扩散，被压缩而产生变形。

地基是指基础下面承受建筑物全部荷载的土层，其关键指标是地基每平方米能够承受基础传递下来荷载的能力，称为地基承载力。地基分为天然地基和人工地基，天然地基是指不经过人工处理能直接承受房屋荷载的地基；人工地基是指由于土层较软弱或较复杂，必须经过人工处理，使其提高承载力，才能承受房屋荷载的地基。

基础是指建筑物（构筑物）地面以下墙（柱）的扩大部分，根据埋置深度不同分为浅基础（埋深5 m以内）和深基础。根据受力情况分为刚性基础和柔性基础，按基础构造形式分为条形基础、独立基础、桩基础和整体式基础（筏形和箱形）。

任何建（构）筑物都必须有可靠的地基和基础。建筑物的全部重量（包括各种荷载）最终将通过基础传给地基，所以对某些地基的处理及加固就成为基础工程施工中的一项重要内容。在施工过程中若发现地基土质过软或过硬，不符合设计要求，应本着使建筑物各部位沉降尽量趋于一致以减少地基不均匀沉降的原则对地基进行处理。

3.1.2 土方开挖和回填

3.1.2.1 一般规定

（1）土方工程施工前应进行挖、填方的平衡计算，综合考虑土方运距最短、运程合理和各个工程项目的合理施工程序等，做好土方平衡调配，减少重复挖运。

土方的平衡与调配是土方工程施工的一项重要工作。一般先由设计单位提出基本平衡数据，然后由施工单位根据实际情况进行平衡计算。若工程量较大，在施工过程中还应进行多次平衡调整，在平衡计算中，应综合考虑土的松散性、压缩性、沉陷量等影响土方量变化的各种因素。

为了配合城乡建设的发展，土方平衡调配应尽可能与当地市、镇规划和农田水利等结合，将余土一次性运到指定弃土场，做到文明施工。

（2）当土方工程挖方较深时，施工单位应采取措施，防止基坑底部土的隆起并避免危害周边环境。基底土隆起往往伴随着对周边环境的影响，尤其当周边有地下管线、建（构）筑物、永久性道路时应密切注意。

（3）在挖方前，应做好地面排水和降低地下水位工作。有不少施工现场由于缺乏排水和降低地下水位的措施，而对施工产生影响。土方施工应尽快完成，避免造成集水、坑底隆起及对环境影响增大。

（4）平整场地的表面坡度应符合设计要求，当设计无要求时，排水沟方向的坡度不应小于2‰。

（5）土方工程施工，应经常测量和校核其平面位置、水平标高和边坡坡度。平面控制桩和水准控制点采取可靠的保护措施，定期复测和检查。土方不应堆在基坑边坡。

在土方工程施工测量中，除开工前的复测放线外，还应配合施工对平面位置（包括控制边界线、分界线、边坡的上口线和底口线等）、边坡坡度（包括放坡线、变坡等）和标高（包括各个地段的标高）等经常进行测量，校核是否符合设计要求。上述施工测量的基准平面控制桩和水准控制点，也应定期进行复测和检查。

（6）对雨季和冬季施工还应遵守国家现行有关标准。

（7）采用机械施工时，只能挖至设计高程以上30 cm，以后用人工挖至设计高程。

（8）如挖方时超深，则超深部分的处理应由设计单位确定方案。

3.1.2.2 土方开挖

土方开挖前应检查定位放线、排水和降低地下水位系统，合理安排土方运输车的行走路线及弃土场。施工过程中应检查平面位置、水平标高、边坡坡度、压实度、排水，降低地下水位系统，随时观测周围的环境变化。对回填土方还应检查回填土料、含水量、分层厚度、压实度，对分层挖方，也应检查开挖深度等。临时性挖方的边坡值应符合表3-1的规定。土方开挖工程质量检验标准见表3-2。

表 3-1 临时性挖方边坡值

土的类别		边坡值(高:宽)
砂土(不包括细砂、粉砂)		1:1.25~1:1.50
一般性黏土	硬	1:0.75~1:1.00
	硬、塑	1:1.00~1:1.25
	软	1:1.50 或更缓
碎石类土	充填坚硬、硬塑黏性土	1:0.50~1:1.00
	充填砂地土	1:1.00~1:1.50

注:1. 设计有要求时,应符合设计标准。

2. 如采用降水或其他加固措施,可不受本表限制,但应计算复核。

3. 开挖深度,对软土不应超过 4 cm,对硬土不应超过 8 cm。

表 3-2 土方开挖工程质量检验标准 (单位:mm)

项	序号	项 目	允许偏差或允许值					检验方法
			柱基、基坑、基槽	挖方场地平整		管沟	地(路)面基层	
				人工	机械			
主控项目	1	标高	-50	±30	±50	-50	-50	水准仪
	2	长度、宽度(由设计中心线向两边量)	+200 -50	+300 -100	+500 -150	+100		经纬仪,用钢尺量
	3	边坡	设计要求					观察或用坡度尺检查
一般项目	1	表面平整度	20	20	50	20	20	用 2 m 靠尺和楔形塞尺检查
	2	基底土性	设计要求					观察或土样分析

注:地(路)面基层的偏差只适用于直接在挖、填方上做地(路)面的基层。

3.1.2.3 土方回填

土方回填前应清除基底的垃圾、树根等杂物,抽除坑穴积水、淤泥,验收基底标高。在耕植土或松土上填方,应在基底压实后再进行。对填方土料应按设计要求验收后方可填入。填方施工过程中应检查排水措施,每层填筑厚度、含水量控制、压实程度、填筑厚及压实遍数应根据土质、压实系数及所用机具确定。若无试验依据,应符合表 3-3 的规定。填方施工结束后,应检查标高、边坡坡度、压实程度等,检验标准应符合表 3-4 的规定。

表 3-3 填方施工时的分层厚度及压实遍数

压实机具	分层厚度(mm)	每层压实遍数
平碾	250~300	6~8
振动压实机	250~350	3~4
柴油打夯机	200~250	3~4
人工打夯	<200	3~4

表3-4 填方工程质量检验标准 (单位:mm)

项	序号	项 目	允许偏差或允许值					检查方法
			柱基、基坑、基槽	挖方场地平整		管沟	地(路)面基层	
				人工	机械			
主控项目	1	标高	-50	±30	±50	-50	-50	水准仪
	2	分层压实系数	设计要求					按规定方法
一般项目	1	回填土料	设计要求					取样检查或直观鉴别
	2	分层厚度及含水量	设计要求					水准仪及抽样检查
	3	表面平整度	20	20	30	20	20	用靠尺或水准仪

3.1.3 基坑工程施工

在基坑(槽)或管沟工程等开挖施工中,现场不宜进行放坡开挖,当可能对邻近建(构)筑物、地下管线、永久性道路产生危害时,应对基坑(槽)、管沟进行支护后再开挖。

在基础工程施工中,如挖方较深,土质较差或有地下水渗流等,可能对邻近建(构)筑物、地下管线、永久性道路等产生危害,或构成边坡不稳定。在这种情况下,不宜进行大开挖施工,应对基坑(槽)管沟壁进行支护。

(1)基坑(槽)、管沟开挖前应做好下述工作。

基坑(槽)、管沟开挖前,应根据支护结构形式、挖深、地质条件、施工方法、周围环境、工期、气候和地面载荷等资料制订施工方案、环境保护措施、监测方案,经审批后方可施工。

土方工程施工前,应对降水、排水措施进行设计,系统应经检查和试运转,一切正常时方可开始施工。

有关围护结构的施工质量必须经验收合格后方可进行土方开挖。

降水、排水系统对维护基坑的安全极为重要,必须在基坑开挖施工期间安全运转,应时刻检查其工作状况。临近有建筑物或有公共设施时,在降水过程中要予以观测,不得因降水而危及这些建筑物或设施的安全。

(2)土方开挖的顺序、方法必须与设计工况相一致,并遵循“开槽支撑,先撑后挖,分层开挖,严禁超挖”的原则。

基坑(槽)、管沟挖土要分层进行,分层厚度应根据工程具体情况(包括土质、环境等)决定,开挖本身是一种卸荷过程,防止局部区域挖土过深、卸载过速,引起土体失稳,降低土体抗剪性能,同时在施工中应不损伤支护结构,以保证基坑的安全。

基坑(槽)、管沟的挖土应分层进行。在施工过程中,基坑(槽)、管沟边堆置土方不应超过设计荷载,挖方时不应碰撞或损伤支护结构、降水设施。

基坑(槽)、管沟土方施工中应对支护结构、周围环境进行观察和监测,如出现异常情况应及时处理,待恢复正常后方可继续施工。

基坑(槽)、管沟开挖至设计标高后,应对坑底进行保护,经验槽合格后,方可进行垫层施工。对特大型基坑,宜分区分块挖至设计标高,分区分块及时浇筑垫层。必要时,可加强垫层。基坑(槽)、管沟土方工程验收必须确保支护结构安全和周围环境安全为前提。

3.1.4　地基工程施工

建筑物地基的施工应具备岩土工程勘察资料。临近建筑物和地下设施类型、分布及结构质量情况等资料。砂、石子、水泥、钢材、石灰、粉煤灰等原材料的质量、检验项目、批量和检验方法,应符合国家现行标准的规定。地基施工结束,宜在一个间歇期后进行质量验收,间歇期由设计确定。施工结束后,应检验地基的承载力。灰土地基的质量验收标准应符合表3-5的规定。砂和砂石地基的质量验收标准应符合表3-6的规定。

表3-5　灰土地基质量验收标准

项	序号	检查项目	允许偏差或允许值		检查方法
			单位	数值	
主控项目	1	地基承载力	设计要求		按规定方法
	2	配合比	设计要求		按拌和时的体积比
	3	压实系数	设计要求		现场实测
一般项目	1	石灰粒径	mm	≤5	筛选法
	2	土料有机质含量	%	≤5	实验室焙烧法
	3	土颗粒粒径	mm	≤5	筛分法
	4	含水量(与要求的最优含水量比较)	%	±2	烘干法
	5	分层厚度偏差(与设计要求比较)	mm	±50	水准仪

表3-6　砂及砂石地基质量验收标准

项	序号	检查项目	允许偏差或允许值		检查方法
			单位	数值	
主控项目	1	地基承载力	设计要求		按规定方法
	2	配合比	设计要求		检查拌和时的体积比或质量比
	3	压实系数	设计要求		现场实测
一般项目	1	砂石料有机质含量	%	≤5	焙烧法
	2	砂石料含泥量	%	≤5	水洗法
	3	石料粒径	mm	≤100	筛分法
	4	含水量(与最优含水量比较)	%	±2	烘干法
	5	分层厚度(与设计要求比较)	mm	±50	水准仪

3.1.5 桩基础施工

3.1.5.1 一般规定

(1)桩位的放样允许偏差如下:

群桩 20 mm,单排桩 10 mm。

(2)桩基工程的桩位验收,除设计有规定外,应按下述要求进行。

当桩顶设计标高与施工现场标高相同时,或桩基施工结束后,有可能对桩位进行检查时,桩基工程的验收应在施工结束后进行。当桩顶设计标高低于施工场地标高,送桩后无法对桩位进行检查时,对打入桩可在每根桩桩顶沉至场地标高时进行中间验收,待全部桩施工结束,承台或底板开挖到设计标高后,再做最终验收。对灌注桩可对护筒位置做中间验收。

桩顶标高低于施工场地标高时,如不做中间验收,在土方开挖后如有桩顶位移发生则不易明确责任,究竟是土方开挖不妥,还是本身桩位不准(打入桩施工不慎,会造成挤土,导致桩位位移),加一次中间验收有利于责任区分,引起打桩及土方承包商的重视。

打(压)入桩(预制混凝土方桩、先张法预应力管桩、钢桩)的桩位偏差,必须符合表3-7规定。斜桩倾斜度的偏差不得大于倾斜角正切值的15%(倾斜角系桩的纵向中心线与铅垂线间夹角)。灌注桩的桩位偏差必须符合表3-8的规定,桩顶标高至少要比设计标高高出0.5 m,桩底清孔质量按不同的成桩工艺有不同的要求,应按本章的各节要求执行。每浇筑50 m^3 必须有1组试件,小于50 m^3 的桩,每根桩必须有1组试件。

表3-7 预制桩(钢桩)桩位的允许偏差 (单位:mm)

项次	项目	允许偏差
1	盖有基础梁的桩: (1)垂直基础梁的中心线; (2)沿基础梁的中心线	 100 + 0.01*H* 150 + 0.01*H*
2	桩数为1~3根桩基中的桩	100
3	桩数为4~16根桩基中的桩	1/2桩径或边长
4	桩数大于16根桩基中的桩: (1)最外边的桩; (2)中间桩	 1/3桩径或边长 1/2桩径或边长

注:*H* 为施工现场地面标高与桩顶设计标高的距离。

表 3-8　灌注桩的平面位置和垂直度的允许偏差

序号	成孔方法		桩径允许偏差（mm）	垂直度允许偏差（%）	桩位允许偏差（mm）	
					1～3 根、单排桩基垂直于中心线方向和群桩基础的边桩	条形桩基沿中心线方向和群桩基础的中间桩
1	泥浆护壁	$D\leq 1\ 000$ mm	±50	<1	$D/6$，且不大于 100	$D/4$，且不大于 150
		$D>1\ 000$ mm	±50		$100+0.01H$	$150+0.01H$
2	套管成孔灌注桩	$D\leq 500$ mm	−20	<1	70	150
		$D>500$ mm			100	150
3	干成孔灌注桩		−20	<1	70	150
4	人工挖孔桩	混凝土护壁	+50	<0.5	50	150
		钢套管护壁	+50	<1	100	200

注：1. 桩径允许偏差的负值是指个别断面。

2. 采用复打、反插法施工的桩，其桩径允许偏差不受该表限制。

3. H 为施工现场地面标高与桩顶设计标高的距离，D 为设计桩径。

工程桩应进行承载力检验。对于地基基础设计等级为甲级或地质条件复杂，成桩质量可靠性低的灌注桩，应采用静载荷试验的方法进行检验，检验桩数不应少于总数的 1%，且不应少于 3 根，当总桩数不少于 50 根时，不应少于 2 根。

对重要工程应采用静载荷试验来检验桩的垂直承载力。关于静载荷试验桩的数量，如果施工区域地质条件单一，当地又有足够的实践经验，数量可根据实际情况，由设计确定。承载力检验不仅是检验施工的质量而且也能检验设计是否达到工程的要求。因此，施工前的试桩如没有破坏又用于实际工程中应可作为验收的依据。

桩身质量应进行检验。对设计等级为甲级或地质条件复杂，成桩质量可靠性低的灌注桩，抽检数量不应少于总数的 30%，且不应少于 20 根；其他桩基工程的抽检数量不应少于总数的 20%，且不应少于 10 根；对混凝土预制桩及地下水位以上且终孔后经过核验的灌注桩，检验数量不应少于总桩数的 10%，且不得少于 10 根。每个柱子承台下不得少于 1 根。

打入预制桩的质量容易控制，问题也较易发现，抽查数可较灌注桩少。

对砂、石子、钢材、水泥等原材料的质量、检验项目、批量和检验方法，应符合国家现行标准的规定。

3.1.5.2　静力压桩

静力压桩包括锚杆静压桩及其他各种非冲击力沉桩。

施工前应对成品桩（锚杆静压成品桩一般均由工厂制造，运至现场堆放）做外观及强度检验，接桩用焊条或半成品硫黄胶泥应有产品合格证书，或送有关部门检验，压桩用压力表、锚杆规格及质量也应进行检查，硫黄胶泥半成品应每 100 kg 做一组试件。用硫黄胶泥接桩，在大城市因污染空气已较少使用。半成品硫黄胶泥必须在进场后做检验。压桩用压力表必须标定合格方能使用，压桩时的压力数值是判断承载力的依据，也是指导压桩施工的一项重要参数。

压桩过程中应检查压力、桩垂直度、接桩间歇时间、桩的连接质量及压入深度,重要工程应对电焊接桩的接头做10%的探伤检查。对承受反力的结构应加强观测。施工中检查压力目的在于检查压桩是否下沉。接桩间歇时间,必须控制好,间歇过短,硫黄胶泥强度未达到,容易被压坏,接头处存在薄弱环节,甚至断桩。浇筑硫黄泥时间必须快,慢了硫黄胶泥在容器内结硬,浇入连接孔内会不均匀流淌,质量也不易保证。施工结束后,应做桩的承载力及桩体质量检验,基标准见表3-9。

表3-9 静力压桩质量检验标准

<table>
<tr><th rowspan="2">项</th><th rowspan="2">序号</th><th rowspan="2" colspan="3">检查项目</th><th colspan="2">允许偏差或允许值</th><th rowspan="2">检查方法</th></tr>
<tr><th>单位</th><th>数值</th></tr>
<tr><td rowspan="3">主控项目</td><td>1</td><td colspan="3">桩体质量检验</td><td colspan="2">按基桩检测技术规范</td><td>按基桩检测技术规范</td></tr>
<tr><td>2</td><td colspan="3">桩位偏差</td><td colspan="2">见表3-8</td><td>用钢尺量</td></tr>
<tr><td>3</td><td colspan="3">承载力</td><td colspan="2">按基桩检测技术规范</td><td>按基桩检测技术规范</td></tr>
<tr><td rowspan="13">一般项目</td><td rowspan="3">1</td><td rowspan="3" colspan="2">成品桩质量</td><td>外观</td><td colspan="2">表面平整,颜色均匀,掉角深度 < 10 mm,蜂窝面积小于总面积0.5%</td><td>直观</td></tr>
<tr><td>外形尺寸</td><td colspan="2">见 GB 50202—2002 表5.4.5</td><td>见 GB 50202—2002 表5.4.5</td></tr>
<tr><td>强度</td><td colspan="2">满足设计要求</td><td>查产品合格证书或钻芯试压</td></tr>
<tr><td>2</td><td colspan="3">硫黄胶泥质量(半成品)</td><td colspan="2">设计要求</td><td>查产品合格证书或抽样送检</td></tr>
<tr><td rowspan="4">3</td><td rowspan="4">接桩</td><td rowspan="2">电焊接桩</td><td>焊缝质量</td><td colspan="2">见规范 GB 50202—2002 表5.5.4-2</td><td>见规范 GB 50202—2002 表5.5.4-2</td></tr>
<tr><td>电焊结束后停歇时间</td><td>min</td><td>>1.0</td><td>秒表测定</td></tr>
<tr><td rowspan="2">硫黄胶泥接桩</td><td>胶泥浇筑时间</td><td>min</td><td><2</td><td>秒表测定</td></tr>
<tr><td>浇筑后停歇时间</td><td>min</td><td>>7</td><td>秒表测定</td></tr>
<tr><td>4</td><td colspan="3">电焊条质量</td><td colspan="2">设计要求</td><td>查产品合格证书</td></tr>
<tr><td>5</td><td colspan="3">压桩压力(设计有要求时)</td><td>%</td><td>±5</td><td>查压力表读数</td></tr>
<tr><td rowspan="2">6</td><td colspan="3">接桩时上下节平面偏差</td><td>mm</td><td><10</td><td>用钢尺量</td></tr>
<tr><td colspan="3">接桩时节点弯曲矢高</td><td colspan="2"><1/1 000 l</td><td>用钢尺量,l为桩长</td></tr>
<tr><td>7</td><td colspan="3">桩顶标高</td><td>mm</td><td>±50</td><td>水准仪</td></tr>
</table>

3.1.5.3 先张法预应力管桩

施工前应检查进入现场的成品桩、接桩用电焊条等产品质量。

先张法预应力管桩均为工厂生产后运到现场施打，工厂生产时的质量检验应由生产的单位负责，但运入工地后，打桩单位有必要对外观尺寸进行检验并检查产品合格证书。

施工过程中应检查桩的贯入情况、桩顶完整状况、电焊接桩质量、桩体垂直度、电焊后的停歇时间。重要工程应对电焊接头做 10% 的焊缝探头检查。

先张法预应力管桩，强度较高，锤击力性能比一般混凝土预制桩好，抗裂性强。因此，总的锤击数较高，相应的电焊接桩质量要求也高，尤其是电焊后有一定间歇时间，不能焊完即锤击，这样容易使接头损伤。为此，对重要工程应对接头做 X 光拍片检查。

施工结束后，应做承载力检验及桩体质量检验。

由于锤击次数多，对桩体质量进行检验是有必要的，可以检查桩体是否被打裂，电焊接头是否完整。

先张法预应力管桩的质量检验应符合表 3-10 的规定。

表 3-10　先张法预应力管桩质量检验标准

<table>
<tr><th rowspan="2">项</th><th rowspan="2">序号</th><th rowspan="2" colspan="2">检查项目</th><th colspan="2">允许偏差或允许值</th><th rowspan="2">检查方法</th></tr>
<tr><th>单位</th><th>数值</th></tr>
<tr><td rowspan="3">主控项目</td><td>1</td><td colspan="2">桩体质量检验</td><td colspan="2">按基桩检测技术规范</td><td>按基桩检测技术规范</td></tr>
<tr><td>2</td><td colspan="2">桩位偏差</td><td colspan="2">见表 3-8</td><td>用钢尺量</td></tr>
<tr><td>3</td><td colspan="2">承载力</td><td colspan="2">按基桩检测技术规范</td><td>按基桩检测技术规范</td></tr>
<tr><td rowspan="12">一般项目</td><td rowspan="6">1</td><td rowspan="6">成品桩质量</td><td>外观</td><td colspan="2">无蜂窝、露筋、裂缝，色感均匀、桩顶处无孔隙</td><td>直观</td></tr>
<tr><td>桩径</td><td>mm</td><td>±5</td><td>用钢尺量</td></tr>
<tr><td>管壁厚度</td><td>mm</td><td>±5</td><td>用钢尺量</td></tr>
<tr><td>桩尖中心线</td><td>mm</td><td><2</td><td>用钢尺量</td></tr>
<tr><td>顶面平整度</td><td>mm</td><td>10</td><td>用水平尺量</td></tr>
<tr><td>桩体弯曲</td><td colspan="2"><1/1 000 l</td><td>用钢尺量，l 为桩长</td></tr>
<tr><td rowspan="4">2</td><td rowspan="4" colspan="2">砂料的有机质含量</td><td colspan="2">见规范 GB 50202—2002 表 5.5.4-2</td><td>见规范 GB 50202—2002 表 5.5.4-2</td></tr>
<tr><td>mm</td><td>>1.0</td><td>秒表测定</td></tr>
<tr><td>mm</td><td><10</td><td>用钢尺量</td></tr>
<tr><td colspan="2"><1/1 000 l</td><td>用钢尺量，l 为桩长</td></tr>
<tr><td>3</td><td colspan="2">桩位</td><td colspan="2">设计要求</td><td>现场实测或查沉桩记录</td></tr>
<tr><td>4</td><td colspan="2">砂桩标高</td><td>mm</td><td>±50</td><td>水准仪</td></tr>
</table>

3.1.5.4　混凝土预制桩

桩在现场预制时，应对原材料、钢筋骨架、混凝土强度进行检查；采用工厂生产的成品桩时，桩进场后应进行外观及尺寸检查。

施工中应对桩体垂直度、沉桩情况、桩顶完整状况、接桩质量等进行检查,对电焊接桩,重要工程应做10%的焊缝探伤检查。

经常发生接桩时电焊质量较差,从而接头在锤击过程中断开,尤其接头对接的两端面不平整,电焊更不容易保证质量,对重要工程做X光拍片检查是完全必要的。施工结束后,应对承载力及桩体质量做检验。对长桩或总锤击数超过500击的锤击桩,应符合桩体强度及28 d龄期的两项条件才能锤击。

混凝土桩的龄期,对抗裂性有影响,这是经过长期试验得出的结果,不到龄期的桩有先天不足的弊端。经长时期锤击或锤击拉应力稍大一些便会产生裂缝,故有强度龄期双控的要求,但对短桩,锤击数又不多。满足强度要求一项应是可行的。有些工程进度较急,桩又不是长桩,可以采用蒸养以求短期内达到强度,即可开始沉桩。

3.1.5.5 混凝土灌注桩

施工前应对水泥、砂、石子(如现场搅拌)、钢材等原材料进行检查,对施工组织设计中制定的施工顺序、监测手段(包括仪器、方法)也应检查。

混凝土灌注桩的质量检验应较其他桩种严格,这是工艺本身要求,再则工程事故也较多,因此对监测手段要事先落实。

施工中应对成孔、清查、放置钢筋笼、灌注混凝土等进行全过程检查,人工挖孔桩尚应复验孔底持力层土(岩)性。嵌岩桩必须有桩端持力层的岩性报告。

沉渣厚度应在钢筋笼放入后,混凝土浇筑前测定,成孔结束后,放钢筋笼、混凝土导管都会造成土体跌落,增加沉渣厚度,因此沉渣厚度应是二次清孔后的结果。沉渣厚度的检查目前均用重锤,有些地方用较先进的沉渣仪,这种仪器应预先做标定。

施工结束后,应检查混凝土强度,并应做桩体质量及承载力的检验。

混凝土灌注桩的质量检验标准见表3-11、表3-12。

表3-11 混凝土灌注桩钢筋笼质量检验标准 (单位:mm)

项	序号	检查项目	允许偏差或允许值	检查方法
主控项目	1	主筋间距	±10	用钢尺量
	2	长度	±10	用钢尺量
一般项目	1	钢筋材质检验	设计要求	抽样送检
	2	箍筋间距	±20	用钢尺量
	3	直径	±10	用钢尺量

表 3-12　混凝土灌注桩质量检验标准

项	序号	检查项目	允许偏差或允许值		检查方法
			单位	数值	
主控项目	1	桩位	见表 3-8		基坑开挖前量护筒，开挖后量桩中心
	2	孔深	mm	+300	只深不浅，用重锤测，或测钻杆，套管长度，嵌岩桩应确保进入设计要求的嵌岩深度
	3	桩体质量检验	按基桩检测技术规范，如钻芯取样，大直径嵌岩桩应钻至桩尖下 50 mm		按基桩检测技术规范
	4	混凝土强度	设计要求		试件报告或钻芯取样送检
	5	承载力	按基桩检测技术规范		按基桩检测技术规范
一般项目	1	垂直度	见表 3-8		测套管或钻杆，或用超声波探测，干施工时吊垂球
	2	桩径	见表 3-8		井径仪或超声波检测，干施工时用钢尺量，人工挖孔桩不包括内衬厚度
	3	泥浆相对密度（黏土或砂性土中）	1. 15 ~ 1. 20		清孔后在距孔底 50 cm 处取样
	4	泥浆面标高（高于地下水位）	m	0. 5 ~ 1. 0	目测
	5	沉渣厚度：端承桩 摩擦桩	mm mm	≤50 ≤150	用沉渣仪或重锤测量
	6	混凝土坍落度：水下灌注 干施工	mm mm	160 ~ 220 70 ~ 100	坍落度仪
	7	钢筋笼安装深度	mm	±100	用钢尺量
	8	混凝土充盈系数	>1		检查每根桩的实际灌注量
	9	桩顶标高	mm	+30 -50	水准仪，需扣除桩顶浮浆层及劣质桩体

【陕建案例 1】　陕西建工某公司承建××小区 3#楼的地基与基础施工工序质量控制。

6. 3　基础施工

6. 3. 1　基坑开挖支护

本工程从基础垫层开始施工,不包括基坑开挖与支护工程及DDC、CFG桩工程,本施工组织设计不考虑该部分施工方案。

6.3.2 土方回填施工工程

回填土使用自卸汽车配合人工进行回填,使用蛙式打夯机夯实。

1. 室内外土方回填

1)施工准备及部署

回填土前清除基底杂物、淤泥,排除积水,并在基坑上部四周设排水沟,防止地面水流入填方区或基坑(槽),浸泡地基,造成基土下陷。

填写好回填面以下工程的隐蔽记录,并经质量检查验收、签证认可。

做好水平高程测设,基坑坡边上每隔3 m打入水平高程测设桩,室内和散水的边墙上,做好水平标记。

2)土方回填方法及步骤

工艺流程:基坑内清理→检验土质机械拌和灰土→分层铺土→夯打密实→检验密实度→修整找平验收。

(1)填土前将坑内垃圾等杂物清理干净,清理到基础底面标高。

(2)回填土分层铺摊。每层铺土厚度为250 mm,铺摊后,随之耙平。每层至少夯打三遍。打夯应一夯压半夯,夯夯相接,行行相连。基坑回填应两侧同时进行回填与夯实。回填高差不可相差太多。

填方从最低处开始,由下而上整个宽度水平分层均匀铺填土和夯实。底层先夯实,然后再全面填筑。

深浅坑相连时,先填深坑,相平后与浅坑全面分层填夯。分段填筑,交接处阶梯错开,上下层接缝距离不小于1.0 m。每层夯迹重叠0.5~1.0 m。墙基及管道两侧用细土同时回填夯实。

雨期回填保持一定横坡,或中间稍高两边稍低,以利排水;当天填土、当天压实;工作面不宜过大,应逐段、逐片分期完成。从运土、铺填到压实各道工序应连续进行。雨前压完已填土层。施工中检查、疏通排水设施,防止地面水流入坑内,造成边坡塌方或使基土遭到破坏。

(3)修整找平:填土全部完成后,进行表面拉线找平,超过标准高程的地方,及时依线铲平;低于标准高程的,补土夯实。

2. 回填质量标准

(1)基底处理须符合设计要求和施工规范规定。

(2)回填土须符合设计或施工规范规定。

(3)回填土须按规定分层夯实。取样测定夯实土的干密度,其合格率不小于95%,不合格的干土质量密度的最低值与设计值之差,不大于0.08 g/cm^3,且不应集中。

(4)回填土的允许偏差见表3-13。

表 3-13

项次	项目	允许偏差(mm)	检验方法
1	顶面标高	+0，-50	水准仪
2	表面平整度	20	2 m 靠尺和楔形尺量

3. 质量检查

质量控制与检验：

(1)用环刀取样测定土的干密度，求出土的密实度，或用轻便触探仪直接通过锤击数来检验干密度和密实度。素土回填密实度要求≥0.95；2∶8灰土回填密实度要求≥0.94。

(2)基坑和室内填土，每层按 100～500 m^2取样一组，且每层不少于一组，取样部位在每层压实后的下半部。

(3)填土压实后的干密度须 95% 以上符合设计要求，其余 5% 的最低值与设计值之差不得大于 0.08 t/m^3，且不应集中。

子任务 3.2　砌筑工程施工质量控制

砌筑工程施工是指普通黏土砖、硅酸盐类砖、石块和各种砌块的施工。砖砌体在我国有悠久历史，它取材容易，造价低，施工简单，目前在中小城市、农村仍为建筑施工中的主要工种工程之一。其缺点是自重大、劳动强度高、生产效率低，且烧砖多占用大量农田，难以适应现代建筑工业化的需要，因而采用新型墙体材料，改善砌体施工工艺是砖筑工程改革的重点。墙体材料的发展方向是逐步限制和淘汰实心黏土砖，大力发展多孔砖、空心砖、废渣砖、各种建筑砌块和建筑板材等各种新型墙体材料。

3.2.1　认知砌体工程施工

3.2.1.1　材料要求

砌体工程所用的材料应有产品的合格证书、产品性能检测报告。块材、水泥、钢筋、外加剂等尚应有材料的主要性能的进场复验报告。严禁使用国家明令淘汰的材料。

3.2.1.2　允许偏差

砌筑基础前，应校核放线尺寸，允许偏差应符合表 3-14 的规定

表 3-14　放线尺寸的允许偏差

长度 L、宽度 B(m)	允许偏差(mm)	长度 L、宽度 B(m)	允许偏差(mm)
L(或 B)≤30	±5	60＜L(或 B)≤90	±5
30＜L(或 B)≤60	±10	L(或 B)＞90	±20

3.2.1.3　砌筑顺序

砌筑顺序应符合下列规定：

(1)基底标高不同时，应从低处砌起，并应由高处向低处搭砌。当设计无要求时，搭

接长度不应小于基础扩大部分的高度。

(2)砌体的转角处和交接处应同时砌筑。当不能同时砌筑时,应按规定留槎、接槎。

(3)砌体的转角处和交接处同时砌筑可以保证墙体的整体性,从而大大提高砌体结构的抗震性能。从震害调查看到,不少多层砖混结构建筑,由于砌体的转角处和交接处接槎不良而导致外墙甩出和砌体倒塌。因此,必须重视砌体的转角处和交接处应同时砌筑。当不能同时砌筑时,应留槎并做好接槎处理。

3.2.1.4 临时洞口

在墙上留置临时施工洞口,其侧边离交接处墙面不应小于500 mm,洞口净宽度不应超过1 m。抗震设防烈度为9度的地区建筑物的临时施工洞口位置,应会同设计单位确定。临时施工洞口应做好补砌。

不得在下列墙体或部位设置脚手眼:

(1)120 mm厚墙、料石清水墙和独立柱。

(2)过梁上与过梁成60°角的三角形范围及过梁净跨度1/2的高度范围内。

(3)宽度小于1 m的窗间墙。

(4)砌体门窗洞口两侧200 mm(石砌体为300 mm)和转角处450 mm(石砌体为600 mm)范围内。

(5)梁或梁垫下及其左右500 mm范围内。

(6)设计不允许设置脚手眼的部位。

因为脚手眼的补砌,不仅涉及砌体结构的整体性,而且还会影响建筑物的使用功能,故施工时应予注意。因此施工脚手眼补砌时,灰缝应填满砂浆,不得用砖填塞。

设计要求的洞口、管道、沟槽应于砌筑时正确留出或预埋,未经设计同意,不得打凿墙体和在墙体上开凿水平沟槽。宽度超过300 mm的洞口上部,应设置过梁。

3.2.1.5 墙柱的允许自由高度

尚未施工楼板或屋面的墙或柱,当可能遇到大风时,其允许自由高度不得超过表3-15的规定。如超过表中限值,必须采用临时支撑等有效措施。

表3-15 墙和柱的允许自由高度 (单位:m)

墙(柱)厚(mm)	砌体密度≥1 600(kg/m³)			砌体密度1 300~1 600(kg/m³)		
	风载(kN/m²)			风载(kN/m²)		
	0.3(约7级风)	0.4(约8级风)	0.5(约9级风)	0.3(约7级风)	0.4(约8级风)	0.5(约9级风)
190	—	—	—	1.4	1.1	0.7
240	2.8	2.1	1.4	2.2	1.7	1.1
370	5.2	3.9	2.6	4.2	3.2	2.1
490	8.6	6.5	4.3	7.0	5.2	3.5
620	14.0	10.5	7.0	11.4	8.6	5.7

注:1. 本表适用于施工处相对标高(H)在10 m范围内的情况。当10 m<H≤15 m,15 m<H≤20 m时,表中的允许自由高度应分别乘以0.9、0.8的系数;当H>20 m时,应通过抗倾覆验算确定其允许自由高度。

2. 当所砌筑的墙有横墙或其他结构与其连接,而且间距小于表列限值的2倍时,砌筑高度可不受本表的限制。

3.2.1.6 墙与墙及其他构件连接

当所砌筑的墙有横墙或其他结构与其连接，而且间距小于限值的2倍时，砌筑高度可不受表3-15的限制。搁置预制梁、板的砌体顶面应找平，安装时应坐浆。当设计无具体要求时，应采用1∶2.5的水泥砂浆。预制梁、板与砌体顶面接触不紧密不仅对梁、板、砌体受力不利，而且还对房顶抹灰和地面施工带来不利影响。目前施工中，搁置预制梁、板时，往往忽略了在砌体顶面找平和坐浆。致使梁、板与砌体受力不均匀；安装的预制板不平整和不平稳，而出现板缝处的裂纹，加大找平层的厚度。对此，必须加以纠正。

砌体施工质量控制等级应分为三级，并应符合表3-16的规定。砌体施工时，楼面和屋面堆载不得超过楼板的允许荷载值。施工层进料口楼板下，宜采取临时加撑措施。在楼面上砌筑施工时，常发现以下几种超载现象：一是集中卸料造成超载；二是抢进度或遇停电时，提前集中备料造成超载；三是采用井架或门架上料时，吊篮停置位置偏高，接料平台倾斜有坎，运料车出吊篮后对进料房间楼面产生较大的冲击荷载。这些超载现象常使楼板底产生裂缝，严重者会导致安全事故。

表3-16 砌体施工质量控制等级

项目	施工质量控制等级		
	A	B	C
现场质量管理	制度健全，并严格执行；非施工方质量监督人员经常到现场，或现场设有常驻代表；施工方有在岗专业技术管理人员，人员齐全，并持证上岗	制度基本健全，并能执行；非施工方质量监督人员间断地到现场进行质量控制；施工方有在岗专业技术管理人员，并持证上岗	有制度；非施工方质量监督人员很少作现场质量控制；施工方有在岗专业技术管理人员
砂浆、混凝土强度	试块按规定制作，强度满足验收规定，离散性小	试块按规定制作，强度满足验收规定，离散性较小	试块强度满足验收规定，离散性大
砂浆拌和方式	机械拌和；配合比计量控制严格	机械拌和；配合比计量控制一般	机械或人工拌和；配合比计量控制较差
砌筑工人	中级工以上，其中高级工不少于20%	高、中级工不少于70%	初级工以上

3.2.1.7 分项工程的验收

分项工程的验收应在检验批验收合格的基础上进行。检验批的确定可根据施工段划分。砌体工程检验批验收时，其主控项目应全部符合规范的规定；一般项目应有80%及以上的抽检处符合规范的规定，或偏差值在允许偏差范围以内。

3.3.2 砌筑砂浆

3.3.2.1 原材料要求

水泥进场使用前,应分批对其强度、安定性进行复验。检验批应以同一生产厂家、同一编号为一批。当在使用中对水泥质量有怀疑或水泥出厂超过三个月(快硬硅酸盐水泥超过一个月)时,应复查试验,并按其结果使用。

不同品种的水泥,不得混合使用。由于各种水泥成分不一,当不同水泥混合使用后往往会发生材性变化或强度降低现象,引起工程质量问题,故规定不同品种的水泥,不得混合使用。

砂浆用砂不得含有有害杂物。砂浆应随拌随用,水泥砂浆和水泥混合砂浆应分别在3 h和4 h内使用完毕;当施工期间最高气温超过30 ℃时,应分别在拌成后2 h和3 h内使用完毕。

3.3.2.2 质量验收

砌筑砂浆试块强度验收时,其强度合格标准必须符合以下规定:

(1)同一验收批砂浆试块抗压强度平均值必须大于或等于设计强度等级所对应的立方体抗压强度;同一验收批砂浆试块抗压强度过的最小一组平均值必须大于或等于设计强度等级所对应的立方体抗压强度的0.75倍。

(2)砌筑砂浆的验收批,同一类型、强度等级的砂浆试块应不少于3组。当同一验收批只有一组试块时,该组试块抗压强度的平均值必须大于或等于设计强度等级所对应的立方体抗压强度。

(3)砂浆强度应以标准养护,龄期为28 d的试块抗压试验结果为准。

抽检数量:每一检验批且不超过250 m^3 砌体的各种类型及强度等级的砌筑砂浆,每台搅拌应至少抽检一次。

检验方法:在砂浆搅拌机出料口随机取样制作砂浆试块(同盘砂浆只应制作一组试块),最后检查试块强度试验报告单。

当施工中或验收时出现下列情况时,可采用现场检验方法对砂浆和砌体强度进行原位检测或取样检测,并判定其强度:

(1)砂浆试块缺乏代表性或试块数量不足。

(2)对砂浆试块的试验结果有怀疑或有争议。

(3)砂浆试块的试验结果,不能满足设计要求。

3.3.3 砖砌体工程施工

3.3.3.1 一般要求

本部分适用于烧结普通砖、烧结多孔砖、蒸压灰砂砖、粉煤灰砖等砌体工程,用于清水墙、柱表面的砖,应边角整齐,色泽均匀。有冻胀环境和条件的地区,地面以下或防潮层以下的砌体,不宜采用多孔砖。砌筑砖砌体时,砖应提前1~2 d浇水湿润。砌砖工程当采用铺浆法砌筑时,铺浆长度不得超过750 mm;施工期间气温超过30 ℃时,铺浆长度不得超过500 mm。240 mm厚承重墙的每层墙的最上一皮砖,砖砌体的阶台水平面上及挑出层,应整砖丁砌。砖砌平拱过梁的灰缝应砌成楔形缝。灰缝的宽度,在过梁的底面不应小于5 mm;在过梁的顶面不应大于15 mm。拱脚下面应伸入墙内不小于20 mm,拱底应有1%的起拱。

砖过梁底部的模板,应在灰缝砂浆强度不低于设计强度的50%时,方可拆除。多孔砖的孔洞应垂直于受压面砌筑。施工时施砌的蒸压(养)砖的产品龄期不应小于28 d。竖向灰缝不得出现透明缝、瞎缝和假缝。砖砌体施工临时间断处补砌时,必须将接槎处表面清理干净,浇水湿润,并填实砂浆,保持灰缝平直。

3.3.3.2　**主控项目**

砖和砂浆的强度等级必须符合设计要求。

抽检数量:每一生产厂家的砖到现场后,按烧结砖15万块、多孔砖5万块、灰砂砖及粉煤灰砖10万块各为一验收批,抽检数量为1组。砂浆试块的抽检数量执行《砌体结构工程施工质量验收规范》(GB 50203—2011)第4.0.12条的有关规定。

检验方法:查砖和砂浆试块试验报告。

砌体水平灰缝的砂浆饱满度不得小于80%。

抽检数量:每检验批抽查不应少于5处。

检验方法:用百格网检查砖底面与砂浆的黏结痕迹面积。每处检测3块砖,取其平均值。

砖砌体的转角处和交接处应同时砌筑,严禁无可靠措施的内外墙分砌施工。对不能同时砌筑而又必须留置的临时间断处应砌成斜槎。斜槎水平投影长度不应小于高度的2/3。

抽检数量:每检验批抽20%接槎,且不应少于5处。

检验方法:观察检查。

非抗震设防及抗震设防烈度为6度、7度地区的临时间断处,当不能留斜槎时,除转角处外,可留直槎,但直槎必须做成凸槎。留直槎处应加设拉结钢筋,拉结钢筋的数量为每120 mm墙厚放置1根$\phi 6$拉结钢筋(120 mm厚墙必须放置2根拉结钢筋),间距沿墙高不应超过500 mm;埋入长度从留槎处算起每边均不应小于500 mm,对抗震设防烈度6度、7度的地区,不应小于1 000 mm;末端应有90°弯钩。

抽检数量:每检验批抽20%接槎,且不应少于5处。

检验方法:观察和尺量检查。

合格标准:留槎正确,拉结钢筋设置数量、直径正确,竖向间距偏差不超过100 mm,留置长度基本符合规定。

砖砌体的位置及垂直度允许偏差应符合表3-17的规定。

抽检数量:轴线查全部承重墙柱;外墙垂直度全高查阳角,不应少于4处,每层每20 m查一处;内墙按有代表性的自然间抽10%,但不应少于3间,每间不应少于2处,柱不少于5根。

表 3-17 砖砌体的位置及垂直度允许偏差

<table>
<tr><th>项次</th><th colspan="3">项目</th><th>允许偏差(mm)</th><th>检验方法</th></tr>
<tr><td>1</td><td colspan="3">轴线位置偏移</td><td>10</td><td>用经纬仪和尺检查或用其他测量仪器检查</td></tr>
<tr><td rowspan="3">2</td><td rowspan="3">垂直度</td><td colspan="2">每层</td><td>5</td><td>用 2 m 托线板检查</td></tr>
<tr><td rowspan="2">全高</td><td>≤10 m</td><td>10</td><td rowspan="2">用经纬仪、吊线和尺检查,或用其他测量仪器检查</td></tr>
<tr><td>>10 m</td><td>20</td></tr>
</table>

3.3.3.3 一般控制项目

砖砌体组砌方法应正确,上、下错缝,内外搭砌,砖柱不得采用包心砌法。

抽检数量:外墙每 20 m 抽查一处,每处 3 ~ 5 m,且不应少于 3 处;内墙按有代表性的自然间抽 10%,且不应少于 3 间。检验方法:观察检查。合格标准:除符合本条要求外,清水墙、窗间墙无通缝;混水墙中长度大于或等于 300 mm 的通缝每间不超过 3 处,且不得位于同一面墙体上。

砖砌体的灰缝应横平竖直,厚薄均匀。水平灰缝厚度宜为 10 mm,但不应小于 8 mm,也不应大于 12 mm。

抽检数量:每步脚手架施工的砌体,每 20 m 抽查 1 处。

检验方法:用尺量 10 皮砖砌体高度折算。

用于清水墙、柱表面的砖,根据砌体外观质量的需要,应采用边角整齐、色泽均匀的块材。

3.3.4 填充墙砌体及混凝土砌块施工质量

3.3.4.1 基本概念

填充墙砌体工程验收主要是指房屋建筑采用空心砖、蒸压加气混凝土砌块、轻骨料混凝土小型空心砌块等砌筑填充墙砌体的施工质量验收。蒸压加气混凝土砌块、轻骨料混凝土小型空心砌块砌筑时,其产品龄期应超过 28 d。空心砖、蒸压加气混凝土砌块、轻骨料混凝土小型空心砌块等的运输、装卸过程中,严禁抛掷和倾倒。进场后应按品种、规格分别堆放整齐,堆置高度不宜超过 2 m。加气混凝土砌块应防止雨淋。

3.3.4.2 质量控制

填充墙砌体砌筑前块材应提前 2 d 浇水湿润。蒸压加气混凝土砌块砌筑时,应向砌筑面适量浇水。块材砌筑前浇水湿润是为了使其与砌筑有较好的黏结。根据空心砖、轻骨料混凝土小型空心砌块的吸水、失水特性,它们合适的含水率分别为:空心砖宜为 10% ~ 15%;轻骨料混凝土小型空心砌块宜为 5% ~8%。蒸压加气混凝土砌块的含水率为 35% 左右,以后砌块逐渐干燥,施工时的含水率宜控制在小于 15%。蒸压加气混凝土砌块砌筑时在砌筑面适量浇水是为了保证砌筑砂浆的强度及砌体的整体性。用轻骨料混凝土小型空心砌块或蒸压加气混凝土砌块砌筑墙体时,墙底部应砌烧结普通砖或多孔砖。

填充墙砌体施工质量控制如表 3-18、表 3-19 所示。

表3-18 填充墙砌体一般尺寸允许偏差

项次	项目		允许偏差(mm)	检验方法
1	轴线位移		10	用尺检查
	垂直度	小于或等于3 m	5	用2 m托线板或吊线、尺检查
		大于3 m	10	
2	表面平整度		8	用2 m靠尺和楔形塞尺检查
3	门窗洞口高、宽(后塞口)		±5	用尺检查
4	外墙上、下窗口偏移		20	用经纬仪或吊线检查

表3-19 填充墙砌体的砂浆饱满度及检验方法

砌体分类	灰缝	饱满度及要求	检验方法
空心砖砌体	水平	≥80%	采用百格网检查块材底面砂浆的黏结痕迹面积
	垂直	填满砂浆,不得有透明缝、瞎缝、假缝	
蒸压加气混凝土砌块砌体和轻骨料混凝土小型空心砌块砌体	水平	≥80%	
	垂直	≥80%	

【陕建案例2】 陕西建工某公司承建××·×××项目的砌体工程施工工序质量控制。

1.1 设计做法

本工程±0.000以下墙体采用MU10普通黏土砖实心砖,M5水泥砂浆砌筑。±0.000以上除卫生间隔墙、管道井及电梯机房为承重空心砖,M5水泥砂浆砌筑外,其余填充墙采用同墙厚非承重空心砖,M5混合砂浆砌筑。

1.2 砖砌体施工

1. 技术要求

(1)砌筑材料应按规定的质量标准及出厂合格证进行验收,同时现场取样送检,合格后方可使用。砌筑前应按照设计要求,做好砂浆配合比,集中拌制砂浆,并按规范要求做砂浆试块强度试验。

(2)墙体砌筑时应控制砌块的含水率≤15%。

(3)砌体的转角,丁字接头处应同时砌筑,并使纵横墙咬合,纵横交接处未咬槎时应设拉结措施。

(4)门过梁构造措施参照图纸要求施工。

(5)剪力墙与填充墙连接处,应按建筑施工图中的位置,在结构施工时沿柱或墙高每隔500 mm在墙宽范围设置2ϕ6墙体拉结筋,拉结筋锚入柱墙内200 mm,并伸出柱面1 000 mm,砌墙时与通长筋焊接,焊接采用单面焊接头按50%错开,并沿填充墙通长布置或至门窗洞边。

2. 砌体工程的施工准备

(1)装卸砌体砖时,应堆放整齐,严禁倾卸丢掷。

(2)砌块堆放应符合下列要求:

①现场砌块应按不同规格和分别整齐堆放。堆垛上应设明显标志。堆放场地必须平整,并应有排水措施。

②砌块的堆置高度不宜超过2 m,垛与垛之间应留有适当的通道。

③砌体施工前,应先将砌筑面抄平,然后按图纸放出轴线。

1.3 砌筑工艺

1. 施工程序

放砖墙线→检查柱、墙预留连结筋,构造柱、圈梁预埋钢筋→画皮数杆→选砖→砌筑→浇筑构造柱、圈梁→门窗洞过梁安装→上部砌体。

2. 施工要点

(1)砖、加气块在砌筑前应提前1~2 d或隔夜浇水湿润,其含水率控制在10%~15%,但室外温度低于5 ℃时不得浇水。

(2)多孔砖砌筑前应试摆,保证组砌合理,在不够整砖处,若无半砖规格,用普通黏土砖补砌。

(3)在砌砖前,先要立(画)皮数杆,拉(挂)线,砌体的水平灰缝厚度和竖向灰缝宽度宜为10 mm,但不应小于8 mm,也不应大于12 mm。砌体灰缝应砂浆饱满,横平竖直、均匀平顺,水平灰缝饱满度不得低于80%,竖缝不得出现透明缝、瞎缝。严禁用水冲浆灌灰缝。

(4)采用铺浆法砌筑时,铺浆长度不得超过700 mm,施工期间气温超过30 ℃时,铺浆长度不得超过500 mm。在砌筑时,不可摆砖,应采取挤压方法砌筑,使砖砌体灰浆饱满度达到80%。

(5)砌筑时,严格按规范要求施工,随时检查墙面的垂直度与平整度,以及灰缝的均匀程度及砂浆饱满度等,并校正所发现的偏差,确保砌体工程质量符合标准要求,砌筑过程中应及时清除舌头灰,并清扫墙面,完工后及时清理落地灰,做到工完场清。

(6)砌填充墙的部位应在剪力墙或柱上按设计要求和施工规范要求设置拉接筋。填充墙砌至接近梁、板底时,应留一定空隙,待填充墙砌筑完并至少间隔一周后,在将其补砌挤紧。顶头砖用侧砖、或立砖斜砌挤紧,其倾斜度宜为60°左右,砌筑砂浆应饱满、密实。

(7)窗洞两边应按要求预埋与砖块一样大小的木砖或混凝土预制块备以安装门窗,木砖或预制混凝土块应距窗洞上下口各18 cm,中间均匀分布,间距不得大于500 cm。

(8)为了防止外墙渗漏,本工程拟对外墙砌体里外两面均进行勾缝,以保证灰缝的密实度。

(9)管线的留置方法,当设计无具体要求时,可采用弹线定位后凿槽或开槽,不得采用錾砖预留槽。

(10)每一楼层或每250 m^3 砌体中每种强度等级的砂浆,至少制作一组试块(每组6块)进行强度测定。当砂浆的原料、配比以及强度等级变更时,也应制作试块以便检查。

1.4 质量要求

(1)砌体表面的平整、垂直度、灰缝厚度及砂浆饱满度等,必须符合质量验收规范规定,并随时检查、校正。

(2)砌筑砂浆配合比应经试验确定,并严格按照设计配合计量,砖、砂浆的品种、强度等级应符合设计要求。

(3)砌体灰缝应横平竖直,并填满砂浆。严禁通缝、瞎缝、游丁走缝等。

(4)填充墙的顶面与上部结构接触处,须用实心砖斜砌挤紧,并填砂浆。

1.5　成品保护

(1)施工中,应采取措施防止砂浆污染墙、柱表面;在临时出入洞或料架周围,应用草垫、木板或塑料薄膜覆盖。

(2)墙体拉结钢筋、抗震组合柱钢筋、各种预埋件、暖卫管线、电气管线,均应注意防护,不得随意碰撞、拆改或损坏。安装暖卫、电气设备和管线时,也不得随意拆打,剔凿墙体。

(3)安装脚手架、吊放预制构件或安装大模板时,指挥人员和吊车司机应密切配合,认真操作,防止碰撞砌好的砖墙。

(4)墙面预留脚手眼,应用与原墙相同规格、色泽的标砖嵌砌严密,不留痕迹。

(5)冬期低温下砌筑收工时,表面应用草垫、塑料薄膜作适当覆盖保温,防止冻坏墙体及砂浆。

1.6　安全措施

(1)脚手架应经检查后方能使用。砌筑时不准随意拆改和移动脚手架,楼层屋盖上的盖板或防护栏杆不得随意挪动拆除。

(2)在架子上砍砖时,操作人员应面向里把碎砖打在架板上,严禁把砖头打向架外。

(3)脚手架上堆砖不得超过三层(侧放)。采用砖笼吊砖时,砖在架子上或楼板上要均匀分布,不应集中堆放。灰桶、灰斗应放置有序,使架子上保持畅通。

(4)采用里架砌清水墙时,不得站在墙上勾缝或在墙顶上行走。

(5)起吊砖笼和砂浆料斗时,砖和砂浆不能装得过满。吊臂工作范围内不得有人停留。

(6)操作人员应戴好安全帽。高空作业时应挂好安全网。

1.7　施工注意事项

(1)在砌筑过程中,要经常检查校核墙体的轴线和边线,当挂线过长,应检查是否达到平直通光一致的要求,以防轴线产生位移。

(2)清水墙砌筑排砖时,必须将立缝排匀,砌完一步高架子,每隔 2 m 间距,应在丁砖立棱处用托线板吊直划线,二步架往上继续吊直弹粉线,由底往上所用 2/3 砖的长度应使一致;上层分窗口位置时必须同下层窗口保持垂直,以免墙面出现游丁走缝。

(3)立皮数杆要保持标高一致,盘角时要均匀掌握灰缝,砌筑时小线要拉紧,不得一层线松,一层线紧,以防水平灰缝出现大小不匀。

(4)构造柱、外墙内大模板混凝土墙体以及圈梁混凝土浇筑,混凝土要分层进行,振动棒不得直接碰冲墙体,以免造成砖墙鼓胀。在振捣时如发现砖墙已经鼓胀变形,应随时拆除重砌。

(5)砌筑混水墙,应注意溢出墙面的灰渍(舌头灰)应随时刮尽,刮平顺;半头砖应分散使用；首层或楼层的第一皮砖砌筑要查对皮数杆的层数及标高；一砖厚墙砌筑外面要拉线，以防出现墙面沾污、通缝、不平直以及砖墙错层造成螺旋墙等疵病。

(6)构造柱砌筑应注意使构造柱砖墙砌成马牙槎，设置好拉结筋，应从柱脚开始先退后进；当齿深120 mm时，上口一皮应按先进60 mm后，再上一皮进120 mm，以保证混凝土浇灌时上角密实；构造柱内的落地灰、砖渣杂物应清理干净，防止夹渣，以免影响构造柱的整体性。

子任务3.3 混凝土结构工程施工质量控制

混凝土结构是指以混凝土为主制成的结构，包括素混凝土结构、钢筋混凝土结构和预应力混凝土结构等。混凝土结构根据结构的施工方法分为现浇混凝土结构和装配式混凝土结构。混凝土结构工程可划分为模板、钢筋、混凝土等分项工程。在施工中三者应密切配合，进行流水施工。

施工单位应推行生产控制和合格控制的全过程质量控制。对施工现场质量管理，要求有相应的施工技术标准、健全的质量管理体系、施工质量控制和质量检验制度；对具体的施工项目，要求有经审查批准的施工组织设计和施工技术方案。施工组织设计和施工技术方案应按程序审批，对涉及结构安全和人身安全的内容，应有明确的规定和相应的措施。

3.3.1 模板分项工程

模板分项工程是指为使混凝土浇筑成型用的模板及其支架的设计、安装、拆除等一系列技术工作和完成实体的总称。

3.3.1.1 一般规定

模板及其支架应根据工程结构形式、荷载大小、地基土类别、施工设备和材料供应等条件进行设计。模板及其支架应具有足够的承载能力、刚度和稳定性，能可靠地承受浇筑混凝土的重量、侧压力以及施工荷载。

在浇筑混凝土之前，应对模板工程进行验收。

浇筑混凝土时模板及支架在混凝土重力、侧压力及施工荷载等作用下胀模(变形)、跑模(位移)甚至坍塌的情况时有发生。为避免事故发生，保证工程质量和施工安全，模板安装和浇筑混凝土时，应对模板及其支架进行观察和维护。发生异常情况时，应按施工技术方案及时进行处理。

模板及其支架拆除的顺序和安全措施应按施工技术方案执行。

3.3.1.2 模板安装的主控项目

安装现浇结构的上层模板及其支架时，下层楼板应具有承受上层荷载的承载能力，或加设支架；上、下层支架的立柱应对准，并铺设垫板。以利于混凝土重力及施工荷载的传递，这是保证施工安全和质量的有效措施。

检查数量：全数检查。

检验方法：对照模板设计文件和施工技术方案观察。

在涂刷模板隔离剂时,不得沾污钢筋和混凝土接槎处。当隔离剂沾污钢筋和混凝土接槎处时可能对混凝土结构受力性能造成明显的不利影响,故应避免。

检查数量:全数检查。

检验方法:观察。

3.3.1.3　**模板安装的一般项目**

模板安装应满足下列要求:

(1)模板的接缝不应漏浆;在浇筑混凝土前,木模板应浇水湿润,但模板内不应有积水。

(2)模板与混凝土的接触面应清理干净并涂刷隔离剂,但不得采用影响结构性能或妨碍装饰工程施工的隔离剂。

(3)浇筑混凝土前,模板内的杂物应清理干净。

(4)对清水混凝土工程及装饰混凝土工程,应使用能达到设计效果的模板。

检查数量:全数检查。

检验方法:观察。

无论是采用何种材料制作的模板,其接缝都应保证不漏浆。木模板浇水湿润有利于接缝闭合而不致漏浆,但因浇水湿润后产生膨胀,木模板安装时的接缝不宜过于严密。模板内部及与混凝土的接触面应清理干净,以避免夹渣等缺陷。

用作模板的地坪、胎模等应平整光洁,不得产生影响构件质量的下沉、裂缝、起砂或起鼓。

检查数量:全数检查。

检验方法:观察。

对跨度不小于4 m的现浇钢筋混凝土梁、板,其模板应按设计要求起拱;当设计无具体要求时,起拱高度宜为跨度的1/1 000~3/1 000,对钢模板可取偏小值,对木模板可取偏大值。

检查数量:在同一检验批内,对梁,应抽查构件数量的10%,且不少于3件;对板,应按有代表性的自然间抽查10%,且不少于3间;对大空间结构,板可按纵、横轴线划分检查面,抽查10%,且不少于3面。

凡规定抽样检查的项目,应在全数观察的基础上,对重要部位和观察难以判定的部位进行抽样检查。抽样检查的数量通常采用"双控"方法,即在按比例抽样的同时,还限定了检查的最小数量。

检验方法:水准仪或接线、钢尺检查。

固定在模板上的预埋件、预留孔和预留洞均不得遗漏,且应安装牢固,其偏差应符合表3-20的规定。

检查数量:在同一检验批内,对梁、柱和独立基础,应抽查构件数量的10%,且不少于3件;对墙和板,应按有代表性的自然间抽查10%,且不少于3间;对大空间结构,墙可按相邻轴线间高度5 m左右划分检查面,板可按纵横轴线划分检查面,抽查10%,且均不少于3面。

检验方法:钢尺检查。

表 3-20 预埋件和预留孔洞的允许偏差

项目		允许偏差(mm)
预埋钢板中心线位置		3
预埋管、预留孔中心线位置		3
插筋	中心线位置	5
	外露长度	10.0
预埋螺栓	中心线位置	2
	外露长度	10.0
预留洞	中心线位置	10
	尺寸	10.0

现浇结构模板安装的偏差应符合表 3-21 的规定。

表 3-21 现浇结构模板安装的偏差

项目		允许偏差(mm)	检验方法
轴线位置		5	钢尺检查
底模上表面标高		±5	水准仪或拉线、钢尺检查
截面内部尺寸	基础	±10	钢尺检查
	柱、墙、梁	+4,-5	钢尺检查
层高垂直度	不大于5 m	6	经纬仪或吊线、钢尺检查
	大于5 m	8	经纬仪或吊线、钢尺检查
相邻两板表面高低差		2	钢尺检查
表面平整度		3	2 m 靠尺和塞尺检查

检查数量:在同一检验批内,对梁、柱和独立基础,应抽查构件数量的 10%,且不少于 3 件;对墙和板,应按有代表性的自然间抽查 10%,且不少于 3 间。

预制构件模板安装的偏差应符合表 3-22 的规定。

检查数量:首次使用及大修后的模板应全数检查;使用中的模板应定期检查,并根据使用情况不定期抽查。

表 3-22 预制构件模板安装的偏差

项目		允许偏差(mm)	检验方法
长度	板、梁	±5	钢尺量两角边,取其中大值
	薄腹梁、桁架	±10	
	柱	0,-10	
	墙板	0,-5	

续表 3-22

项目		允许偏差(mm)	检验方法
宽度	板、墙板	0，-5	钢尺量一端及中部，取其中较大值
	梁、薄腹梁、桁架、柱	+2，-5	
高(厚度)	板	+2，-3	钢尺量一端及中部，取其中较大值
	墙板	0，-5	
	梁、薄腹梁、桁架、柱	+2，-5	
侧向弯曲	梁、板、柱	l/1 000 且≤15	拉线、钢尺量最大弯曲处
	墙板、薄腹梁、桁架	l/1 500 且≤15	
板的表面平整度		3	2 m 靠尺和塞尺检查
相邻两板表面高低差		1	钢尺检查
对角线差	板	7	钢尺量两个对角线
	墙、板	5	
翘曲	板、墙板	l/1 500	调平尺在两端量测
设计起拱	薄腹梁、桁架、梁	±3	拉线、钢尺量跨中

3.3.1.4 模板拆除的主控项目

底模及其支架拆除时的混凝土强度应符合设计要求；当设计无具体要求时，混凝土强度应符合表 3-23 的规定。

表 3-23 表底模及其支架拆除时的混凝土强度要求

构件类型	构件跨度(m)	达到设计的混凝土立方体抗压强度标准值的百分率(%)
板	≤2	≥50
	>2，≤8	≥75
	>8	≥100
梁、拱、壳	≤8	≥75
	>8	≥100
悬臂构件	—	≥100

检查数量：全数检查。

检验方法：检查同条件养护试件强度试验报告。

由于过早拆模和混凝土强度不足而造成混凝土结构构件沉降变形、缺棱掉角、开裂，甚至塌陷的情况时有发生。为保证结构的安全和作用功能，对拆模时的混凝土强度提出了要求。该强度通常反映为同条件养护混凝土试件的强度。考虑到悬臂构件更容易因混凝土强度不足而引发事故，对其拆模时的混凝土强度应从严要求。

对后张法预应力混凝土结构构件，侧模宜在预应力张拉前拆除；底模支架的拆除应按施工技术方案执行，当无具体要求时，不应在结构构件建立预应力前拆除。

检查数量：全数检查。

检验方法：观察。

后浇带模板的拆除和支顶应按施工技术方案执行。

检查数量：全数检查。

检验方法：观察。

3.3.2 钢筋分项工程

钢筋分项工程是普通钢筋进场检验、钢筋加工、钢筋连接、钢筋安装等一系列技术工作和完成实体的总称。

3.3.2.1 一般规定

(1)当钢筋的品种、级别或规格需作变更时，应办理设计变更文件。

在施工过程中，当施工单位缺乏设计所要求的钢筋品种、级别或规格时，可进行钢筋代换。为了保证对设计意图的理解不产生偏差，规定当需要作钢筋代换时应办理设计变更文件，以确保满足原结构设计的要求，并明确钢筋代换由设计单位负责。

(2)在浇筑混凝土之前，应进行钢筋隐蔽工程验收，其内容包括以下几个方面：

纵向受力钢筋的品种、规格、数量、位置等；

钢筋的连接方式、接头位置、接头数量、接头面积百分率等；

箍筋、横向钢筋的品种、规格、数量、间距等；

预埋件的规格、数量、位置等。

3.3.2.2 原材料

1. 主控项目

钢筋进场时，应按现行国家标准《钢筋混凝土用钢》(第2部分：热轧带肋钢筋)(GB 1499.2)等的规定抽取试件作力学性能检验，其质量必须符合有关标准的规定。

检查数量：按进场的批次和产品的抽样检验方案确定。

检验方法：检查产品合格证、出厂检验报告和进场复验报告。

钢筋对混凝土结构构件的承载力至关重要，对其质量应从严要求。普通钢筋应符合现行国家标准《钢筋混凝土用钢》(第2部分：热轧带肋钢筋)(GB 1499.2)、《钢筋混凝土用钢》(第1部分：热轧光圆钢筋)(GB 1499.1)和《钢筋混凝土用余热处理钢筋》(GB 13014)的要求。钢筋进场时，应检查产品合格证和出厂检验报告，并按规定进行抽样检验。

上述的检验方法中，产品合格证、出厂检验报告是对产品质量的证明资料，通常应列出产品的主要性能指标；当用户有特别要求时，还应列出某些专门检验数据。有时，产品合格证、出厂检验报告可以合并；进场复验报告是进场抽样检验的结果，并作为判断材料能否在工程中应用的依据。

对有抗震设防要求的框架结构，其纵向受力钢筋的强度应满足设计要求；当设计无具体要求时，对一、二级抗震等级，检验所得的强度实测值应符合下列规定：

钢筋的抗拉强度实测值与屈服强度实测值的比值不应小于1.25；钢筋的屈服强度实测值与强度标准值的比值不应大于1.3。

检查数量：按进场的批次和产品抽样检验方案确定。

检验方法：检查进场复验报告。

根据现行国家标准《混凝土结构设计规范》（GB 50010—2010）的规定，按一、二级抗震等级设计的框架结构中的纵向受力钢筋，其强度实测值就满足本条的要求，其目的是保证在地震作用下，结构某些部位出现塑性铰以后，钢筋具有足够的变形能力。

当发现钢筋脆断、焊接性能不良或力学性能显著不正常等现象时，应立即停止使用，应对该批钢筋进行化学成分检验或其他专项检验。

检验方法：检查化学成分等专项检验报告。

2. 一般项目

钢筋应平直、无损伤，表面不得有裂纹、油污、颗粒状或片状老锈。

检查数量：进场时和使用前全数检查。

检验方法：观察。

为了加强对钢筋外观质量的控制，钢筋进场时和使用前均应对外观质量进行检查。弯折钢筋不得敲直后作为受力钢筋使用。钢筋表面不应有颗粒状或片状老锈，以免影响钢筋强度和锚固性能。本条也适用于加工以后较长时期未使用而可能造成外观质量达不到要求的钢筋。

3.3.2.3 钢筋加工

1. 主控项目

受力钢筋的弯钩和弯折应符合下列规定：

（1）HPB300级钢筋末端应做180°弯钩，其弯弧内直径不应小于钢筋直径的2.5倍，弯钩的弯后平直部分长度不应小于钢筋直径的3倍。

（2）当设计要求钢筋末端需做135°弯钩时，HRB335级、HRB400级钢筋的弯弧内直径不应小于钢筋直径的4倍，弯钩的弯后平直部分长度应符合设计要求。

（3）钢筋做不大于90°的弯折时，弯折处的弯弧内直径不应小于钢筋直径的5倍。

检查数量：按每工作班同一类型钢筋、同一加工设备抽查不应少于3件。

检验方法：钢尺检查。

除焊接封闭式箍筋外，箍筋的末端应做弯钩，弯钩形式应符合设计要求；当设计无具体要求时，应符合下列规定：

（1）箍筋弯钩的弯弧内直径除应满足3.3.2.1　一般规定的规定外，尚应不小于受力钢筋直径。

（2）箍筋弯钩的弯折角度：对一般结构，不应小于90°；对有抗震等要求的结构，应为135°。

（3）箍筋弯后平直部分长度：对一般结构，不宜小于箍筋直径的5倍；对有抗震等要求的结构，不应小于箍筋直径的10倍。

检查数量：按每工作班同一类型钢筋、同一加工设备抽查不应少于3件。

检验方法：钢尺检查。

根据构件受力性能的不同要求，合理配置箍筋有利于保证混凝土构件的承载力，特别是对配筋率较高的柱、受扭的梁和有抗震设防要求的结构构件更为重要。

2. 一般项目

钢筋调直宜采用机械方法，也可采用冷拉方法。当采用冷拉方法调直钢筋时，HPB300级的钢筋的冷拉率不宜大于4%，HRB335级、HRB400级和RRB400级钢筋的冷拉率不宜大于1%。

检查数量：按每工作班同一类型钢筋、同一加工设备抽查不应少于3件。

检验方法：观察、钢尺检查。

盘条供应的钢筋使用前需要调直。调直宜优先采用机械方法，以有效控制调直钢筋的质量；也可采用冷拉方法，但应控制冷拉伸长率，以免影响钢筋的力学性能。

钢筋加工的形状、尺寸应符合设计要求，其偏差应符合表3-24的规定。

检查数量：按每工作班同一类型钢筋、同一加工设备抽查不少于3件。

检验方法：钢尺检查。

表3-24 钢筋加工的允许偏差

项目	允许偏差(mm)
受力钢筋顺长度方向全长的净尺寸	±10
弯起钢筋的弯折位置	±20
箍筋内净尺寸	±5

3.3.2.4 钢筋连接

1. 主控项目

纵向受力钢筋的连接方式应符合设计要求。

检查数量：全数检查。

检验方法：观察。

在施工现场，应按国家现行标准《钢筋机械连接通用技术规程》(JGJ 107)《钢筋焊接及验收规程》(JGJ 18)的规定抽取钢筋机械连接接头和焊接接头试件作力学性能检验，其质量应符合有关规程的规定。

检查数量：按有关规程确定。

检验方法：检查产品合格证、接头力学性能试验报告。

对钢筋机械连接和焊接，除应按相应规定进行型式、工艺检验外，还应从结构中抽取试件进行力学性能检验。

2. 一般项目

钢筋的接头宜设置在受力较小处。同一纵向受力钢筋不宜设置两个或两个以上接头。接头末端至钢筋弯起点的距离不应小于钢筋直径的10倍。

检查数量：全数检查。

检验方法：观察，钢尺检查。

受力钢筋的连接接头宜设置在受力较小处，同一钢筋在同一受力区段内不宜多次连接，以保证钢筋的承载、传力性能。

当受力钢筋采用机械连接接头或焊接接头时，设置在同一构件内的接头宜相互错开。

纵向受力钢筋机械连接接头及焊接接头连接区段的长度为35d（d为纵向受力钢筋的较大直径）且不小于500 mm，凡接头中点位于该连接区段长度内的接头均属于同一连接区段。同一连接区段内，纵向受力钢筋机械连接及焊接的接头面积百分率为该区段内有接头的纵向受力钢筋截面面积与全部纵向受力钢筋截面面积的比值。

同一连接区段内，纵向受力钢筋的接头面积百分率应符合设计要求；当设计无具体要求时，应符合下列规定：

（1）在受拉区不宜大于50%。

（2）接头不宜设置在有抗震设防要求的框架梁端、柱端的箍筋加密区；当无法避开时，对等强度高质量机械连接接头，不应大于50%。

（3）直接承受动力荷载的结构构件中，不宜采用焊接接头；当采用机械连接接头时，不应大于50%。

检查数量：在同一检验批内，对梁、柱和独立基础，应抽查构件数量的10%，且不少于3件；对墙和板，应按有代表性的自然间抽查10%且不少于3间；对大空间结构，墙可按相邻轴线间高度5 m左右划分检查面，板可按纵横轴线划分检查面，抽查10%，且均不少于3面。

检验方法：观察，钢尺检查。

同一构件中相邻纵向受力钢筋的绑扎搭接接头宜相互错开。绑扎搭接接头中钢筋的横向净距不应小于钢筋直径，且不应小于25 mm。

钢筋绑扎搭接接头连接区段的长度为1.3l_l（l_l为搭接长度），凡搭接接头中点位于该连接区段长度内的搭接接头均属于同一连接区段。同一连接区段内，纵向钢筋搭接接头面积百分率为该区段内有搭接接头的纵向受力钢筋截面面积与全部纵向受力钢筋截面面积的比值。

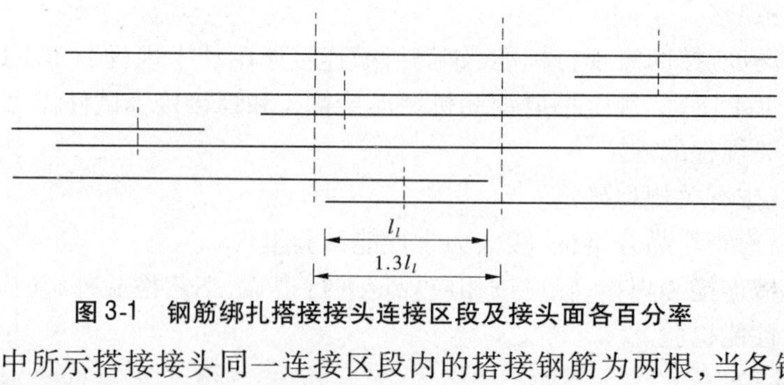

图3-1　钢筋绑扎搭接接头连接区段及接头面各百分率

注：图3-1中所示搭接接头同一连接区段内的搭接钢筋为两根，当各钢筋直径相同时，接头面积百分率为50%。同一连接区段内，纵向受拉钢筋搭接接头面积百分率应符合设计要求；当设计无具体要求时，应符合下列规定：

（1）对梁类、板类及墙类构件，不宜大于25%。

（2）对柱类构件，不宜大于50%。

（3）当工程中确有必要增大接头面积百分率时，对梁类构件，不应大于50%；对其他构件,可根据实际情况放宽。

纵向受力钢筋绑扎搭接接头的最小搭接长度应符合表3-25的规定。

表3-25 纵向受力钢筋绑扎搭接接头的最小搭接长度

钢筋类型		混凝土强度等级			
		C15	C20～C25	C30～C35	≥C40
光圆钢筋	HPB235	45d	35d	30d	25d
带肋钢筋	HRB335	55d	45d	35d	30d
	HRB400 RRB400	—	55d	40d	35d

注:d为纵向受力钢筋的较大直径。

3.3.2.5 钢筋安装

1. 主控项目

钢筋安装时,受力钢筋的品种、级别、规格和数量必须符合设计要求。

检查数量:全数检查。

检验方法:观察,钢尺检查。

2. 一般项目

钢筋安装位置的偏差应符合表3-26的规定。

表3-26 钢筋安装位置的允许偏差和检验方法

项目			允许偏差(mm)	检验方法
绑扎钢筋网	长、宽		±10	钢尺检查
	网眼尺寸		±20	钢尺量连续三档,取最大值
绑扎钢筋骨架	长		±10	钢尺检查
	宽、高		±5	钢尺检查
受力钢筋	间距		±10	钢尺量两端、中间各一点,取最大值
	排距		±5	
	保护层厚度	基础	±10	钢尺检查
		柱、梁	±5	钢尺检查
		板、墙、壳	±3	钢尺检查
绑扎箍筋,横向钢筋间距			±20	钢尺量连接三挡,取最大值
钢筋弯起点位置			20	钢尺检查
预埋件	中心线位置		5	钢尺检查
	水平高差		+3.0	钢尺和塞尺检查

注:1. 检查预埋件中心线位置时,应沿纵、横两个方向量测,并取其中的较大值。

2. 表中梁类,板类构件上部纵向受力钢筋保护层厚度的合格点率应达到90%及以上,且不得有超过表中数值1.5倍的尺寸偏差。

检查数量:在同一检验批内,对梁、柱和独立基础,应抽查构件数量的 10%,且不少于 3 件;对墙和板,应按有代表性的自然间抽查 10%,且不少于 3 间;对大空间结构,墙可按相邻轴线间高度 5 m 左右划分检查面,板可按纵、横轴线划分检查面,抽查 10%,且均不少于 3 面。

3.3.3 混凝土分项工程

混凝土分项工程是从水泥、砂、石、水、外加剂、矿物掺合料等原材料进场检验、混凝土配合比设计及称量、拌制、运输、浇筑、养护、试件制作直至混凝土达到预定强度等一系列技术工作和完成实体的总称。

3.3.3.1 一般规定

结构构件的混凝土强度应按现行国家标准《混凝土强度检验评定标准》(GBJ 107)的规定分批检验评定。

对采用蒸汽法养护的混凝土结构构件,其混凝土试件应先随同结构构件同条件蒸汽养护,再转入标准条件养护共 28 d。

当混凝土中掺用矿物掺合料时,确定混凝土强度时的龄期可按现行国家标准《粉煤灰混凝土应用技术规范》(GB/T 50146—2014),粉煤灰混凝土试件强度的试验方法应符合《普通混凝土力学性能试验方法标准》(GB/T 50081—2002)的规定。混凝土试件的尺寸应根据骨料的最大粒径确定。当采用非标准尺寸的试件时,其抗压强度应乘以相应的尺寸换算系数。

结构构件拆模、出池、出厂、吊装、张拉、放张及施工期间临时负荷时的混凝土强度,应根据同条件养护的标准尺寸试件的混凝土强度确定。由于同条件养护试件具有与结构混凝土相同的原材料、配合比和养护条件,能有效代表结构混凝土的实际质量。在施工过程中,根据同条件养护试件的强度来确定结构构件拆模、出池、出厂、吊装、张拉、放张及施工期间临时负荷时的混凝土强度,是行之有效的方法。

当混凝土试件强度评定不合格时,可采用非破损或局部破损的检测方法,按国家现行有关标准的规定对结构构件中的混凝土强度进行推定,并作为处理的依据。当混凝土试件强度评定不合格时,可根据国家现行有关标准采用回弹法、超声回弹综合法、钻芯法、后装拔出法等推定结构的混凝土强度。应指出,通过检测得到的推定强度可作为判断结构是否需要处理的依据。

混凝土的冬期施工应符合国家现行标准《建筑工程冬期施工规程》(JGJ 104)和施工技术方案的规定。室外日平均气温连续 5 d 稳定低于 5 ℃时,混凝土分项工程应采取冬期施工措施,具体要求应符合国家现行标准《建筑工程冬期施工规程》(JGJ 104)的有关规定。

3.3.3.2 原材料

水泥进场时应对其品种、级别、包装或散装仓号、出厂日期等进行检查,并应对其强度、安定性及其他必要的性能指标进行复验,其质量必须符合现行国家标准《通用硅酸盐水泥》(GB 175)。

当在使用中对水泥质量有怀疑或水泥出厂超过三个月(快硬硅酸盐水泥超过一个月)时,应进行复验,并按复验结果使用。

钢筋混凝土结构、预应力混凝土结构中,严禁使用含氯化物的水泥。

检查数量:按同一生产厂家、同一等级、同一品种、同一批号且连续进场的水泥,袋装不超过200 t为一批,散装不超过500 t为一批,每批抽样不少于一次。

3.3.3.3 混凝土施工

1. 主控项目

结构混凝土的强度等级必须符合设计要求。用于检查结构构件混凝土强度的试件,应在混凝土的浇筑地点随机抽取。取样与试件留置应符合下列规定:

(1)每拌制100盘且不超过100 m^3 的同配合比的混凝土,取样不得少于一次。

(2)每工作班拌制的同一配合比的混凝土不足100盘时,取样不得少于一次。

(3)当一次连续浇筑超过100 m^3 时,同一配合比的混凝土每200 m^3 取样不得少于一次。

(4)每一楼层、同一配合比的混凝土,取样不得少于一次。

(5)每次取样应至少留置一组标准养护试件,同条件养护试件的留置组数应根据实际需要确定。

检验方法:检查施工记录及试件强度试验报告。

对有抗渗要求的混凝土结构,其混凝土试件应在浇筑地点随机取样。同一工程、同一配合比的混凝土,取样不应少于一次,留置组数可根据实际需要确定。

检验方法:检查试件抗渗试验报告。

由于相同配合比的抗渗混凝土因施工造成的差异不大,故规定了对有抗渗要求的混凝土结构应按同一工程、同一配合比取样不少于一次。由于影响试验结果的因素较多,需要时可多留置几组试件。抗渗试验应符合现行国家标准《普通混凝土长期性能和耐久性能试验方法》(GBJ 82)的规定。

混凝土原材料每盘称量的偏差应符合规定。

混凝土运输、浇筑及间歇的全部时间不应超过混凝土的初凝时间。同一施工段的混凝土应连续浇筑,并应在底层混凝土初凝之前将上一层混凝土浇筑完毕。

当底层混凝土初凝后浇筑上一层混凝土时,应按施工技术方案中对施工缝的要求进行处理。

检查数量:全数检查。

检验方法:观察,检查施工记录。

混凝土的初凝时间与水泥品种、凝结条件、掺用外加剂的品种和数量等因素有关,应由试验确定。当施工环境气温较高时,还应考虑气温对混凝土初凝时间的影响。规定混凝土应连续浇筑并在底层初凝之前将上一层浇筑完毕,主要是为了防止扰动已初凝的混凝土而出现质量缺陷。当因停电等意外原因造成底层混凝土已初凝时,则应在继续浇筑混凝土之前,按照施工技术方案对混凝土接槎的要求进行处理,使新旧混凝土结合紧密,保证混凝土结构的整体性。

2. 一般项目

施工缝的位置应在混凝土浇筑前按设计要求和施工技术方案确定。施工缝的处理应按施工技术方案执行。

检查数量:全数检查。

检验方法:观察,检查施工记录。

混凝土施工缝不应随意留置,其位置应事先在施工技术方案中确定。确定施工缝位置的原则为:尽可能留置在受剪力较小的部位;留置部位应便于施工。承受动力作用的设备基础,原则上不应留置施工缝,当必须留置时,应符合设计要求并按施工技术方案执行。

后浇带的留置位置应按设计要求和施工技术方案确定。后浇带混凝土浇筑应按施工技术方案进行。

检查数量:全数检查。

检验方法:观察,检查施工记录。

混凝土后浇带对避免混凝土结构的温度收缩裂缝等有较大作用。混凝土后浇带位置应按设计要求留置,后浇带混凝土的浇筑时间、处理方法等也应事先在技术方案中确定。

混凝土浇筑完毕后,应按施工技术方案及时采取有效的养护措施,并应符合下列规定:

(1)应在浇筑完毕后的 12 h 以内对混凝土加以覆盖并保湿养护。

(2)混凝土浇水养护的时间:对采用硅酸盐水泥、普通硅酸盐水泥或矿渣硅酸盐水泥拌制的混凝土,不得少于 7 d;对掺用缓凝型外加剂或有抗渗要求的混凝土,不得少于 14 d。

(3)浇水次数应能保持混凝土处于湿润状态;混凝土养护用水应与拌制用水相同。

(4)采用塑料布覆盖养护的混凝土,其敞露的全部表面应覆盖严密,并应保持塑料面布内有凝结水。

(5)混凝土强度达到 1.2 N/mm^2 前,不得在其上踩踏或安装模板及支架。

(6)当采用其他品种水泥时,混凝土的养护时间应根据所采用水泥的技术性能确定;混凝土表面不便浇水或使用塑料布时,宜涂刷养护剂;对大体积混凝土的养护,应根据气候条件按施工技术方案采取控温措施。

检查数量:全数检查。

检查方法:观察,检查施工记录。

3.3.4 现浇结构分项工程

现浇结构分项工程以模板、钢筋、预应力、混凝土四个分项工程为依托,是拆除模板后的混凝土结构实物外观质量、几何尺寸检验等一系列技术工作的总称。现浇结构分项工程可按楼层、结构缝或施工段划分检验批。

现浇结构的外观质量缺陷,应由监理(建设)单位、施工单位等各方根据其对结构性能和使用功能影响的严重程度,按表 3-27 的规定。

表 3-27 现浇结构外观质量缺陷

名称	现象	严重缺陷	一般缺陷
露筋	构件内钢筋未被混凝土包裹而外露	纵向受力钢筋有露筋	其他钢筋有少量露筋
蜂窝	混凝土表面缺少水泥砂浆而形成石子外露	构件主要受力部位有蜂窝	其他部位有少量蜂窝
孔洞	混凝土中孔穴深度和长度均超过保护层厚度	构件主要受力部位有孔洞	其他部位有少量孔洞
夹渣	混凝土中夹有杂物且深度超过保护层厚度	构件主要受力部位有夹渣	其他部位有少量夹渣
疏松	混凝土中局部不密实	构件主要受力部位有疏松	其他部位有少量疏松
裂缝	缝隙从混凝土表面延伸至混凝土内部	构件主要受力部位有影响结构性能或使用功能的裂缝	其他部位有少量不影响结构性能或使用功能的裂缝
连接部位缺陷	构件连接处混凝土缺陷及连接钢筋或连接件松动	连接部位有影响结构传力性能的缺陷	连接部位有基本不影响结构传力性能的缺陷
外形缺陷	缺棱掉角、棱角不直、翘曲不平、飞边凸肋等	清水混凝土构件有影响使用功能或装饰效果的外形缺陷	其他混凝土构件有不影响使用功能的外形缺陷
外表缺陷	构件表面麻面、掉皮、起砂、沾污等	具有重要装饰效果的清水混凝土构件有外表缺陷	其他混凝土构件有不影响使用功能的外形缺陷

对现浇结构外观质量的验收,采用检查缺陷,并对缺陷的性质和数量加以限制的方法进行。各种缺陷的限制数量可由各地根据实际情况作出具体规定。当外观质量缺陷的严重程度超过本条规定的一般缺陷时,可按严重缺陷处理。在具体实施中,外观质量缺陷对结构性能和使用功能等的影响程度,应由监理(建设)单位、施工单位等各方共同确定。对于具有重要装饰效果的清水混凝土,考虑到其装饰效果属于主要使用功能,故将其表面外形缺陷、外表缺陷确定为严重缺陷。

现浇结构拆模后,应由监理(建设)单位、施工单位对外观质量和尺寸偏差进行检查,作出记录,并应及时按施工技术方案对缺陷进行处理。

现浇结构拆模后,施工单位应及时会同监理(建设)单位对混凝土外观质量和尺寸偏差进行检查,并作出记录。不论何种缺陷都应及时进行处理,并重新检查验收。

3.3.4.1 外观质量

1. 主控项目

现浇结构的外观质量不应有严重缺陷。

对已经出现的严重缺陷,应由施工单位提出技术处理方案,并经监理(建设)单位认可后进行处理。对经处理的部位,应重新检查验收。

检查数量:全数检查。

检验方法:观察,检查技术处理方案。

外观质量的严重缺陷通常会影响到结构性能、使用功能或耐久性。对已经出现的严重缺陷,应由施工单位根据缺陷的具体情况提出技术处理方案,经监理(建设)单位认可后进行处理,并重新检查验收。

2. 一般项目

现浇结构的外观质量不宜有一般缺陷。

对已经出现的一般缺陷,应由施工单位按技术处理方案进行处理,并重新检查验收。

检查数量:全数检查。

检验方法:观察,检查技术处理方案。

外观质量的一般缺陷通常不会影响到结构性能、使用功能,但有碍观瞻。故对已经出现的一般缺陷,也应及时处理,并重新检查验收。

3.3.4.2 尺寸偏差

1. 主控项目

现浇结构不应有影响结构性能和使用功能的尺寸偏差。混凝土设备基础不应有影响结构性能和设备安装的尺寸偏差。

对超过尺寸允许偏差且影响结构性能和安装、使用功能的部位,应由施工单位提出技术处理方案,并经监理(建设)单位认可后进行处理。对已经处理的部位,应重新检查验收。

检查数量:全数检查。

检验方法:量测,检查技术处理方案。

过大的尺寸偏差可能影响结构构件的受力性能、使用功能,也可能影响设备在基础上的安装、使用。验收时,应根据现浇结构、混凝土设备基础尺寸偏差的具体情况,由监理(建设)单位、施工单位等各方共同确定尺寸偏差对结构性能和安装使用功能的影响程度。对超过尺寸允许偏差且影响结构性能和安装、使用功能的部位,应由施工单位根据尺寸偏差的具体情况提出技术处理方案,经监理(建设)单位认可后进行处理,并重新检查验收。

2. 一般项目

现浇结构和混凝土设备基础拆模后的尺寸偏差应符合表3-28、表3-29的规定。

检查数量:按楼层、结构缝或施工段划分检验批。在同一检验批内,对梁、柱和独立基础,应抽查构件数量的10%,且不少于3件;对墙和板,应按有代表性的自然间抽查10%,且不少于3间;对大空间结构,墙可按相邻轴线高度5 m左右划分检查面,板可按纵、横轴线划分检查面,抽查10%,且均不少于3面;对电梯井,应全数检查;对设备基础,应全数检查。

表 3-28 现浇结构尺寸偏差和检验方法

项目			允许偏差(mm)	检验方法
轴线位置	基础		15	钢尺检查
	独立基础		10	
	墙、柱、梁		8	
	剪力墙		5	
垂直度	层高	≤5 m	8	经纬仪或吊线、钢尺检查
		>5 m	10	经纬仪或吊线、钢尺检查
	全高(*H*)		*H*/1 000 且≤30	经纬仪、钢尺检查
标高	层高		±10	水准仪或拉线、钢尺检查
	全高		±30	
截面尺寸			+8，-5	钢尺检查
电梯井	井筒长、宽对定位中心线		+25	钢尺检查
	井筒全高(*H*)垂直度		*H*/1 000 且≤30	经纬仪、钢尺检查
表面平整度			8	2 m 靠尺和塞尺检查
预埋设施中心线位置	预埋件		10	钢尺检查
	预埋螺栓		5	
	预埋管		5	
预留洞中心线位置			15	钢尺检查

注:检查轴线、中心线位置时,应沿纵、横两个方向量测,并取其中的较大值。

表 3-29 混凝土设备基础尺寸允许偏差和检验方法

项目		允许偏差(mm)	检验方法
坐标位置		20	钢尺检查
不同平面的标高		0，-20	水准仪或拉线、钢尺检查
平面外形尺寸		±20	钢尺检查
凸台上平面外形尺寸		0，-20	钢尺检查
凹穴尺寸		20,0	钢尺检查
平面水平度	每米	5	水平尺、塞尺检查
	全长	10	水准仪或拉线、钢尺检查
垂直度	每米	5	经纬仪或吊线、钢尺检查
	全高	10	
预埋地脚螺栓	标高(顶部)	20,0	水准仪或拉线、钢尺检查
	中心距	±2	钢尺检查

续表 3-29

项目		允许偏差(mm)	检验方法
预埋地脚螺栓孔	中心线位置	10	钢尺检查
	深度	20,0	钢尺检查
	孔垂直度	10	吊线、钢尺检查
预埋活动地脚螺栓锚板	标高	20,0	水准仪或拉线、钢尺检查
	中心线位置	5	钢尺检查
	带槽锚板平整度	5	钢尺、塞尺检查
	带螺纹孔锚板平整度	2	钢尺、塞尺检查

注:检查坐标、中心线位置时,应沿纵、横两个方向量测,并取其中的较大值。

【陕建案例3】 陕西建工某公司承担的×××项目钢筋混凝土施工工序质量控制。

第二节 钢筋工程

1. 钢筋工程的制作加工

(1)本工程主要采用 HPB－300、HRB－335E、HRB－400E 级钢筋,钢筋采用现场加工制作,手工绑扎,钢筋的运输采用现场配备的塔吊,辅以人工搬抬到位。

(2)现场配备钢筋切断机1台、弯曲机2台、调直机2台、套丝机1台。

(3)进场的钢筋必须有产品质量证明书及出厂合格证,并分厂家、分批号、分规格挂牌堆放,并由技术质量部门及时按规定进行见证取样,复试合格后方可使用。对不合格钢筋要坚决予以退场。

(4)钢筋的放样要提前准确地作出钢材原材料进场计划及钢筋配料表;材料部门应按计划及时组织材料进场,材料进场后应通知建设单位、监理单位,联合施工单位进行三方验收,并形成三方联合验收记录。

(5)钢筋加工制作时,要将钢筋加工表与施工图纸复核,检查下料表是否有错误和遗漏,对每种钢筋要按下料表检查是否达到要求,经过这两道检查后,再按下料表放出实样,试制合格后方可成批制作,加工成型的钢筋要按部位编号,分规格堆放整齐,并挂标识牌,以便管理和取用。

(6)钢筋原材及半成品的堆放均位于塔吊的回旋半径之内,便于吊装。

2. 钢筋分项工程的质量验收

1)一般规定

(1)当钢筋的品种、级别或规格需作变更时,应办理设计变更文件。

(2)在浇筑混凝土之前,应进行钢筋隐蔽工程验收。

2)钢筋的原材料的要求

钢筋的原材料应符合下列规定:

(1)钢筋进场时,应按现行国家标准(钢筋混凝土用热轧带肋钢筋)GB1499 等的规定抽取试件作力学性能检验,其质量必须符合有关标准的规定。

(2)对有抗震设防要求的框架结构,纵横向受力钢筋的强度均应满足设计要求。

3)钢筋加工的要求

钢筋加工应符合下列规定:

(1)受力钢筋的弯钩和弯折应符合下列规定:

①HPB300 级钢筋末端应做 180°弯钩,其弯弧内直径不应小于钢筋直径的 2.5 倍,弯钩的弯后平直部分长度不应小于钢筋直径的 3 倍,见图 3-2。

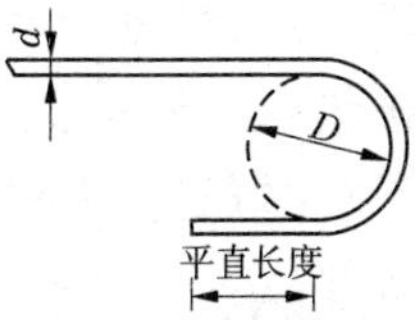

图 3-2 钢筋末端180°弯钩

②当设计要求钢筋末端需做 135°弯钩时,HRB335 级、HRB400 级钢筋的弯弧内直径不应小于钢筋直径的 4 倍,弯钩的弯后平直部分长度应符合设计要求,如图 3-3 所示。

(2)除焊接封闭环式箍筋外,箍筋的末端应做弯钩,弯钩形式应符合设计要求;当设计无具体要求时,应符合下列规定:

①箍筋弯钩的弯弧内直径除应满足其弯弧内直径不应小于钢筋直径的 2.5 倍,弯钩的弯后平直部分长度不应小于钢筋直径的 3 倍规定外,尚应不小于受力钢筋直径。

②箍筋弯钩的弯折角度:对一般结构,不应小于 90°;对有抗震等要求的结构,应为 135°,如图 3-4 所示。

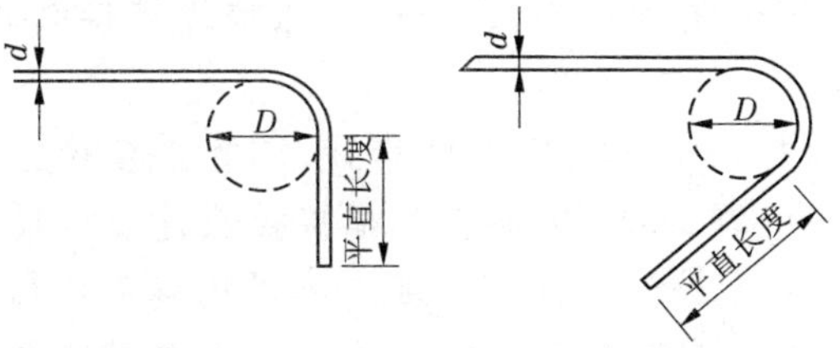

图 3-3 钢筋末端 90°或 135°弯折

图 3-4 箍筋示意图(135°/135°)

③箍筋弯后平直部分长度:对一般结构,不宜小于箍筋直径的 5 倍;对有抗震等要求的结构,不应小于箍筋直径的 10 倍。

(3)钢筋调直宜采用机械方法,也可采用冷拉方法。

(4)钢筋加工的形状、尺寸应符合设计要求,其偏差应符合表 3-30 的规定。

表 3-30 钢筋加工的允许偏差

项 目	允许偏差(mm)
受力钢筋顺长度方向全长的净尺寸	±10
弯起钢筋的弯折位置	±20
箍筋内净尺寸	±5

4)钢筋连接的要求

钢筋连接应符合下列规定:

(1)纵向受力钢筋的连接方式应符合设计要求,直径大于等于 16 的梁板钢筋采用钢筋直螺纹套筒连接,墙柱钢筋采用电渣压力焊。

(2)在施工现场,应按国家现行标准《钢筋机械连接通用技术规程》(JGJ 107)、《钢筋焊接及验收规程》(JGJ 18)的规定抽取钢筋机械连接接头、焊接接头试件作力学性能检验,其质量应符合有关规程的规定。

(3)钢筋的接头宜设置在受力较小处。同一纵向受力钢筋不宜设置两个或两个以上接头。接头末端至钢筋弯起点的距离不应小于钢筋直径的10倍。

(4)当受力钢筋采用机械连接接头或焊接接头时,设置在同一构件内的接头宜相互错开。

纵向受力钢筋机械连接接头及焊接接头连接区段的长度为35d(d为纵向受力钢筋的较大直径)且不小于500 mm,凡接头中点位于该连接区段长度内的接头均属于同一连接区段。

同一连接区段内,纵向受力钢筋的接头面积百分率应符合设计要求;当设计无具体要求时,应符合下列规定:

①在受拉区不宜大于50%。

②接头不宜设置在有抗震设防要求的框架梁端、柱端的箍筋加密区;当无法避开时,对等强度高质量机械连接接头,不应大于50%。

③直接承受动力荷载的结构构件中,不宜采用焊接接头;当采用机械连接接头时,不应大于50%。

(5)同一构件中相邻纵向受力钢筋的绑扎搭接接头宜相互错开,绑扎搭接接头中钢筋的横向净距不应小于钢筋直径,且不应小于25 mm。钢筋绑扎搭接接头连接区段的长度为1.3l_l(l_l为搭接长度),凡搭接接头中点位于该连接区段长度内的搭接接头均属于同一连接区段。同一连接区段内,纵向钢筋搭接接头面积百分率为该区段内有搭接接头的纵向受力钢筋截面面积与全部纵向受力钢筋截面面积的比值。

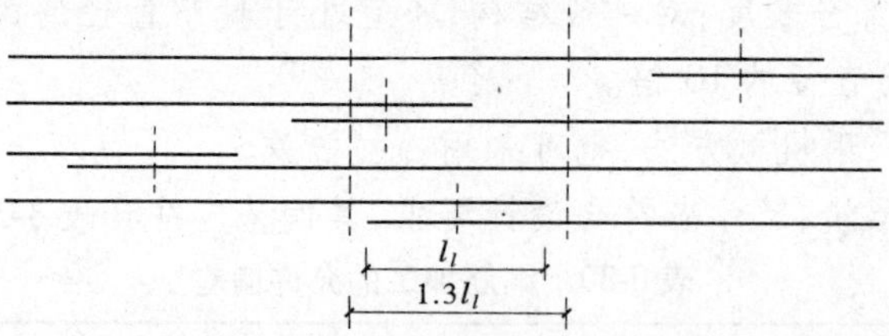

图3-5 钢筋绑扎搭接接头连接区段及接头面积百分率

注:图3-5中所示搭接接头同一连接区段内的搭接钢筋为两根,当各钢筋直径相同时,接头面积百分率为50%。

同一连接区段内,纵向受拉钢筋搭接接头面积百分率应符合设计要求,当设计无具体要求时,应符合下列规定:

①对梁类、板类及墙类构件,不宜大于25%。

②对板类构件,不宜大于50%。

③当工程中确有必要增大接头面积百分率时,对梁类构件,不应大于50%;对其他构件,可根据实际情况放宽。

纵向受力钢筋绑扎搭接接头的最小搭接长度应符合《混凝土结构工程施工质量验收规范》(GB 50204—2002)附录B的规定。

B.0.1 当纵向受拉钢筋的绑扎搭接接头面积百分率不大于25%时,其最小搭接长度应符合表3-31的规定。

表3-31 纵向受拉钢筋的最小搭接长度

钢筋类型	混凝土强度等级				说明
	C20	C25	C30	C35	
HPB235级	39d	34d	30d	28d	当钢筋直径 $d>25$ mm时,其最小锚固长度应按表中数值乘以1.1采用
HRB335级	38d	33d	29d	27d	
HRB400级、RRB400级	—	40d	35d	32d	

注:两根直径不同钢筋的搭接长度,以较细钢筋的直径计算。

B.0.2 当纵向受拉钢筋搭接接头面积百分率大于25%,但不大于50%时,其最小搭接长度应按本附录表B3.0.1中的数值乘以系数1.2取用;当接头面积百分率大于50%时,应按本附录表B.0.1中的数值乘以系数1.35取用。

B.0.3 当符合下列条件时,纵向受拉钢筋的最小搭接长度应根据本附录B.0.1条至B.0.2条确定后,按下列规定进行修正:

①当带肋钢筋的直径大于25 mm时,其最小搭接长度应按相应数值乘以系数1.1取用。

②当在混凝土凝固过程中受力钢筋易受扰动时(如滑模施工),其最小搭接长度应按相应数值乘以系数1.1取用。

③对末端采用机械锚固措施的带肋钢筋,其最小搭接长度可按相应数值乘以系数0.7取用。

④当带肋钢筋的混凝土保护层厚度大于搭接钢筋直径的3倍且配有箍筋时,其最小搭接长度可按相应数值乘以系数0.8取用。

B.0.4 纵向受压钢筋搭接时,其最小搭接长度应根据本附录B.0.1条至B.0.3条的规定确定相应数值后,乘以系数0.7取用。在任何情况下,受压钢筋的搭接长度不应小于200 mm。

(6)在梁、柱类构件的纵向受力钢筋搭接长度范围内,应按设计要求配置箍筋。当设计无具体要求时,应符合下列规定:

①箍筋直径不应小于搭接钢筋较大直径的0.25倍。

②受拉搭接区段的箍筋间距不应大于搭接钢筋较小直径的5倍,且不应大于100 mm。

③受压搭接区段的箍筋间距不应大于搭接钢筋较小直径的10倍,且不应大于200 mm。

④当柱中纵向受力钢筋直径大于25 mm时,应在搭接接头两个端面外100 mm范围内各设置两个箍筋,其间距宜为50 mm。

5)钢筋安装的要求

钢筋安装应符合下列规定:

(1)钢筋安装时,受力钢筋的品种、级别、规格和数量必须符合设计要求。

(2)钢筋安装位置的偏差应符合表 3-32 的规定。

表 3-32　钢筋安装位置的允许偏差和检验方法

项　目			允许偏差(mm)	检验方法
绑扎钢筋网	长、宽		±10	钢尺检查
	网眼尺寸		±20	钢尺量连续三档,取最大值
绑扎钢筋骨架	长		±10	钢尺检查
	宽、高		±5	钢尺检查
受力钢筋	间距		±10	钢尺量两端、中间各一点,取最大值
	排距		±5	
	保护层厚度	基础	±10	钢尺检查
		柱、梁	±5	钢尺检查
		板、墙、壳	±3	钢尺检查
绑扎箍筋、横向钢筋间距			±20	钢尺量连续三档,取最大值
钢筋弯起点位置			20	钢尺检查
预埋件	中心线位置		5	钢尺检查
	水平高差		+3,0	钢尺和塞尺检查

注:1. 检查预埋件中心线位置时,应沿纵、横两个方向量测,并取其中的较大值。

2. 表中梁类、板类构件上部纵向受力钢筋保护层厚度的合格点率应达到 90% 及以上,且不得有超过表中数值 1.5 倍的尺寸偏差。

3. 钢筋电渣压力焊工艺

本工程为剪力墙结构,钢筋断面较大,受力钢筋大多为 HRB400 级钢筋,合理选用钢筋连接方案对保证工程质量、降低工程成本、加快工程施工进度尤为重要。依据本工程实际情况,对于Φ12 ~ Φ14 的竖向钢筋宜采用电渣压力焊连接;为了保证钢筋焊接,机械连接质量,确保每个施工工序受控,对钢筋的电渣压力焊施工工艺介绍如下。

钢筋电渣压力焊接是利用专用焊接机具,通电使两根被焊接钢筋之间形成电弧和熔渣池,将钢筋端部熔化,然后施加压力使钢筋连接形成焊接接头。

1)材料要求

(1)钢筋应有出厂合格证及试验报告,品种和性能应符合有关标准和规范的规定。

(2)焊剂:焊接Ⅱ级钢筋选用 HJ431 焊剂,Ⅲ级钢筋选用 HJ431 型或 HJ330 型焊剂,使用前须经 250 ℃烧焙 1 ~ 2 h 利用回收焊剂重复使用时,应除去熔渣和杂质并经干燥。

2)主要机具设备

主要机具设备有:BX2 – 1000 型弧焊机、焊接夹具、焊剂盒、启动控制筒(包括焊接电压表、电流表、时间继电器及自动报警器)、石棉绳、铁丝球、秒表、无齿锯等。

3)作业条件

焊工应经过培训、考核,取得焊接合格证,可持证上岗。焊接机具设备以及辅助设备准备齐全、完好;使用电源、电压、电流经检查符合施焊要求。已搭设好必要的操作脚手架。钢筋端头已处理好,并清理干净;焊剂已焙烘干燥。

4)施工操作工艺

(1)施焊前,应将钢筋端部120 mm范围内的铁锈、杂质刷净。焊药应经250 ℃烘烤。

(2)钢筋置于夹具钳口内,应使轴线在同一直线上并夹紧,不得晃动,以防上下钢筋错位和夹具变形。

(3)采用手工电流压力焊,宜用直接引弧法,先使上、下钢筋接触,通电后将上钢筋提升2~4 mm,引燃电弧,然后继续提数毫米,待电弧稳定后,随着钢筋的熔化而使上钢筋逐渐下降,此时电弧熄灭,转化为电渣过程,焊接电流通过渣池而产生电阻热,使钢筋端部继续熔化,待熔化留量达到规定数值(30~40 mm)后,控制系统报警时切断电源,用适当压力迅速顶压,使之挤出熔化金属形成坚实接头,冷却1~3 min后,即可打开焊药盒回收焊剂,卸掉夹具,并敲掉熔渣。

(4)采用自动电渣压力焊可采用10~12 mm高铁丝圈引弧,即使焊接电流产生电阻热将铁丝熔化,再提起操作杆,使上下钢筋之间形成2~3 mm的空隙,从而产生电弧。

5)质量标准

(1)保证项目。

钢筋应有出厂质量证明书和试验报告,钢筋的品种和质量、焊剂的型号、性能均必须符合设计要求和有关标准的规定。

(2)检验项目。

钢筋对焊完毕应对全部焊接接头逐个进行外观检查。强度检验以300个同类型接头(同钢筋级别;同钢筋直径)作为一批,取3个试件作拉力试验,其抗拉强度均不得低于该级别钢筋规定的抗拉强度值。

6)成品保护

操作时不能过早拆夹具,以免造成接头弯曲变形。焊后不得敲砸钢筋接头,不准往刚焊完的接头上浇水冷却。焊接时搭好脚手架,不得踩踏已绑好的钢筋。

7)安全措施

电渣压力焊接机具设备的外壳应按零或接地,露天放置的焊机应有防雨遮盖。焊接用电线应采用胶皮绝缘电缆,绝缘性能不良的电缆应严禁使用。焊接变压器要符合安全电压要求,焊接过程中要防止焊剂或焊包铁水外溢伤人。焊工操作应穿工作服,带防护手套与鞋盖,劳保用品应保持干燥。在潮湿地方对焊时,应铺设干燥的木板或橡胶板等绝缘物作垫板。用于电渣焊作业的工作台、脚手架,应搭设牢固、安全。在雨期焊接,设备应有可靠的遮蔽防护措施,电线应保持绝缘良好,焊药应保持干燥,大雨天应禁止焊接施工。

8)施工注意事项

焊接时应加强对电源的维护管理,严禁钢筋接触电源;焊接导线及钳口接线处应有可靠绝缘;变压器和焊机不得超负荷作业。焊接工作电压和焊接时间是两个重要焊接参数,在施焊时不得任意变更参数;以免影响焊接质量。当变换其他品种、规格的钢筋进行焊接时，其焊接工艺的参数亦应相应调整，经试验、鉴定合格后方可采用。焊接用焊剂要妥善存放保管，以防受潮变质，造成气孔多，影响焊接质量。在整个焊接过程中，要认真掌握准焊接通电时间，注意电渣工作电压和电渣工作电压的变化，并根据其变化提升或下降钢筋，使焊接工作电压稳定在规定参数范围内。焊接过程中，如出现较严重的质量通病问题，不能满足使用要求，要分析原因，采取措施及时纠正。

4. 钢筋绑扎

(1) 钢筋绑扎前要先熟悉图纸，并要对操作人员进行技术交底。绑扎前要核对配料表，校对成品钢筋的规格数量、下料长度、几何尺寸等是否与设计相符，发现问题及时解决。

(2) 钢筋的接头、搭接长度、锚固长度以及混凝土保护层等，严格按照图纸设计要求及施工规范施工，钢筋下料长度要求准确无误。

(3) 钢筋的排距、间距、箍筋的间距严格按图纸设计尺寸和数量划线控制，绑扎梁柱箍筋时，弯钩的位置必须错开，箍筋应与主筋垂直，转角与主筋交叉点均要扎牢，平直点与主筋交叉点要隔点扎牢。

(4) 对于形式复杂部位，要事先研究好钢筋的绑扎顺序及其他工种配合的顺序，以减少绑扎困难及避免不必要的返工。

5. 各分项工程钢筋绑扎工艺

1) 基础筏板钢筋绑扎

施工前弹出钢筋位置线，根据底板受力情况，确定下层钢筋哪个方向的钢筋在下面，以确保钢筋绑扎后位置的正确性。钢筋绑扎时，靠近外围两行的相交点每点都绑扎，双向受力钢筋应满绑。底排筋用大理石垫块垫起，间距 800 mm，梅花状布置，确保保护层厚度。绑扎完下层钢筋后，摆放钢筋马凳，马凳筋采用Φ12 钢筋焊成几字型，@1 000 mm。与筏板上、下层筋绑扎固定。根据基础底板的受力特点，上、下层的钢筋接头位置应错开布置，并符合规范规定和设计要求。双排钢筋之间应绑间距支撑钢筋，以保证钢筋的位置。在双排钢筋外侧绑扎砂浆垫块或塑料垫块，以保证保护层的厚度。配合其他工种安装预埋铁管件，预留洞口，其位置、标高均应符合设计要求。

2) 梁钢筋绑扎

(1) 当采用模内绑扎时，首先在主梁模板上按图纸画好箍筋的间距。

(2) 主筋穿好箍筋，按已画好的间距逐个分开→固定弯起筋和主筋→穿次梁弯起筋和主筋并套好箍筋→放主梁架立筋、次梁架立筋→隔一定间距将梁底主筋与箍筋绑住→绑架立筋→再绑主筋。主、次梁同时配合进行。

(3) 箍筋弯钩的叠合处，在梁中应交错绑扎，并与两根架立筋绑扎，悬臂挑梁则箍筋接头在下。

(4) 梁纵向受力钢筋出现双层或多层排列时，两排钢筋之间应垫以Φ25 的短钢筋，当纵向钢筋直径大于 25 mm 时，短钢筋直径规格与纵向钢筋规格相同。

(5) 在主梁、次梁、板交叉处，板的钢筋在上，次梁的钢筋在中层主梁的钢筋在下层。

(6) 主、次梁钢筋绑扎完后，要在主筋下垫好垫块（或塑料卡），以保证主筋保护层厚度。

(7)板、次梁与主梁交叉处,板的钢筋在上,次梁的钢筋在中层,主梁的钢筋在下,当有圈梁或垫梁时,主梁钢筋在上。

(8)框架梁节点处钢筋穿插十分稠密时,应注意梁顶面主筋间的净间距要有留有30 mm,以利灌筑混凝土之需要。

3)板钢筋绑扎

(1)清扫模板上刨花、碎木、电线管头等杂物,用粉笔在模板上画好主筋、分布筋间距。

(2)按画好的间距,先摆受力主筋,后放分布筋,预埋件、电线管、预留孔等及时配合安装。

(3)钢筋的搭接长度应符合设计要求,接头位置应相互错开,在受力钢筋直径30倍区段内,有绑扎接头的受力钢筋截面面积占受力钢筋总截面面积为受拉区不得超过25%,受压区不得超过50%。

(4)板钢筋绑扎一般用顺扣或八字扣,除外围两根钢筋的相交点应全部绑扎(双向板相交点须全部绑扎),如板为双层钢筋,两层筋之间须加钢筋马凳,以确保上部钢筋的位置。

(5)绑扎负弯矩筋,每个扣均要绑扎,负弯矩筋下要架设直径不小于$\phi 10$的钢筋马凳,间距不大于500 mm,最后在主筋下垫砂浆垫块。

(6)板上部的负钢筋(面加筋)要防止被踩下,特别是雨篷、挑檐、阳台等悬臂板,要严格控制负筋位置。

4)楼梯钢筋绑扎

(1)在楼梯段底模上画主筋和分布筋的位置线。

(2)根据设计图纸主筋、分布筋的方向,先绑扎主筋后绑扎分布筋,每个交叉点均绑扎,如果有楼梯梁时,先绑扎梁后绑扎板筋,且板筋要锚固到梁内。

(3)底板筋绑扎完,待踏步模板吊绑支好后,再绑扎踏步钢筋。

(4)主筋接头数量和位置均要符合施工及验收规范要求。

6. 钢筋的定位控制和保护层控制措施

1)墙、柱钢筋位置控制

(1)采用塑料卡环控制墙、柱钢筋保护层厚度。

所有墙、柱钢筋全部采用圆形塑料卡环保护层垫块,间距不大于800 mm,丁字墙暗柱筋、阴阳角暗柱筋在距墙角150 mm处起步安装垫块,以此确保阴阳角处钢筋保护层厚度准确。圆形塑料卡环如图3-6所示。

(2)采用撑杆控制墙体厚度,见图3-7。

(3)采用梯子筋控制墙体水平钢筋位置。

梯子筋制作采用复合式(即采用直径大一号的钢筋预制焊接成梯子筋作为竖向主筋和梯子筋2种功能),用于控制墙体水平筋间距和双排筋净距;当墙体长度>3 m时,每道墙安装不少于3道梯子筋,墙长在3 m以内时,酌情安装。

2)楼板钢筋位置控制

(1)采用马鞍形塑料垫块控制钢筋保护层厚度。

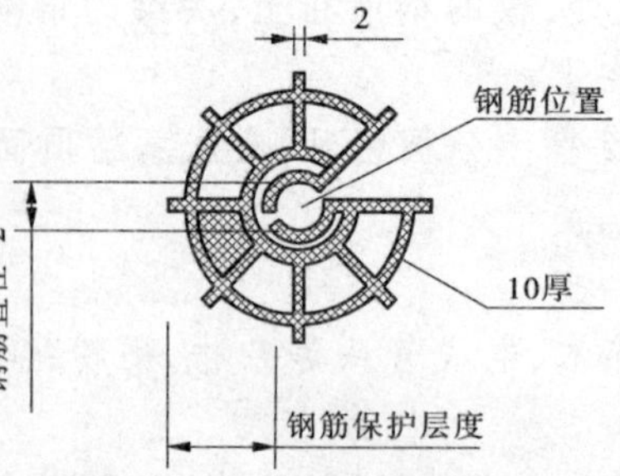

图 3-6　圆形塑料卡环示意图　（单位:mm）

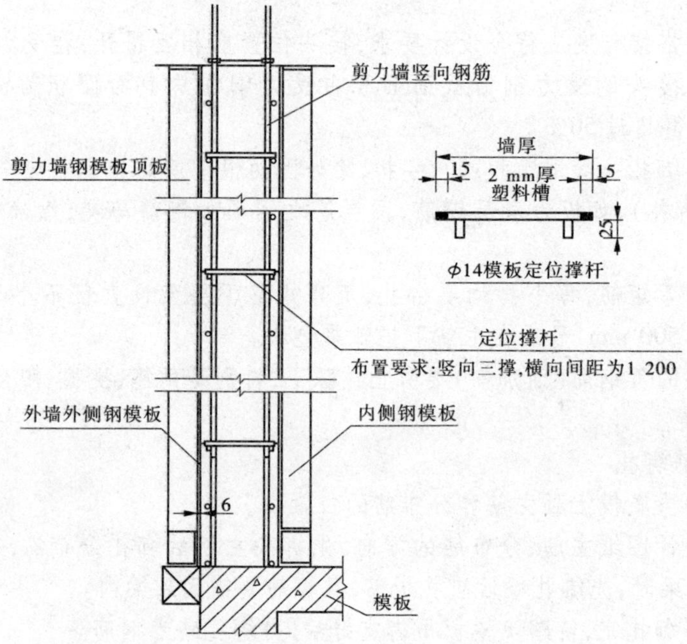

图 3-7　采用撑杆控制墙体厚度　（单位:mm）

楼板、梁底部钢筋均采用马鞍形塑料垫块,间距不大 600 mm 梅花形布置。塑料垫块断面见图 3-8。

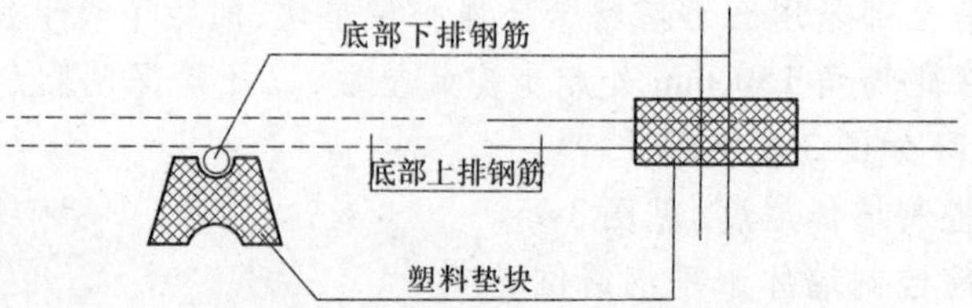

图 3-8　塑料垫块断面示意图

(2)采用钢筋马凳控制钢筋位置。

楼板面筋均采用钢筋马凳,间距不大于 1 000 mm 安放。马凳安装时绑扎固定在板的下层筋上,板底钢筋下垫有 15 mm 塑料垫块。以此确保上、下层钢筋间距及上层筋保护层厚度。

3)起步筋种类及位置

(1)柱箍筋、墙体水平筋以距地面5 cm为第一道起步筋。

(2)墙体竖向筋起步位置为暗柱主筋有效范围外5 cm处。

(3)洞口梁箍筋起步位置为:暗柱内梁箍筋距柱主筋7.50 cm;板梁及顶层墙暗梁满设箍筋。

(4)顶板及楼梯板钢筋起步距墙边100 mm。

7.成品保护措施

(1)顶板浇筑混凝土前,为防止板负弯距筋被踩踏变形,浇筑区摆设竹胶板通道,浇筑混凝土时操作人员站在竹胶板上作业,竹胶板应边浇边挪位。

(2)为防止墙柱浇筑时将甩槎筋污染,造成不必要的钢筋清理,在浇筑混凝土前在上部钢筋上套好塑料套管保护,并在混凝土浇筑完成后对污染筋设专人及时清理。

(3)钢筋绑扎完毕后严禁吊卸重物至楼板上以免使上层钢筋塌陷。

第三节　模板施工方案

1.模板的选择及配置

本工程从地下室开始,墙体模板采用散拼木模板,无高支撑架搭设,梁、顶板模板选用15 mm厚覆膜多层板,模板按3层配置,每层周转5次后更换一次新层板,模板支撑系统地下室采用满堂扣件式钢管脚手架,一层及以上采用插扣式脚手架。

2.墙模板安装

以设计图纸为依据,以镜面多层板为模板,50 mm×100 mm木龙骨。拼装墙体模板,所设龙骨间距为200 mm,先拼装成大块模板,并编号说明该模板的装配位置,运至现场施工点位,进行整段墙体模板安装。墙体模板安装前,按模板所设计的ϕ16孔,用手提钻在模板平面按钻孔要求进行钻孔。墙体模板大概安装好后,施穿加固对穿螺杆、施放垂直于木龙骨的两面双根$\phi 48\times3.5$焊接管,经初步固定设施竖向加固钢管。在钢管外对穿螺杆端部安装蝴蝶卡,螺杆穿双螺帽,进行初步螺杆按钮工作,所设在墙体模板上口拉通长线绳,校正模板平直度。同时拧紧螺帽,然后挂垂直线坠调整模板的垂直度,其模板垂直度墙高的1‰,安装完后自行检查修正,合格后交下道工序。剪力墙模板拆除做好构造设计外,还必须模板面板、龙骨、对穿墙螺杆等各受力部位进行相应的受力计算,验算其各受力杆件能否满足要求及模板的稳定性,否则就调各受力杆件的间距。具体见模板单项施工方案或施工方案。

3. 梁模板支设

梁支模程序:放线→搭设支模架→支梁底模→梁模起拱→绑扎钢筋、安垫块→支梁侧模→固定梁模→支梁、柱节点模板→检查校正→安梁口卡→相邻梁模固定。

梁搭设双排钢管架做为承重架,架子搭设宽度为1 m,立杆间距0.6~0.7 m为宜,梁侧面用钢管及扣件固定,边跨梁支撑采用斜撑钢管挑梁。梁底模和柱部位连接的端部,采用定型木模,中部配以竹胶板,梁侧模和顶板模选用竹胶模,板缝粘贴胶带纸,板内表面刷脱模剂,保证脱模后有清水模板的效果。当梁高小于700 mm时,梁侧可用支撑板模的水平钢管撑，同时用一部分短钢管斜撑，当梁高大于700 mm时，增加对拉螺栓固定，对拉螺栓沿梁高350 mm，横向@800 mm设置一排，保证梁的侧模板不会变形。因梁的截面尺寸较大，梁的自重过大，在梁底增设一排支撑立杆，以消除梁底模变形。梁底模按规定起拱，框架梁底模按1‰～3‰跨长起拱。相应的次梁按起拱高度提高底模。

4. 现浇板模板支设

板支模程序：复核板底标高→搭设支模架→安放支模龙骨→安装模板→安装柱、梁节点模板→安放预埋件及预留孔模等→检查校正→交付。

现浇板采用满堂钢管架支撑，立柱沿横向对齐，搭成排架形式。现浇板模板支设采用木龙骨和镜面板，木龙骨栅排放在钢管支撑架上帽头之上，间距不大于30 cm。木龙骨采用50 mm×100 mm方木，竹胶合板采用16 mm厚镜面板。支设现浇板模板时，先将梁板标高固定死，然后拉线排列方木，方木垫平后再铺胶合板。框架梁及现浇板模板待混凝土强度达到设计强度的75%才能拆除。

5. 满堂架搭设要求

(1)满堂架下面所用的竹胶板垫块，应使用下脚料制作，制作规格为200 mm×200 mm严禁使用大块模板制作。

(2)满堂架立杆间距$L\leqslant 800$ mm，48 mm钢管搭设，水平杆不得少于3道，扫地杆一道，中间杆一道，梁底杆一道。以及加设剪刀撑。

(3)架体的整体性与稳定性构造：

①立杆：架体设纵横向扫地杆，扫地杆设在基础上平面200 mm处的立杆上，用十字扣件固定在立杆上，立杆之间必须按步距满设双向水平杆，确保两方向足够的设计刚度。立杆接头要错开不设在同一层面上，立杆下端与垫木间增加木楔，用来调整立杆沉降不匀。

②水平杆：纵横向水平杆用直角扣件固定在立杆上，扣件的拧紧力矩控制在45～60 N·m，水平杆在转角处必须交圈(形成井字形结构)；水平杆接长时，相邻两接头不在同步同跨内。不同步、不同跨，两个接头在高度方向错开的距离不宜小于500 mm。

③剪刀撑设置：沿假体周边及内部纵、横向每5～8 m设置连续的纵横向剪刀撑，如果由于房间墙体布局无法设置联通的剪刀撑，必须在每个房间内部架体设置两个方向的剪刀撑以及水平的剪刀撑。

6. 模板支设的质量要求

(1)模板的搭设必须准确掌握构件的几何尺寸，保证轴线位置的准确。

(2)浇筑前应检查承重架及加固支撑扣件是否拧紧。模板的安装误差应严格控制在允许范围内，超过允许值必须较正。

(3)当梁、板跨度≥4 m时，其模板应按跨度的1‰～3‰起拱。

(4)在涂刷模板隔离剂时，不得沾污钢筋和混凝土接槎处。

(5)底模及其支架拆除时的混凝土强度应符合设计要求；当设计无具体要求时，混凝土拆模强度应符合表3-33的规定。

表 3-33

构件	跨度(m)	拆模强度(按设计百分比率计)
楼板	≤2	≥50
	>2,≤8	≥75
	>8	≥100
梁	≤8	≥75
	>8	≥100
悬挑构件	—	≥100

(6)模板接缝不应漏浆,模板与混凝土的接触面应清理干净并涂刷脱模剂,不得采用影响结构性能或妨碍装饰工程施工的脱模剂。

(7)模板拆除时,不应对楼层形成冲击荷载。拆除的模板和支架宜分散堆放。

(8)现浇结构模板安装的允许偏差及检验方法见表 3-34。

表 3-34 现浇结构模板安装的允许偏差及检验方法

项目		允许偏差(mm)	检验方法
轴线位置		5	钢尺检查
底模上表面标高		±5	水准仪或拉线、钢尺检查
截面内部尺寸	基础	±10	钢尺检查
	柱、墙、梁	+4,-5	钢尺检查
层高垂直度	不大于 5 m	6	经纬仪或吊线、钢尺检查
	大于 5 m	8	经纬仪或吊线、钢尺检查
相邻两板表面高低差		2	钢尺检查
表面平整度		5	2 m 靠尺和塞尺检查

7. 产品防护

(1)吊装模板时应轻起轻放,不准碰撞结构、外架等处,同时也防止模板变形。

(2)拆模时不得用大锤硬砸或撬棍硬撬,以免损伤混凝土表面和棱角。

(3)不得把模板集中堆放在楼层上,防止因荷载集中而产生楼板裂缝。

8. 危险源控制措施

(1)高处作业必须搭设安全操作平台,并系好安全带。

(2)拆模时应有专人看护,设围栏,明显标识,非操作人员不得入内,操作人员应站在安全处。

(3)模板堆放时,高度不得超过 1.5 m。

(4)堆放模板的场地应坚实平整,若在楼面上堆放,应符合楼板承载力,防止因荷载过大产生楼板裂缝。

第Ⅰ条　混凝土工程

本工程结构混凝土强度等级为C15～C30,其中垫层为C15,构造柱、填充墙水平系梁、圈梁混凝土强度等级为C30,其余为C25。基础、地下室顶板、底板及外墙、消防水池、高位水箱均采用抗渗等级为P6的C30混凝土。

本工程采用商品混凝土,采用泵送混凝土,泵送混凝土坍落度应控制在16±2 cm。

1.商品混凝土生产厂家的选择

(1)考察混凝土生产厂家的供应能力包括机械设备运转情况、运输能力、混凝土原材料质量、混凝土试验水平、试配后各项技术指标、单价等多项因素。

(2)混凝土供应合同签订。

在混凝土供应合同中要明确以下技术质量保证条件:水泥品种、强度等级、骨料品种、粒径要求、外加剂品种、配合比要求、强度保证、供应连续性要求、供应数量保证、坍落度保证、技术资料要求、抗渗及其他特殊要求等。

2.商品混凝土进场管理

(1)质保资料管理:所有应提供的原材出厂合格证、检验报告、配合比等质保资料应随第一车混凝土送至现场,由现场材料员检查验收。

(2)小票管理:混凝土小票是分析混凝土浇筑时间是否满足初凝要求的技术资料和凭证,必须记录商品混凝土的出站时刻、到站时刻、开始浇筑时刻、浇筑完毕时刻,计算混凝土罐车路上运输时间、现场等待时间、浇筑时间、每罐混凝土总耗用时间、发车间歇时间、前车混凝土最长裸露时间等。便于施工中混凝土控制、混凝土质量问题的分析。

(3)派专人至搅拌站进行过程监督并做好记录。重点监控计量设备精度,砂石含泥量,外加剂掺量。

(4)做好现场检验及试验:坍落度每车必检,允许偏差±20 mm,不合格严禁使用。在混凝土罐车出料口由监理工程师见证取样,制作混凝土试块。

送现场标样室养护和同条件养护。

3.作业条件

(1)隐蔽验收项目:钢筋工程隐蔽、模板工程的预检、安装工程预留预埋等项目已经监理单位及建设单位验收签认,混凝土浇筑令由项目管理人员会签并经监理工程师签认完毕。

(2)机械设备:混凝土浇筑中所用机械设备已调试就位,机具(包括振捣棒、电箱、照明灯等)已安排就位。

(3)场地准备:考虑施工要求安排场地路线,道路上杂物已清理排除,以满足混凝土罐车和泵车停放要求和行走通畅。

(4)人员准备:管理人员和施工操作人员(包括试验、水电工等)已安排就位,并向施工操作人员进行详细的技术安全交底。

(5)试验准备:准备好试验器具、试块模具以及其他有关工具。

(6)其他:模板内的垃圾、木屑等已清除干净,钢筋上的油污已清理干净,模板已浇水湿润。

4. 混凝土运输

混凝土运输前,混凝土公司要根据混凝土浇筑的小时需求量,制订专门的运输方案,并保持搅拌站、浇筑地点、运输中途密切的联系。

5. 混凝土的泵送

(1)混凝土泵操作人员应进行严格培训,考试合格方准上岗操作。混凝土泵的布置:力求靠近混凝土浇筑地点,以缩短配管长度。

(2)混凝土泵启动后,先泵送适量的水,以湿润混凝土泵的料斗、活塞及输送管的内壁等直接与混凝土接触的部位,严禁将水打入浇筑部位,然后泵送与所要泵送的混凝土相同成分的无粗骨料的润管砂浆。

(3)混凝土保证连续供应,以确保泵送连续进行,尽可能防止停歇。万一不能连续供料,宁可放慢泵送速度,以保证连续泵送。

(4)在高温条件下施工,应在水平输送管上覆盖两层湿草帘,以防止直接日照,并要求每隔一定时间洒水润湿,这样能使管道内的混凝土不至于吸收大量热量而失水导致管道堵塞,影响泵送。

(5)泵送即将结束前,计算好混凝土的需用量,及时告知混凝土搅拌站,避免剩余过多混凝土。

(6)泵送完毕,将混凝土泵和输送管清洗干净,并对泵车进行检查、维修、保养,混凝土输送管堆放整齐,接头配件入库保管。清洗水排入临近沉淀池。

(7)泵送混凝土时,如果需要接长输送管长于3 m,应预先用水泥砂浆湿润内壁。泵送中不得把拆下的泵管内的混凝土撒落在未浇筑的地方。

(8)泵送完毕时,将混凝土泵和输送管清洗干净。清洗水排入附近沉淀池。混凝土泵管堆放整齐。

6. 混凝土成型后板面裂缝的控制措施

(1)由于商品混凝土坍落度较大,混凝土在终凝前必须进行二次抹压,并及时覆盖塑料薄膜以达到保温保湿的效果,预防板面裂缝。

(2)如何从抹面操作上预防现浇楼板裂缝。在许多工程实践中,我们深刻认识到混凝土的"二次抹压工艺"是解决这一问题的有效途径。

(3)对于混凝土养护,要看作与混凝土浇捣工作等同重要的工作来认识,特别对于夏季混凝土的浇水养护和冬季的保温养护要严格按照施工组织要求执行。

7. 混凝土的浇筑

1)混凝土布料方式

在地下室及主体浇筑阶段:混凝土泵送,用水平输送管布料,连续浇筑,混凝土中不留下任何"冷接头"施工缝。

2)防止泵送堵塞

加强混凝土的级配管理和坍落度控制,确保混凝土可泵性。在整个施工过程中每隔3~4 h进行一次检查,发现坍落度有偏差时,及时与搅拌站联系加以调整。

3)基础、梁板混凝土的浇筑方法及振捣

(1)浇筑:

对基础底板、梁墙板的浇筑顺序为:"分段定点,一个坡度,薄层浇筑,循序推进,一次到顶的方法”。分层厚度不大于500 mm，实行两班制昼夜不停连续施工，见图3-9。

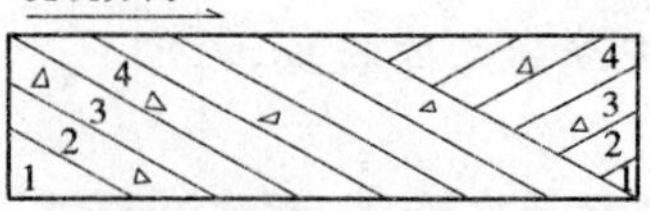

图3-9 混凝土浇筑示意图

(2)振捣：

基础底板、梁墙板，根据混凝土泵送时自然形成一个坡度的实际情况，在每个浇筑带的前、后布置两道振动器，第一道布置在混凝土的卸料点，解决上部混凝土的捣实。第二道布置在混凝土坡中间，确保下部混凝土的密实。随混凝土浇筑工作的向前推进，振动器也相应跟上，以确保整个高度的混凝土质量，见图3-10。

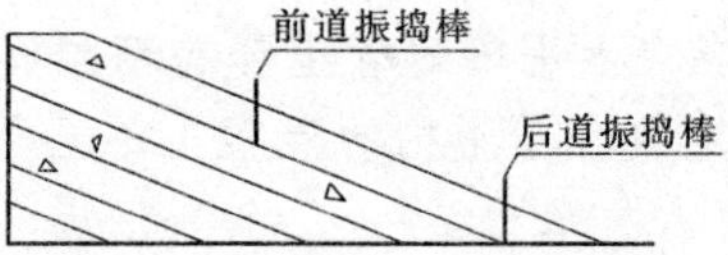

图3-10 混凝土振捣示意图

3)墙混凝土浇筑

浇筑前底部先填以5～10 cm与原混凝土配合比相同的减半石子混凝土。混凝土分层振捣，使用插入式振动器，每层厚度不大于50 cm，振动棒不能触动钢筋和预埋件。除上面振捣外，下面要有人随时敲打模板。

4)混凝土的表面处理及养护

在混凝土浇筑结束后要认真处理混凝土表面，地面坡度、标高、平整度应符合规范的要求，各层表面对平面或设计坡度的允许偏差不大于房间相应尺寸的0.2%，且最大不超过30 mm。

中雨天严禁浇筑混凝土，对刚浇筑完毕的混凝土表面应及时用塑料薄膜覆盖。

8.试块的留置

本工程采用的是商品混凝土，根据划分的流水段，以同一浇筑部位、同一强度等级、同一配合比、同一工作台班，每100 m^3 混凝土为一取样单位，不足100 m^3 时也按一取样单位计算，每一取样单位留置一组28 d强度的标养试块。

每次取样留置标准试件的同时，同条件养护试件的留置组数根据实际需要确定。

9.施工中应注意的其他问题

(1)在施工前对所使用的原材料进行试验，并根据原材料进行混凝土试配，以确定混凝土配合比；在搅拌时，设专人监督检查，把好原材料质量关，并严格按混凝土配合比上料，确保强度符合设计要求。

(2)对首次使用的混凝土配合比应进行开盘鉴定，其工作性应满足设计配合比的要求。

(3)根据施工现场一次性混凝土浇筑量及输送泵台数，合理调配搅拌车，保证混凝土能满足施工现场浇灌的进度要求。

(4)为防止混凝土堵塞输送泵管，在混凝土输送前，应先用同配合比一致的水泥砂浆润滑管道。

(5)施工缝的位置应在混凝土浇筑前按设计要求和施工技术方案确定。

(6)混凝土工在拆除管道时,管内混凝土严禁乱倒形成局部冷缝,应搬至浇筑区外进行处理,同时搬移管道或其他机具时,应在固定的夹板通道上行走,禁止乱挪乱扔撞击钢筋,以免发生钢筋松绑或位移等不良现象的发生。

(7)在浇筑混凝土时,如遇大雨,应及时对未凝固的混凝土采取覆盖遮雨措施,防止水泥砂浆的流失,对未成型的混凝土应振捣密实。

子任务3.4 防水工程施工质量控制

建筑工程防水是建筑产品的一项重要功能,它关系到建筑物的使用寿命、使用环境及卫生条件,影响到人们的生产活动、工作及生活质量。防水工程在建筑施工中属关键项目且是隐蔽工程,在保证工程质量上具有重要地位。建筑物的防水工程按其构造做法可分为两大类,即刚性防水和柔性防水。刚性防水又可分为结构构件的自防水和刚性防水材料防水,结构构件的自防水主要是依靠建筑物构件(如屋面板、墙体、底板等)材料自身的密实性及某些构造措施(如坡度、伸缩缝并辅以油膏嵌缝、埋设止水带等),起到自身防水的作用;刚性防水材料防水则是在建筑构件上抹防水砂浆、浇筑掺有外加剂的细石混凝土或预应力混凝土等以达到防水的目的。柔性防水则是在建筑构件上使用柔性材料(如铺设防水卷材、涂膜防水涂料等)做防水层。按建筑工程不同部位,又可分为屋面防水、地下防水、卫生间防水等。近年来,新型防水材料及其应用技术发展迅速,并由多层向单层、由热施工向冷施工、由适用范围单一向适用范围广泛的方向发展。

3.4.1 屋面防水工程施工控制

3.4.1.1 屋面防水工程基本规定

屋面防水工程应根据建筑物的类别、重要程度、使用功能要求确定防水等级,并应按相应等级进行防水设防;对防水有特殊要求的建筑屋面,应进行专项防水设计。屋面防水等级和设防要求应符合表3-35的规定。

表3-35 屋面防水等级和设防要求

防水等级	建筑类别	设防要求	合理使用年限
Ⅰ级	重要建筑和高层建筑	两道防水设防	20年
Ⅱ级	一般建筑	一道防水设防	10年

注:新规范对屋面防水等级和设防要求作了较大的修订。原规范对屋面防水等级分为四级,Ⅰ级为特别重要或对防水有特殊要求的建筑,由于这类建筑极少采用,本次修订作了“对防水有特殊要求的建筑屋面,应进行专项防水设计”的规定;原规范Ⅳ级为非永久性建筑,由于这类建筑防水要求很低,本次修订给予删除,故本条根据建筑物的类别、重要程度、使用功能要求,将屋面防水等级分为Ⅰ级和Ⅱ级,设防要求分别为两道防水设防和一道防水设防。

根据不同的屋面防水等级和防水层合理使用年限,分别选用高、中、低档防水材料,进行一道或多道设防,作为设计人员进行屋面工程设计时的依据。屋面防水层多道设防时,可采用同种卷材或涂膜复合等。所谓一道防水设防，是具有单独防水能力的一个防水层次。

屋面工程应根据工程特点、地区自然条件等，按照屋面防水等级的设防要求，进行防水构造设计，重要部位应有详图；对屋面保温层的厚度，应通过计算确定。

屋面工程施工前，施工单位应进行图纸会审，并应编制屋面工程施工方案或技术措施。

屋面工程施工时，应建立各道工序的自检、交接检和专职人员检查的“三度，并有完整的检查记录。每道工序完成，应经监理单位（或建设单位）检查验收，方可进行下道工序的施工。

屋面工程各道工序之间，常常因上道工序存在的问题未解决，而被下道工序所覆盖，给屋面防水留下质量隐患。因此，必须加强按工序、层次进行检查验收，即在操作人员自检合格的基础上，进行工序间的交接检和专职质量人员的检查，检查结果应有完整的记录，然后经监理单位（或建设单位）进行检查验收后，方可进行下一工序的施工，以达到消除质量隐患的目的。

防水工程施工，实际上是对防水材料的一次再加工，必须由防水专业队伍进行施工，才能确保防水工程的质量。屋面工程的防水层应由经资质审查合格的防水专业队伍进行施工。作业人员应持有当地建设行政主管部门颁发的上岗证。作业队伍所指的是由当地建设行政主管部门对防水施工企业的规模、技术水平、业绩等综合考核后颁发资质证书的防水专业队伍。操作人员应经过防水专业培训，达到符合要求的操作技术水平，由当地建设行政主管部门发给上岗证。对非防水专业队伍或非防水工施工的，当地质量监督部门应责令其停止施工。

屋面工程所采用的防水、保温隔热材料应有产品合格证书和性能检测报告，材料的品种、规格、性能等应符合现行国家产品标准和设计要求。防水、保温隔热材料除有产品合格证和性能检测报告等出厂质量证明文件外，还应有经当地建设行政主管部门所指定的该产品抽样检验认证的试验报告，其质量必须符合国家产品标准和设计要求。为了控制防水、保温材料的质量，对进入现场的材料应按有关规定进行抽样复试。如发现不合格的材料已进入现场，应责令其清退出场，决不允许使用到工程上。

当下道工序或相邻工程施工时，对屋面已完成的部分应采取保护措施。对屋面工程的成品保护是一个非常重要的问题，很多工程在屋面施工完后，又上人去进行其他作业，如安装天线、安装广告支架、堆放脚手架工具等，造成防水层的局部破坏而出现渗漏。所以，对于防水层施工完成后的成品保护应引起重视。伸出屋面的管道、设备或预埋件等，不得在其上凿孔打洞或重物冲击。如果在防水层施工完毕后再上人去安装，从而易导致屋面渗漏。应在防水层施工前安设完毕。屋面防水层完工后凿孔打洞或重物冲击，都会破坏防水层的整体。屋面工程完工后，应按规范的有关规定对细部构造、接缝、保护层等进行外观检验，并应进行淋水或蓄水检验。

屋面工程必须做到无渗漏，才能保证使用的要求。无论是防水层本身还是屋面细部构造，通过外观检验只能看到表面的特征是否符合设计和规范的要求，肉眼看不出是否会渗漏。只有经过雨后或持续淋水 2 h 后，使屋面处于工作状态下经受实际考验，才能检验出屋面工程是否有渗漏。有可能作蓄水检验的屋面，其蓄水时间不应小于24 h。屋面的保温层和防水层严禁在雨天、雪天和五级风及以上时施工。施工环境气温宜符合表3-36的要求。

表3-36 屋面保温层和防水层施工环境气温

项目	施工环境气温
黏结保温层	热沥青不低于 -10 ℃，水泥砂浆不低于5 ℃
沥青防水卷材	不低于5 ℃
高聚物改性沥青防水卷材	冷粘法不低于5 ℃；热熔法不低于 -10 ℃
合成高分子防水涂料	冷粘法不低于5 ℃；热风焊接法不低于 -10 ℃
高聚物改性沥青防水涂料	溶剂型不低于 -5 ℃，水溶型不低于5 ℃
合成高分子防水涂料	溶剂型不低于 -5 ℃，水溶型不低于5 ℃
刚性防水层	不低于5 ℃

屋面工程各子分部工程和分项工程的划分应符合表3-37的要求。

表3-37 屋面工程各子分部工程和分项工程的划分

分部工程	子分部工程	分项工程
屋面工程	卷材防水屋面	保温层、找平层、卷材防水层，细部构造
	涂膜防水屋面	保温层、找平层、涂膜防水层，细部构造
	刚性防水层面	细石混凝土防水层，密封材料嵌缝，细部构造
	瓦屋面	平瓦屋面，油毡瓦屋面，金属板材屋面，细部构造
	隔热屋面	架空屋面，蓄水屋面，种植屋面

屋面工程各分项工程的施工质量检验批量应符合下列规定：

（1）卷材防水屋面、涂膜防水屋面、刚性防水屋面、瓦屋面和隔热屋面工程，应按屋面面积每100 m^2 抽查一处，每处10 m^2，且不得少于3处。

（2）接缝密封防水，每50 m应抽查一处，每处5 m，且不得少于3处。

（3）细部构造根据分项工程的内容，应全部进行检查。细部构造是屋面工程中最容易出现渗漏的薄弱环节。据调查，在渗漏的屋面工程中，70%以上是节点渗漏。所以，细部构造的每一处都是不允许渗漏的。如水落口不管有多少个，一个也不允许渗漏；天沟必须保证纵向找坡符合设计要求，才能排水畅通。

3.4.1.2 卷材防水屋面工程

1. 屋面找平层的基本要求

适用于防水层基层采用水泥砂浆、细石混凝土或沥青砂浆的整体找平层。卷材屋面防水层要求基层有较好的结构整体性和刚度，目前大多数建筑均以钢筋混凝土结构为主，故应采用水泥砂浆、细石混凝土找平层或沥青砂浆找平层作为防水层的基层。

找平层的厚度和技术要求应符合表 3-38 的规定。

表 3-38　找平层的厚度和技术要求

类别	基层各类	厚度(mm)	技术要求
水泥砂浆找平层	整体混凝土	15~20	1:2.5~1:3(水泥:砂)体积比,水泥强度等级不低于32.5级
	整体或板状材料保温层	20~25	
	装配式混凝土板,松散材料保温层	20~30	
细石混凝土找平层	松散材料保温层	30~35	混凝土强度不低于C20
沥青砂浆找平层	整体混凝土	15~20	1:8(沥青:砂)质量比
	装配式混凝土板,整体或板状材料保温层	20~25	

找平层的基层采用装配式钢筋混凝土板时,应符合下列规定:

(1)板端、侧缝应用细石混凝土灌缝,其强度等级不应低于 C20。

(2)板缝宽大于 40 mm 或上窄下宽时,板缝内应设置构造钢筋。板端缝应进行密封处理。当板缝过宽或上窄下宽时,灌缝的混凝土干缩受振动后容易掉落,故需在缝内配筋。板端缝处是变形最大的部位,板在长期荷载下的挠曲变形会导致板与板间的接头缝隙增大,故强调此处必须进行密封处理。

(3)找平层的排水坡度应符合设计要求。平屋面采用结构找坡不应小于 3%,采用材料找坡宜为 2%;天沟、檐沟纵向找坡不应小于 1%,沟底水落差不得超过 200 mm。

屋面防水应以防为主,以排为辅。在完善设防的基础上,应将水迅速排走,以减少渗水的机会,所以正确的排水坡度很重要。平屋面在建筑功能许可情况下应尽量做成结构找坡,坡度应尽量大些,坡度过小施工不易准确,所以规定不应小于 3%。材料找坡时,为了减轻屋面负荷,坡度规定宜为 2%。天沟、檐沟的纵向坡度不能过小,否则施工时找坡困难而造成积水,防水层长期被水浸泡会加速损坏。沟底的落差不超过 200 mm,即水落口离天沟分水线不得超过 20 m 的要求。

(4)基层与突出屋面结构(女儿墙、山墙、天窗壁、变形缝、烟囱等)的交接处和基层的转角处,找平层均应做成圆弧形,圆弧半径应符合要求。内部排水的水落口周围,找平层应做成略低的凹坑。

基层与突出屋面结构的交接处以及基层的转角处是防水层应力集中的部位,转角处圆弧半径的大小会影响卷材的粘贴;沥青卷材防水层的转角处圆弧半径仍沿用过去传统的做法,而高聚物改性沥青防水卷材和合成高分子防水卷材柔性好且薄,因此防水层的转角处圆弧半径可以减小。

(5)找平层宜设分格缝,并嵌填密封材料。分格缝应留设在板端缝处,其纵横缝的最大间距:水泥砂浆或细石混凝土找平层,不宜大于 6 m;沥青砂浆找平层,不宜大于 4 m。

2. 主控项目

找平层的材料质量及配合比,必须符合设计要求。屋面(含天沟)找平层的排水坡度,必须符合设计要求。

检验方法:用水平仪(水平尺)、拉线和尺量检查。

在调研中发现平屋面(坡度3% ~5%)、天沟,由于排水坡度过小或找坡不正确,常会造成屋面排水不畅或积水现象。基层找坡正确,能将屋面上的雨水迅速排走,延长了防水层的使用寿命。

基层与突出屋面结构的交接处和基层的转角处,均应做成圆弧形,且整齐平顺。

检验方法:观察和尺量检查。

水泥砂浆、细石混凝土找平层应平整砂浆找平层不得有拌和不匀、蜂窝现象。

检验方法:观察检查。压光,不得有酥松、起砂、起皮现象。

由于目前一些施工单位对找平层质量不够重视,致使水泥砂浆、细石混凝土找平层的表面有酥松、起砂、起皮和裂缝现象,直接影响防水层和基层的粘贴质量或导致防水层开裂。对找平层的质量要求,除排水坡度满足设计要求外,并规定找平层要在收水后二次压光,使表面坚固、平整;水泥砂浆终凝后,应采取浇水、覆盖浇水、喷养护剂、涂刷冷底子油等手段充分养护,保护砂浆中的水泥充分水化,以确保找平层质量。

沥青砂浆找平层,除强调配合比准确外,施工中应注意拌和均匀和表面密实。找平层表面不密实会产生蜂窝现象,使卷材胶结材料或涂膜的厚度不均匀,直接影响防水层的质量。

找平层分缝的位置和间距应符合设计要求。

检验方法:观察和尺量检查。

调查分析认为,卷材、涂膜防水层的不规则拉裂,是由于找平层的开裂造成的,而水泥砂浆找平层的开裂又是难以避免的。找平层合理分格后,可将变形集中到分格缝处。规范规定找平层分格缝应设在极端缝处,其纵横缝的最大间距:水泥砂浆或细石混凝土找平层,不宜大于6 m;沥青砂浆找平层,不宜大于4 m。因此,找平层分格缝的位置和间距应符合设计要求。

找平层表面平整度的允许偏差为5 mm。

检验方法:用2 m靠尺和楔形塞尺检查。

3.4.1.3　屋面保温层

1. 基本规定

(1)适用于松散、板状材料或整体现浇(喷)保温层。

(2)保温层应干燥,封闭式保温层的含水率应相当于该材料在当地自然风干状态下的平衡含水率。

保温材料受潮后,其孔隙中存在水蒸气和水,而水的热导率($A=0.5$)比静态空气的热导率($A=0.02$)要大20多倍,因此材料的热导率也必然增大,若材料孔隙中的水分受冻成冰,冰的热导率($A=2.0$)相当于水的热导率的4倍,则材料的热导率更大。研究试验表明,当材料的含水率增加1%时,其热导率则相应能够增大5%左右,而当材料的含水率从干燥状态(含水率$m=0$)增加到20%时,其热导率则几乎增大一倍。还需特别指出的是:材料在干燥状态下,其热导率是随温度的降低而减少;而在潮湿状态下,当温度降到0 ℃以下,其中的水分冷却成冰,则材料的热导率必然增大。

含水率对热导率的影响颇大,特别是负温度下使热导率增大更快,为保证建筑物的保温效果,就有必要规定保温层含水率限值。保温材料在自然环境下,因空气的湿度而具有一定的含水率。由于每一个地区的环境湿度不同，定出一个统一含水率标准是不可能的，因此，只要将自然干燥不浸水的保温材料用于保温层就可以了。

(3)屋面保温层干燥有困难时，应采用排气措施。

当屋面保温层(指正置式或封闭式)含水率过大且不易干燥时，则应该采取措施进行排气。排气目的是：①因为保温材料含水率过大，保温性能降低，达不到设计要求；②当气温升高，水分蒸发，产生气体膨胀后使防水层鼓泡而破坏。

(4)倒置式屋面应采用吸水率小、长期浸水不腐烂的保温材料。保温层上应用混凝土等块材、水泥砂浆或卵石做保护层；卵石保护层与保温层之间，应干铺一层无纺聚酯纤维布做隔离层。

倒置式屋面是将保温层置于防水层的上面，保温层的材料必须是低吸水率的材料和长期浸水不腐烂的材料。目前符合上述要求的有闭孔泡沫玻璃、聚苯(即聚苯乙烯)泡沫板、硬质聚氨酯泡沫板几种保温材料。倒置式屋面保温层直接暴露在大气中，为了防止紫外线的直接照射和人为的损害，以及防止保温层泡水后上浮，故在保温层上应采用混凝土块、水泥砂浆或卵石做保护层。

(5)松散材料保温层施工应符合下列规定：

铺设松散材料保温层的基层应平整、干燥和干净。保温层含水率应符合设计要求。松散保温材料应分层铺设并压实，压实的程度与厚度应经试验确定。保温层施工完成后，应及时进行找平层和防水层的施工；雨季施工时取遮盖措施。

(6)板状材料保温层施工应符合下列规定：

板状材料保温层的基层应平整、干燥和干净。板状保温材料应紧靠在需保温的基层表面上，并应铺平垫稳。分层铺设的板块上下层接缝应相互错开；板间缝隙应采用同类材料嵌填密实。粘贴的板状保温材料应贴严、粘牢。板状保温材料也要求基层干燥，铺时要求基层平整，避免冷桥。

(7)整体现浇(喷)保温层施工应符合下列规定：

铺板要平，缝隙要严，避免产生沥青膨胀蛭石、沥青膨胀珍珠岩宜用机械搅拌，并应色泽一致，无沥青团；压实程度根据试验确定，其厚度应符合设计要求，表面应平整。硬质聚氨酯泡沫塑料应按配比准确计量，发泡厚度均匀一致。整体现浇(喷)保温层施工主要有两种材料，一种是沥青膨胀蛭石(珍珠岩)，一种是聚氨酯颗粒，它们都是吸水率低的材料。而水珍珠岩、水泥蛀石施工后，其含水率可高达100%以上，且吸水率也很大，不能保证功能，故目前淘汰使用。保证现浇保温层质量的关键，是表面平整和厚度满足设计要求。

2. 主控项目

(1)保温材料的堆积密度或表观密度要求。热导率以及板材的强度、吸水率，必须符合设计要求。

检验方法：检查出厂合格证、质量检验报告和现场抽样复验报告。

(2)保温层的含水率必须符合设计要求。

检验方法：检查现场抽样检验报告。

3. 一般项目

(1)保温层的铺设应符合下列要求:

松散保温材料:分层铺设,压实适当,表面平整,找坡正确。板状保温材料:紧贴(靠)基层,铺平垫稳,拼缝严密,找坡正确。整体现浇保温层:拌和均匀,分层铺设,压实适当,表面平整,找坡正确。

检验方法:观察检查。

(2)保温层厚度的允许偏差:松散保温材料和整体现浇保温层为+10%,保温材料为+5%,且不得大于4 mm。

检验方法:用钢针插入和尺量检查。

(3)当倒置式屋面保护层采用卵石铺压时要求板状卵石应分布均匀,卵石的质量应符合设计要求。

检验方法:观察检查和按堆积密度计算其质量。

3.4.1.4 卷材防水层

1. 一般规定

(1)适用于防水等级为Ⅰ~Ⅱ级的屋面防水。屋面防水多道设防时,可采用同种卷材叠层或不同卷材和涂膜复合以及刚性防水和卷材复合等措施。采取复合使用虽对施工和采购带来不便,但对材性互补保证防水可靠性是有利的,应当提倡。

(2)卷材防水层应采用高聚物性沥青防水卷材、合成高分子防水卷材或沥青防水卷材。所选用的基层处理剂、接缝胶粘剂、密封材料等配套材料应与铺贴的卷材料性相容。

如今卷材品种繁多、材性各异,所以规定选用的基层处理剂、接缝胶粘剂、密封材料等应与铺贴的卷材材性相容,使之粘接良好、封闭严密,不发生腐蚀等侵害。

(3)在坡度大于25%的屋面上采用卷材做防水层时,应采取固定措施。固定点应密封严密。卷材屋面坡度超过25%时,常发生下滑现象,故应采取防止下滑措施。防止卷材下滑的措施除采取满粘法外,目前还有钉压固定等方法,固定点亦应封闭严密。

(4)铺设屋面隔汽层和防水层前,基层必须干净、干燥。

(5)卷材铺贴方向应符合下列规定。

屋面坡度小于3%时,卷材宜平行屋脊铺贴。屋面坡度在3%~15%时,卷材可平行或垂直屋脊铺贴。

屋面坡度大于15%或屋面受震动时,沥青防水卷材应垂直屋脊铺贴沥青防水卷材和合成高分子防水卷材可平行或垂直屋脊铺贴。高聚物改性沥青卷材铺贴方向主要是针对沥青防水卷材规定的。考虑到沥青软化点较低,防水层较厚,屋面坡度较大时须垂直屋脊方向铺贴,以免发生流淌。高聚物改性沥青防水卷材和合成高分子防水卷材耐温性好,厚度较薄,不存在流淌问题,故对铺贴方向不予限制。铺贴卷材采用搭接法时,上下层及相邻两幅卷材的搭接缝应错开。

冷粘法铺贴卷材应符合下列规定:

胶粘剂涂刷应均匀,不露底,不堆积。根据胶粘剂的性能,应控制胶粘剂涂刷与卷材铺贴的间隔时间。铺贴的卷材下面的空气应排尽,并辊压粘接牢固。铺贴卷材应平整顺直,搭接尺寸准确,不得扭曲、皱折。接缝口应用密封材料封严,宽度不应小于10 mm。

(6)热熔法铺贴卷材应符合下列规定:

火焰加热器加热卷材应均匀,不得过分加热或烧穿卷材。卷材表面热熔后应立即辊铺卷材,卷材下面的空气应排尽,并辊压粘接牢固,不得空鼓。卷材接缝部位必须溢出热熔的改性沥青胶。铺贴的卷材应平整顺直,搭接尺寸准确,不得扭曲。自粘法铺贴卷材应符合下列规定。

铺贴卷材前基层表面应均匀涂刷基层处理剂,干燥后应及时铺贴卷材。铺贴卷材时,应将自粘胶底面的隔离纸全部撕净。卷材下面的空气应排尽,并辊压粘接牢固。铺贴的卷材应平整顺直,搭接尺寸准确,不得扭曲,随即粘贴牢固。接缝口应用密封材料封严,宽度不应小于10 mm。

(7)卷材热风焊接施工应符合下列规定:

①焊接前卷材的铺设应平整顺直,搭接尺寸准确,不得扭曲、皱折。②卷材的焊接面应清扫干净,无水滴、油污及附着物。③焊接时应先焊长边搭接缝,后焊短边搭接缝。④控制热风加热温度和时间,焊接处不得有漏焊、跳焊。⑤焊接时不得损害非焊接部位的卷材。焊焦或焊接不牢现象。

(8)沥青玛𤦂脂的配制和使用应符合下列规定:

配制沥青玛𤦂脂的配合比应视使用条件、坡度和当地历年极端最高气温,并根据所用的材料经试验确定;施工中应根据确定的配合比严格配料,每工作班应检查软化点和柔韧性。

热沥青玛𤦂脂的加热应高于240 ℃,使用应低于190 ℃。冷沥青玛𤦂脂使用时应搅匀,稠度太大时可加少量溶剂稀释搅匀。沥青玛𤦂脂应涂刮均匀,不得过厚或堆积。粘接层厚度:热沥青玛𤦂脂宜为1~1.5 mm,冷沥青玛𤦂脂宜为0.5~1 mm。面层厚度:热沥青玛𤦂脂宜为2~3 mm,冷沥青玛𤦂脂宜为1~1.5 mm。粘贴各层沥青防水卷材和粘接绿豆砂保护层采用沥青玛𤦂脂。

(9)天沟、檐沟、檐口、泛水和立面卷材收头的端部应裁齐,塞入预留凹槽内,用金属压条钉压固定,最大钉距不应大于900 mm,并用密封材料嵌填封严。

天沟、檐口、泛水和立面卷材的收头端部处理十分重要,如果处理不当容易存在渗漏隐患。为此,必须要求把卷材收头的端部裁齐,塞入预留凹槽内,采用粘接或压条(垫片)钉压固定,最大钉距不应大于900 mm,凹槽内应用密封材料封严。

(10)卷材防水层完工并经验收合格后,应做好成品保护。保护层的施工应符合下列规定:

①绿豆砂应清洁、预热、铺撒均匀,并使其与沥青玛𤦂脂粘接,不得残留未粘接的绿豆砂。

②云母或蛭石保护层不得有粉料,撒铺应均匀,不得露底,多余的云母或蛭石应清除。水泥砂浆保护层的表面应抹平压光,并设表面分格缝,分格面积宜为1 m^2。块体材料保护层应留设分格缝,分格面积不宜大于100 m^2,分格缝宽度不宜小于20 mm。混凝土应密实,表面抹平压光,并留设分格缝,分格面积不大于36 m^2。浅色涂料保护层应与卷材粘接牢固,厚薄均匀,不得漏涂。

水泥砂浆、块材或细石混凝土保护层与防水层之间应设置隔离层。为防止紫外光线对卷材防水层的直接照射并延长其使用年限，规定卷材防水层应做保护层，并根据保护层所采用材料不同有不同的要求。

用绿豆砂做保护层是传统的做法。据全国调查，许多工程因未能认真按规范施工而不能确保防水工程质量。绿豆砂保护层应铺撒均匀、粘接牢固，才能真正起到保护层的作用。由于近年来出现了冷玛琋脂，这种胶结材料适用以云母或蛭石做的保护层，根据调研，效果可靠、工艺可行，故将其列入规范。

水泥砂浆保护层由于水泥砂浆自身的干缩或温度变化影响，往往产生严重龟裂，且裂缝宽度较大，以致造成碎裂、脱落。根据工程实践经验，在水泥砂浆保护层上划分表面分格缝，将裂缝均匀分布在分格缝内，避免了大面积表面龟裂，故在规范中列入了这一项行之有效的规定。用块体材料做保护层时，在调研中发现往往因温度升高、膨胀致使块体隆起。因此，规范作出对块体材料保护层应留设分格缝的规定。

根据历次对屋面工程的调查，发现许多工程的水泥砂浆、块材、细石混凝土等刚性保护层与女儿墙均未留空隙。在高温季节，刚性保护层热胀顶推女儿墙，有的还将女儿墙推裂造成渗漏；而在刚性保护层与女儿墙间留出空隙的屋面，均未见有推裂女儿墙的现象。故规定了刚性保护层与女儿墙之间应预留 30 mm 以上空隙，并用密封材料封闭严密。另外，还要求在刚性保护层与柔性防水层之间设置隔离层，以保证刚性保护层胀缩变形时不致损坏防水层。

2. 主控项目

(1)卷材防水层所用卷材及其配套材料，必须符合设计要求。

检验方法：检查出厂合格证、质量检验报告和现场抽样复验报告。

沥青防水卷材是我国传统防水材料，已制定较完整的技术标准，产品质量应符合国标《油沥青纸胎油毡》(GB 326)的要求。

国内新型防水材料发展很快。近年来，我国普遍应用并获得较好效果的高聚物改性沥青防水卷材，产品质量应符合《弹性体改性沥青防水卷材》(GB 18242)、《塑性体改性沥青防水卷材》(GB 18243)和《改性沥青聚乙烯胎防水卷材》(GB 18967)的要求。目前，国内合成高分子防水卷材的种类主要为：三元乙丙、氯化聚乙烯橡胶共混、聚氯乙烯、氯化聚乙烯和纤维增强氯化聚乙烯等产品，这些材料在国内使用也比较多，而且比较成熟。产品质量应符合国标《高分子防水材料》(第1部分：片材)(GB 18173.1—2006)的要求。

对卷材的胶粘剂提出下列基本质量要求，合成高分子胶粘剂浸水保持率是一项重要性能指标，为保证屋面整体防水性能，规定浸水 168 h 后胶粘剂剥离强度保持不应低于 70%。

(2)卷材防水层不得有渗漏或积水现象。

检验方法：雨后或淋水、蓄水检验。

防水是屋面的主要功能之一，若卷材防水层出现渗漏或积水现象，将是最大的弊病。检验屋面有无渗漏和积水、排水系统是否畅通，可在雨后或持续淋水 2 h 以后进行。有可能做蓄水检验的屋面，其蓄水时间不应少于 24 h。

(3)卷材防水层在天沟、檐沟、檐口、水落口处构造，必须符合设计要求。

检验方法：检查隐蔽工程验收记录。

天沟、檐沟、檐口、水落口、泛水、变形缝和伸出屋面管道等处，是当前屋面防水工程渗漏最严重的部位。因此，卷材屋面的防水构造设计应符合下列规定：

应根据屋面的结构变形、温差变形、干缩变形和震动等因素，使节点设防能够满足基层变形的需要。应采用柔性密封、防排结合、材料防水与构造防水相结合的做法。应采用防水卷材、防水涂料、密封材料和刚性防水材料等材性互补并用的多道设防（包括设置附加层）。

3. 一般项目

（1）卷材防水层的搭接缝应粘（焊）接牢固，密封严密，不得有皱折；防水层的收头应与基层粘接并固定牢固，缝口封严，不得翘边。

检验方法：观察检查。有无翘边和鼓泡等缺陷。

调查发现，天沟与屋面交接处常发生裂缝，在这个部位应采用增铺卷材或防水涂膜附加层。由于卷材铺贴较厚，卷材收头又在沟帮顶部，若不采用固定措施就会出现因卷材的弹性而发生的翘边胶落现象。

卷材在泛水处理上应采用满粘，以免防水立面卷材下滑。收头密封形式还应根据墙体材料及泛水高度确定如下。

女儿墙较低，卷材铺到压顶下，上用金属或钢筋混凝土等盖压。墙体为砖砌时，应预留凹槽将卷材收头压实，用压条钉压，密封材料封严，砂或聚合物砂浆保护。凹槽距屋面找平层高度不应小于250 mm。

（2）墙体为混凝土时，卷材的收头可采用金属压条钉压，并用密封材料封固。

检验方法：观察检查。

（3）排汽屋面的排汽道应纵横贯通，严密。

检验方法：观察检查。不得堵塞。排汽管应安装牢固，位置正确，封闭。

排汽屋面的排汽道应纵横贯通，不得堵塞，并同与大气排汽出口相通。找平层设置分格缝可兼作排汽道，排汽道间距宜为6 m，纵横设置。屋面面积每36 m^2 设一个排汽出口。排汽出口应埋设排汽管，排汽管应设置在结构层上，穿过保温层的管壁应设排汽孔，以保证排汽道的畅通。排汽口亦可设在檐口下或屋面排汽道交叉处。排汽管的安装必须牢固、封闭严密，否则会使排汽管变成了进水孔，造成屋面漏水。

（4）卷材的铺贴方向应正确，卷材搭接宽度的允许偏差为 −10 mm。

检验方法：观察和尺量检查。

3.4.1.5　刚性防水屋面工程

1. 一般规定

适用于防水等级为Ⅰ～Ⅲ级的屋面防水；受较大震动或冲击的和坡度大于15%的建筑屋面，不适用于设有松散材料保温层的屋面。

细石混凝土防水包括普通细石混凝土防水层和补偿收缩混凝土防水层。由于刚性防水材料的表观密度大、抗拉强度低、极限拉应变小，常因混凝土的干缩变形、温度变形及结构变形而产生裂缝。因此，对于屋面防水等级为Ⅰ级的重要建筑，只有在刚性与柔性防水材料结合做两道防水设防时方可使用。细石混凝土防水层所用材料获取方便，耐穿刺能力强，耐久性能好，维修方便，所以在屋面中推广应用较为广泛。为了解决细石混凝土防水层裂缝问题,除采取设分格缝等构造措施外,还可加入膨胀剂拌制补偿收缩混凝土。对于混凝土防水层的基层,因松散材料保温层强度低、压缩变形大,易使混凝土防水层产生受力裂缝,故不得在松散材料保温层上做细石混凝土防水层。至于受较大震动或冲击的屋面,易使混凝土产生疲劳裂缝;当屋面坡度大于15%时,混凝土不易振捣密实,所以均不能采用细石混凝土防水层。

细石混凝土不得使用火山灰质水泥;当采用矿渣硅酸盐水泥时,应采用泌水性的措施。粗骨料含泥量不应大于1%,细骨料含泥量不应大于2%。混凝土水灰比不应大于0.55;每立方米混凝土水泥用量不得少于330 kg,含砂率宜为35%~40%;灰砂比宜为1∶2~1∶2.5,混凝土强度等级不应低于C20。

由于火山灰质水泥干缩率大、易开裂,所以在刚性防水屋面上不得采用。矿渣硅酸盐水泥泌水性大、抗渗性能差,应采用减少泌水性大、抗渗性能差的措施。普通硅酸水泥或硅盐水泥早期强度高、干缩性小、性能较稳定、耐风化,同时比用其他品种水泥拌制的混凝土碳化速度慢,所以宜在刚性防水屋面上使用。

粗、细骨料的含泥量大小,直接影响细石混凝土防水层的质量。如粗、细骨料中的含泥量过大,则易导致混凝土产生裂纹。所以,确定其含泥量要求时,应与强度等级等于或高于C30的普通混凝土相同。

提高混凝土的密实性,有利于提高混凝土的抗风化能力和减缓碳化速度,也有利于提高混凝土的抗渗性。混凝土水灰比是控制密实度的决定性因素,过多的水分蒸发后在混凝土中形成微小的孔隙,降低了混凝土的密实性,故规范限定水灰比不得大于0.55。至于最小水泥用量、含砂率、灰砂比的限制,形成了足够的水泥砂浆包裹粗骨料表面,并充分堵塞骨料间的空隙,以保证混凝土的密实性和提高温凝土的抗渗性。

混凝土中掺加膨胀剂、减水剂、防水剂等外加剂时,应按配合比准确计量,投料顺序得当,并应用机械搅拌和振捣。

为了改善普通细石混凝土的防水性能,提倡在混凝土中加入膨胀剂、减小剂、防水剂等外加剂。外加剂掺量是关键的工艺参数,应按所选用的外加剂使用说明或通过试验确定掺量,并决定采用先掺法还是后渗法或同掺法,按配合比做到准确计量。细石混凝土应用机械充分搅拌均匀和振捣密实,以提高其防水性能。细石混凝土防水层的分格缝,应设在屋面板的支承端、屋面转折处、防水层与结构的交接处,其纵横宜大于6 m。分格缝内应嵌密封材料。

混凝土构件受温度影响产生热胀冷缩,以及混凝土本身的干缩及荷载作用下挠曲引起的角变位,都能导致混凝土构件的板端裂缝,而装配式混凝土屋面适应变形的能力更差。根据全国各地实践经验,在这些有规律的裂缝处设置分格缝,并用密封材料嵌填,以柔适变,刚柔结合,达到减少裂缝和增强防水的目的。分格缝的位置应设在变形较大或较易变形的屋面板支承端、屋面转折处、防水层与突出屋面结构的交接处。至于分格缝的间距,考虑到我国工业建筑柱网以6 m为模数,而民用建筑的开间模数多数也小于6 m,所以规定分格缝宜大于6 m。

细石混凝土防水层的厚度不应小于40 mm,并应配置双向钢筋网片。钢筋网片在分格缝处应断开,其保护层厚度不应小于10 mm。细石混凝土防水层的厚度,目前国内多采用40 mm。如厚度小于40 mm,则混凝土失水很快,水泥水化不充分,降低了混凝土的抗渗性能;另外由于混凝土防水层过薄,一些石子粒径可能超过防水层厚度的一半,上部砂浆收缩后容易在此处出现微裂而造成渗水的通道,故规定其厚度不应小于40 mm。混凝土防水层中宜配置双向钢筋网片,当钢筋间距为100~200 mm时,可满足刚性防水屋面的构造及计算要求。分格缝处钢筋应断开,以便各分格中的混凝土防水层能自由伸缩。

细石混凝土防水层与立墙及突出屋面结构等交接处,均应做柔性密封处理;细石混凝土防水层与基层间宜设置隔离层。

2. 主控项目

细石混凝土的原材料及配合比必须符合设计要求。

检验方法:检查出厂合格证、质量检验报告、计量措施和现场抽样复验报告。

细石混凝土防水层的原材料质量、各组成材料的配合比,是确保混凝土抗渗性能的基本条件。如果原材料质量不好,配合比不准确,就不能确保细石混凝土的防水性能。

细石混凝土防水层不得有渗漏或积水现象。

检验方法:雨后或淋水、蓄水检验。

强调了细石混凝土防水层应在雨后或淋水2 h后进行检查,观察是否渗漏,以确保防水层的使用功能。

细石混凝土防水层在天沟、檐沟、檐口、水落口、泛水防水构造,必须符合设计要求。

检验方法:观察检查和检查隐蔽工程验收记录。

一般项目使防水层经受雨淋的考验,变形缝和伸出屋面管道的防水构造,必须符合设计要求。

检验方法:观察检查和检查隐蔽工程验收记录。

3. 一般项目

细石混凝土防水层应表面平整、压实抹光。

检验方法:观察检查。不得有裂缝、起壳、起砂等缺陷。

细石混凝土防水层应按每个分格板一次浇筑完成,严禁留施工缝。如果防水层留设施工缝,往往因接槎处理不好,形成渗水通道导致屋面渗漏。

混凝土抹压时不得在表面洒水、加水泥浆或撒干水泥,否则只能使混凝土表面产生一层浮浆,混凝土硬化后内部与表面的强度和干缩不一致,极易产生面层的收缩龟裂、脱皮现象,降低防水层的防水效果。混凝土收水后二次压光可以封闭毛细孔,提高抗渗性,是保证防水层表面密实的极其重要的一道工序。

混凝土的养护应在浇筑12~24 h后进行,养护时间不得少于14 d,养护初期屋面不得上人。养护方法可采取洒水湿润,也可覆盖塑料薄膜、喷涂养护剂等,但必须保证细石混凝土处于充分的湿润状态。

细石混凝土防水层的厚度和钢筋位置应符合设计要求。

检验方法:观察和尺量检查。

双向钢筋网片配置直径4~6 mm的钢筋,间距宜为100~200 mm,分格缝处的钢筋应断开,满足刚性屋面的构造要求。故规定细石混凝土防水层的厚度和钢筋位置应符合设计要求。

细石混凝土分格缝的位置和间距应符合设计要求。

检验方法:观察和尺量检查。

为了避免因结构变形及混凝土本身变形而引起的混凝土开裂,分格缝位置应设置在变形较大或较易变形的屋面板支承端、屋面转折处、防水层与突出屋面结构的交接处。本条文规定细石混凝土防水层分格缝的位置和间距应符合设计要求。

细石混凝土防水层表面平整度的允许偏差为5 mm。

检验方法:用2 m靠尺和楔形塞尺检查。

细石混凝土防水层的表面平整度,应用2 m直尺检查;每100 m^2的屋面不应少于1处,每一屋面不应少于3处,面层与宜尺间最大空隙不应大于5 mm,空隙应平缓变化,每米长度不应多于1处。

【陕建案例4】 陕西建工某公司承建的××××1#商住楼屋面工程施工工序控制。

6.12　屋面工程

6.12.1　基层处理

屋面层结构完成后,应事先清理屋面上的钢筋、模板、外露的钢筋头及浮混凝土、垃圾等。预埋的落水头,伸出屋面的所有管道,各种出气管道预留孔洞等均用细石混凝土分两次灌密实。竖向立管跟四周应于基层接触处留20 mm宽的圆弧,用防水密封材料填实,以保证不发生渗漏水。

6.12.2　找坡层施工

本工程所有屋面找坡层为水泥焦渣找坡层。屋面找坡层工艺流程:基层清理→弹找坡线→作找坡厚度塌饼→安装落水口→找平层施工。

(1)基层处理,将结构屋面上的杂物,灰尘清理干净。

(2)弹找坡线,依据图纸确定落水口位置,并依据图纸及有关规定计算出落水口标高,落水口处找坡层最薄,为30 mm,坡度为2%,以落水口标高为准向屋脊依照图纸设计坡度放坡,并在分水岭处按所找坡标高做塌饼、冲筋。

(3)在女儿墙、电梯间及构架柱等出屋面的结构上,弹出找坡厚度线后,再用水准仪依流水坡向图每间隔2 m左右打点作出找坡厚度塌饼。

6.12.3　保温层施工

找平层施工完毕后,180厚憎水膨胀珍珠岩保温板,要求铺设代为,接缝处严密。在保温层施工前,应剔除找平层表面的积灰,彻底扫清浮灰,排除积水,并应保证厚度和施工质量,防止漏刷或涂刷不均匀的现象发生。隔汽层至女儿墙或其他墙面时,应沿墙面向上连续涂刷,并与防水层相接。

6.12.4　找平层施工

抹找平层水泥砂浆前,应适当洒水湿润基层表面,主要是利于找坡层与找平层的结合,但不可洒水过量,以免影响找平层表面的干燥,防水层施工后窝住水汽,使防水层产生空鼓。所以洒水达到基层和找平层能牢固结合为度。找平层设20宽分格缝,双向间距4 m,缝内填防水密封膏。

6.12.5　防水层施工

屋面防水层采用3厚SBS改性沥青防水卷材两道(－20 ℃聚氨酯)。在铺贴前,基层的含水率不应大于9%,基层面应先弹好控制线,以控制铺贴质量。在排气槽、屋面拐角、天沟、落水口等细部构造处应加铺一层附加层。附加层宽度200 mm。卷材铺贴方向应平行于屋脊方向。卷材与基层的粘接方法采用满粘法。屋面拐角、天沟、落水口、收头等节点部位,必须仔细铺平、贴紧、压实、收头牢靠。相邻两幅卷材的搭接缝均应错开,卷材的搭接长度,长边不小于80 mm,短边不小于100 mm,搭接缝应背流水方向搭接。卷材粘贴,先施工细部,再从坡底向屋脊粘贴。屋面泛水处理应将卷材压入女儿墙凹槽内,先用木条压紧钉压,然后用密封材料缝嵌填密封,再用砂浆填实。伸出屋面的管道四周,防水层收头处应用金属箍箍紧,并用密封材料封严。

6.12.6　隔离层施工

隔离层为麻刀灰隔离层。隔离层应满铺于防水层上,不得漏铺或破损。隔离层与下一层结合牢固,不得有空鼓。

6.12.7　水泥砂浆保护层

水泥砂浆保护层,每1 m见方半缝分格。分格缝采用聚苯板条预先安装固定,边模必须位置准确,支护牢固。女儿墙、框架柱等根部均安装聚苯板。

3.4.2　地下工程防水施工

本施工工艺适用于民用建筑地下防水工程的施工。本施工工艺根据《建筑工程施工质量验收统一标准》(GB 50300—2013)、《地下防水工程质量验收规范》(GB 50208—2012)、《地下工程防水技术规范》(GB 50108—2012)和相应的国家现行技术标准编制。施工中的劳动保护、安全和防火措施等,必须按现行有关标准、规定执行。

3.4.2.1　防水混凝土施工工艺

1. 材料性能要求

水泥:应按设计要求品种选用,其强度等级不低于32.5级,不得使用过期或受潮结块水泥。石子:碎石或卵石的粒径宜为5~40 mm,含泥量不得大于1.0%,泥块含量不得大于0.5%。砂:宜用中砂,含泥量不得大于1.0%。水:采用不含有害物质的洁净水。外加剂:技术性能应符合国家或行业标准一等品及以上的质量要求。掺合料:粉煤灰的级别不应低于二级,掺量不宜大于20%;硅粉掺量不宜大于3%,其他掺合料的掺量应通过试验确定。

2. 施工工具与机具

机具:混凝土搅拌机和计量装置、混凝土泵、混凝土运输车、机动翻斗车、平板式振捣器、手推车等。工具:平锹、铁抹子、大杠尺等。

3. 作业条件

施工方案、浇筑方法已确定,并进行过技术交底。模板支设和钢筋绑扎已完成,并通过验收。防水混凝土配合比已经确认。已具备混凝土生产或供应条件。施工机具已备齐,水、电已接通。浇筑标高线已标注。施工脚手架已搭设完毕,并通过安全验收要求。

4. 施工工艺

防水混凝土施工工艺流程如下:

钢筋、模板检查→混凝土搅拌→混凝土输送→混凝土浇筑→养护→拆模。

5. 施工要点

(1)防水混凝土配合比应符合下列规定：试配要求的抗渗水压值应比设计值提高0.2 MPa。水泥用量不得少于300 kg/m^3；掺有活性掺合料时，水泥用量不得少于280 kg/m^3。砂率宜为35%～45%，灰砂比宜为1∶2～1∶2.5。水灰比不得大于0.55。普通防水混凝土坍落度不宜大于50 mm，泵送时入泵坍落度宜为100～140 mm。

(2)防水混凝土结构内部设置的各种钢筋或绑扎铁丝，不得接触模板，固定模板用的螺栓必须穿过混凝土结构时，螺栓或管道、套管必须加焊止水环，止水环必须满焊，见图3-11和图3-12；螺栓应加堵头，见图3-13。

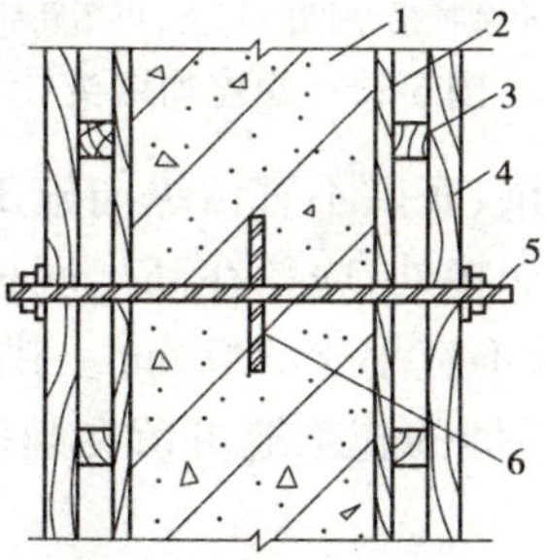

1—围护结构；2—模板；3—小龙骨；
4—大龙骨；5—螺栓；6—止水环

图3-11 螺栓加焊止水环

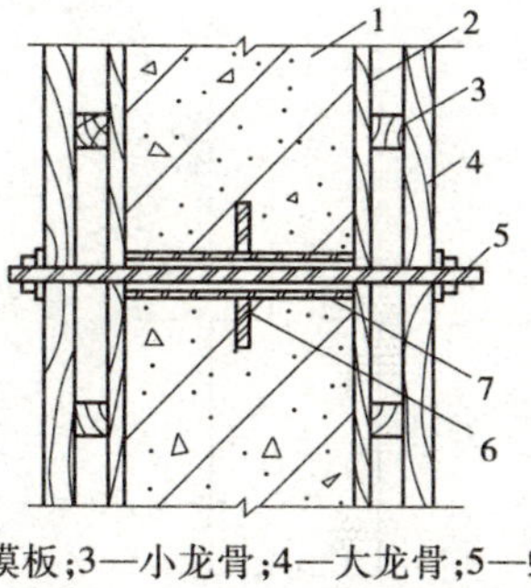

1—围护结构；2—模板；3—小龙骨；4—大龙骨；5—螺栓；6—止水环；
7—套管(穿墙螺栓拆模后将螺栓拔出，套管内用膨胀水泥砂浆封堵)

图3-12 预埋套管

(3)大体积防水混凝土的施工，应考虑由于水化热引起的混凝土内部温升而产生收缩裂缝，可采取以下措施：掺入外加剂，如减水剂、缓凝剂或掺加粉煤灰等掺合料。采用低水化热水泥。采取措施减少混凝土内外温差，如进行混凝土内部降温或外部保温。防水混凝土拌和物，必须采用机械搅拌，搅拌的时间不应小于2 min。掺外加剂时，应根据外加剂的技术要求确定搅拌时间。防水混凝土配料计量允许偏差为：水泥、水、外加剂、掺合料为±1%，砂、石为±2%。防水混凝土拌和物在运输后如出现离析，必须进行二次搅拌。当坍落度有损失时，应加入原水灰比的水泥浆。防水混凝土必须采用机械振捣密实，振捣时间宜为10～30 s，以混凝土开始泛浆和不冒气泡为准，并应避免漏振、欠振和超振。掺引气剂或引气型减水剂时，应采用高频插入式振捣器捣。

防水混凝土应连续浇筑，宜少留施工缝。当留设施工缝时，应遵守下列规定：

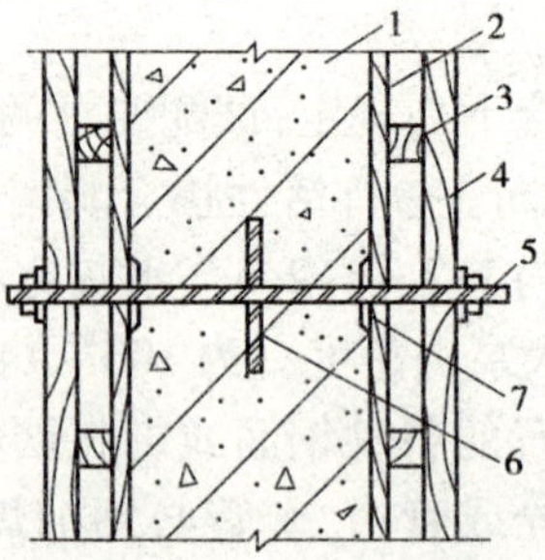

1—围护结构;2—模板;3—小龙骨;4—大龙骨;5—螺栓;6—止水环;
7—堵头(拆模后将螺栓沿平凹底割去,再用膨胀水泥砂浆封堵)

图3-13　螺栓加堵头

顶板、底板不宜留施工缝,顶拱、底拱不宜留纵向施工缝,墙体水平施工缝不应留在剪力与弯矩最大处或底板与侧墙的交接处,应留在高出底板表面不小于200 mm的墙体上。墙体有孔洞时,施工缝距孔洞边缘不宜小于300 mm。拱墙结合的水平施工缝,宜留在起拱线以下150~300 mm处,先拱后墙的施工缝可留在起拱线处,但必须加强防水措施(见图3-14和图3-15)。

垂直施工缝应避开地下水和裂隙水较多的地段,并宜与变形缝相结合。

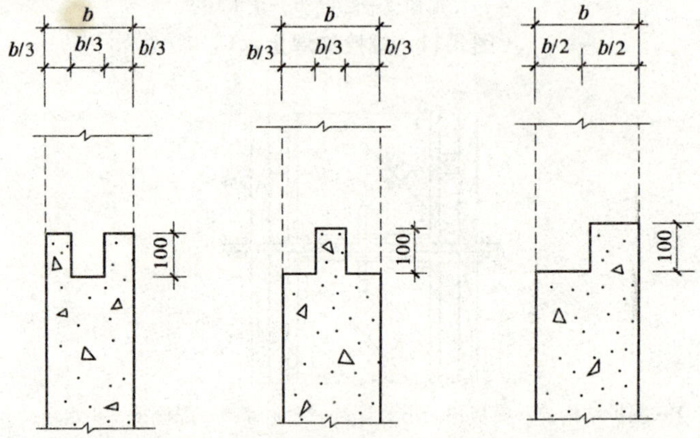

(a)凹缝　(b)凸缝　(c)阶梯缝

图3-14　水平施工缝构造图　(单位:mm)

在施工缝上浇筑混凝土前,应将施工缝处的混凝土表面凿毛,清除浮粒和杂物,用水冲洗干净,保持湿润,再铺上一层20~25 mm厚的1∶1水泥砂浆。防水混凝土终凝后应立即进行养护,养护时间不得少于14 d,在养护期间应使混凝土表面保持湿润。防水混凝土冬季施工时,混凝土入模温度不应低于10 ℃或采用化学外加剂法;养护宜采用蓄热法或暖棚法并应保持一定的湿度,防止混凝土早期脱水。

6.质量控制要求

1)主控项目

防水混凝土的原材料、配合比及坍落度必须符合设计要求。防水混凝土的抗压强度和抗渗压力必须符合设计要求。防水混凝土的变形缝、施工缝、后浇带、穿墙套管、埋设件等设置和构造,均须符合设计要求,严禁有渗漏。

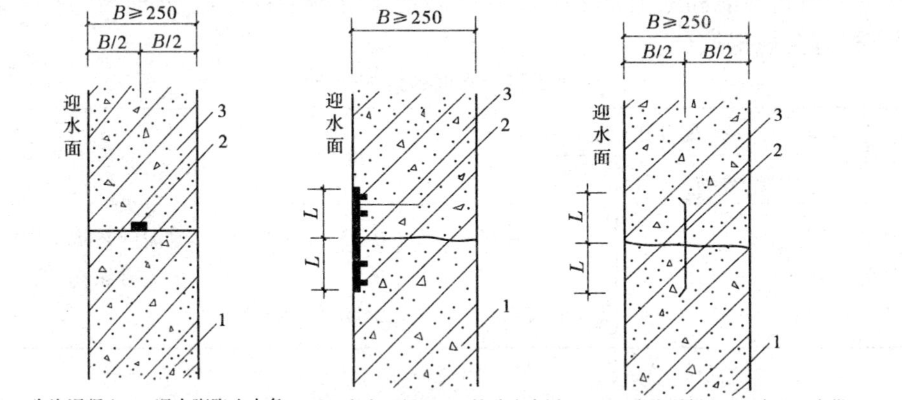

1—先浇混凝土;2—遇水膨胀止水条;3—后浇混凝土

(a)

1—先浇混凝土;2—外贴防水层;3—后浇混凝土:外贴止水带$L\geqslant150$,外涂防水涂料$L=200$

(b)

1—先浇混凝土;2—中埋止水带;3—后浇混凝土:钢板止水带$L\geqslant100$,橡胶止水带$L\geqslant100$

(c)

图3-15　水平施工缝构造图　(单位:mm)

2)一般项目

防水混凝土结构表面应坚实、平整,不得有露筋、蜂窝等缺陷;埋设件位置应正确。防水混凝土结构表面的裂缝宽度不应大于0.2 mm,并不得贯通。防水混凝土结构厚度不应小于250 mm,其允许偏差为+15 mm、-10 mm;迎水面钢筋保护层厚度不应小于50 mm,其允许偏差为±10 mm。

3.4.2.2　水泥砂浆防水层施工工艺

1. 材料性能要求

水泥:应按设计要求品种选用,其强度等级不低于32.5级,不得使用过期或受潮结块水泥。砂:宜用中砂,含泥量不得大于1%,硫化物和硫酸盐含量不得大于1%。水:采用不含有害物质的洁净水。外加剂:技术性能应符合国家或行业标准一等品及以上的质量要求。聚合物乳液:无颗粒、异物和凝固物。

2. 施工工具与机具

机具:砂浆搅拌机和计量装置、机动翻斗车、手推车等。工具:平锹、铁抹子、木抹子、大杠尺、铁滚筒、筛子、钢丝刷、笤帚等。

3. 作业条件

基层结构施工完成,已验收合格并办理了隐蔽工程验收记录。穿过基层结构的预埋管道和变形缝等部位均已按设计要求施工完毕。防水砂浆配合比已经确认。已具备防水砂浆生产或供应条件。施工机具已备齐,水、电已接通。施工脚手架已搭设完毕,并通过安全验收要求。气温不低于5 ℃。

4. 施工工艺

水泥砂浆防水层工艺流程如下:

基层清理→冲筋贴灰饼→水泥砂浆配制→水泥砂浆摊铺→水泥砂浆抹压→养护。

5. 施工要点

基层清理:基层表面应平整、坚实、粗糙、清洁并充分湿润、无积水。水泥砂浆的配合比，应根据原材料性能和施工方法按表3-39规定选用，对掺用其他外加剂的水泥砂浆，其配合比应按有关规定执行。

表3-39　水泥砂浆配合比

名　称	配合比(质量比)		水灰比	适用范围
	水泥	砂		
水泥浆	1	—	0.55～0.60	水泥砂浆防水层的第一层
水泥浆	1	—	0.37～0.40	水泥砂浆防水层的第三、五层
水泥砂浆	1	1.5～2.5	0.40～0.50	

水泥砂浆防水层的厚度，宜为15～20 mm，施工时须分层铺抹或喷射，水泥浆每层厚度宜为2 mm，水泥砂浆每层厚度宜为5～10 mm。铺抹时应压实，表面应提浆压光。

水泥砂浆防水层各层应紧密贴合，每层宜连续施工，如必须留施工缝，留槎应符合下列规定：

平面留槎采用阶梯坡形槎，接槎要依层次顺序操作，层层搭接紧密，见图3-16。接槎位置一般宜在地面上，亦可在墙面上，但须离开阴阳角处200 mm。基础面与墙面防水层转角留槎见图3-17。

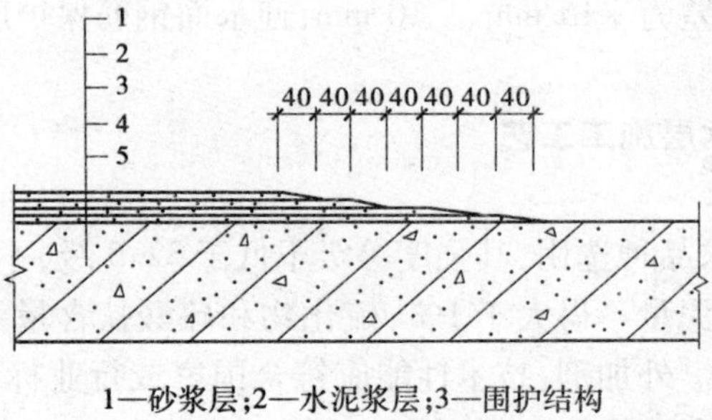

1—砂浆层；2—水泥浆层；3—围护结构

图3-16　平面留槎示意图　(单位：mm)

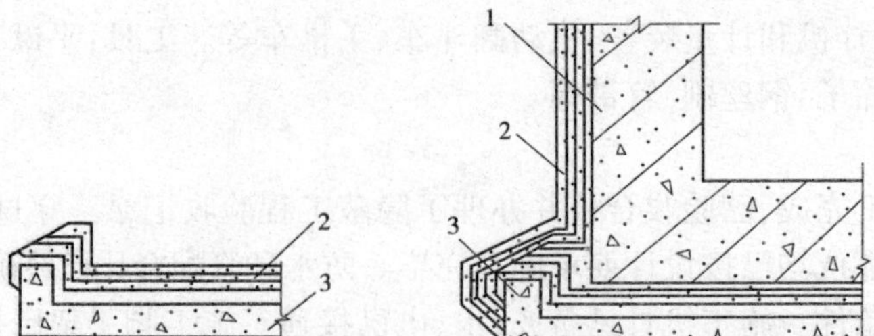

(a)第一步　(b)第二步

1—围护结构；2—水泥砂浆防水层；3—混凝土垫层

图3-17　转角留槎示意图

施工水泥砂浆防水层时，气温不应低于5 ℃，且基层表面温度应保持0 ℃以上。掺氯化物金属盐类防水剂及膨胀剂的防水砂浆，不应在35 ℃以上或烈日照射下施工。水泥砂浆防水层凝结后，应及时进行养护，养护温度不宜低于5 ℃，养护时间不得少于14 d，养护期间应保持湿润。

6. 质量标准

1）主控项目

水泥砂浆、防水砂浆防水层的原材料及配合比必须符合设计要求，有出厂合格证、现场抽样试验报告。水泥砂浆、防水砂浆防水层各层之间必须结合牢固，无空鼓现象。

2）一般项目

防水层外观表面密实、平整，不得有裂纹、起砂、麻面等缺陷；阴阳角处应做成圆弧形。水泥砂浆防水层施工缝留槎位置正确，接槎按层次顺序操作，层层搭接紧密。水泥砂浆防水层的平均厚度应符合设计要求，最小厚度不得小于设计值的85%。

3.4.2.3　高聚物改性沥青卷材防水层施工工艺

1. 材料性能要求

高聚物改性沥青防水卷材：分为SBS弹性体改性沥青防水卷材、APP塑性体改性沥青防水卷材、PEE高聚物改性沥青聚乙烯胎防水卷材。外观质量应符合表3-40的要求，物理性能应符合表3-41的要求，并有出厂合格证。

表3-40　高聚物改性沥青防水卷材外观质量

项　目	质量要求
孔洞、缺边、裂口	不允许
边缘不整齐	不超过10 mm
胎体露白、未浸透	不允许
撒布材料粒度、颜色	均匀
每卷卷材的接头	不超过1处，较短的一段不应小于1 000 mm，接头处应加长15 mm

表3-41　高聚物改性沥青防水卷材物理性能

项目	性能要求				
	聚酯毡胎体	玻纤毡胎体	聚乙烯胎体	自粘聚酯胎体	自粘无胎体
可溶物含量（g/m^2）	3 mm厚≥2 100 4 mm厚≥2 900		—	2 mm厚≥1 300 3 mm厚≥2 100	—
拉力（N/50 mm）	≥450	纵向≥350 横向≥250	≥100	≥350	≥250
延伸率（%）	最大拉力时≥30		断裂时≥200	最大拉力时≥30	断裂时≥450

续表 3-41

<table>
<tr><td rowspan="2" colspan="2">项目</td><td colspan="5">性能要求</td></tr>
<tr><td>聚酯毡胎体</td><td>玻纤毡胎体</td><td>聚乙烯胎体</td><td>自粘聚酯胎体</td><td>自粘无胎体</td></tr>
<tr><td colspan="2">耐热度(℃)(2 h)</td><td colspan="2">SBS 卷材 90,APP 卷材 110,无滑动、流淌、滴落</td><td>PEE 卷材 90,无流淌、起泡</td><td>70,无滑动、流淌、滴落</td><td>70,无起泡、滑动</td></tr>
<tr><td rowspan="2" colspan="2">低温柔度(℃)</td><td colspan="3">SBS 卷材 -18,APP 卷材 -5,PEE 卷材 -10</td><td colspan="2">-20</td></tr>
<tr><td colspan="3">3 mm 厚,$r=15$ mm;4 mm 厚,$r=25$ mm;弯 180°无裂纹</td><td>$r=15$ mm,3 s,弯 180°无裂纹</td><td>Φ20 mm,3 s,弯 180°无裂纹</td></tr>
<tr><td rowspan="2">不透水性</td><td>压力(MPa)</td><td>≥0.3</td><td>≥0.2</td><td>≥0.3</td><td>≥0.3</td><td>≥0.2</td></tr>
<tr><td>保持时间(min)</td><td colspan="4">≥3</td><td>≥120</td></tr>
</table>

注:SBS 卷材—弹性体改性沥青防水卷材。

APP 卷材—塑性体改性沥青防水卷材。

PEE 卷材—高聚物改性沥青聚乙烯胎防水卷材。

基层处理剂:氯丁胶粘剂稀释液,应与卷材的材性相容。

胶粘剂:氯丁胶粘剂,含固量不小于 30%。

稀释剂:甲苯、二甲苯、汽油等。

2. 施工工具与机具

机具:空气压缩机、吹风机、喷灯、射钉枪、热风枪、垂直提升设备、手推车等。

工具:平铲刀、笤帚、滚刷、平毛刷、胶皮板刷、铁桶、剪刀、卷尺、铁抹子、压辊、烙铁、台秤等。

3. 作业条件

防水层基层施工完成,已验收合格并办理了隐蔽工程验收记录。穿过基层的预埋管道和变形缝等部位均已按设计要求施工完毕。基层含水率不超过 9%,并清扫干净。高聚物改性沥青卷材已运到现场,经复检材料质量符合要求。施工机具已备齐,水、电已接通。气温不低于 5 ℃。

4. 施工工艺

高聚物改性沥青卷材防水层施工工艺流程如下:

基层清理→细部节点处理→刷基层处理剂→卷材铺设→保护层施工。

5. 施工要点

1) 基层清理

先用打磨机将突出基层的多余混凝土或砂浆结块清除,再用钢丝刷和清水清除基层表面的浮浆、返碱、尘土、油污以及表面涂层等杂物,并使光滑的混凝土表面变成粗糙面,然后用清水冲洗至中性。

2)细部节点处理

突出基层结构的交接处和基层的转角处均应做成圆弧形,圆弧半径应大于或等于50 mm。突出基层结构的管根、排水口、变形缝等部位,应设置防水涂膜附加层(先均匀涂刷一层氯丁胶粘剂,随即粘贴一层纤维布,涂刷后4~6 h,再涂刷一层氯丁胶粘剂将纤维布覆盖严密)。

卷材的甩槎、接槎做法见图3-18和图3-19。

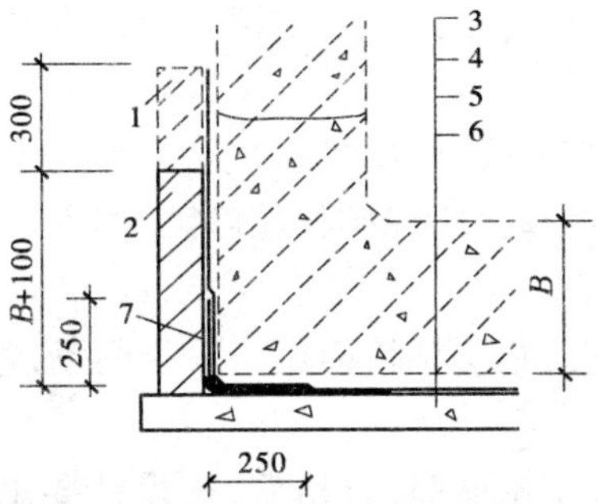

1—临时保护墙;2—永久保护墙;3—细石混凝土保护层;4—卷材防水层;
5—水泥砂浆找平层;6—混凝土垫层;7—卷材加强层

图3-18 卷材防水层甩槎做法 (单位:mm)

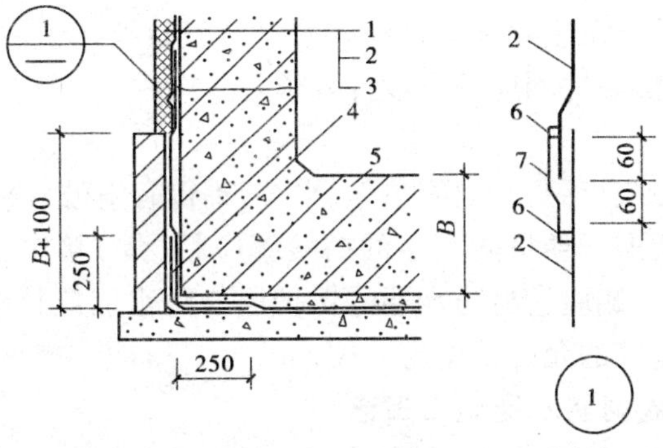

1—结构墙体;2—卷材防水层;3—卷材保护层;4—卷材加强层;
5—结构底板;6—密封材料;7—盖缝条

图3-19 卷材防水层接槎做法 (单位:mm)

3)基层处理剂涂刷

涂刷将氯丁胶粘剂稀释液涂刷在干燥的基层上。要求涂刷得均匀一致,无露底,亦可用喷涂方式施工。

4)卷材铺贴

可采用冷粘法、自粘法或热熔贴法等施工方法。

冷粘法:先在基层上涂刷一层氯丁胶粘剂,边刷边将卷材对准位置摆好,缓缓展开铺贴在已刷胶的基层上,边铺边用压辊均匀用力滚压卷材,将空气油排出,使卷材与基层粘贴紧密,卷材搭接处用胶粘剂满涂封口,辊压粘接牢固,溢出的胶粘剂,随即刮平封口。接缝处应用密封材料封严,宽度不应小于10 mm。粘贴方式可采用全粘贴、半粘贴。

自粘法:将卷材背面的隔离纸揭掉直接粘贴于干燥的基层表面,并用压辊均匀用力滚压卷材，排除卷材下面的空气，使卷材与基层粘贴紧密。搭接处用热风枪加热后粘贴牢固，溢出的自粘膏随即刮平封口。接缝处应用密封材料封严，宽度不应小于 10 mm。施工中并注意揭掉隔离纸的自贴卷材应防止灰尘污染。

热熔法：厚度小于 3 mm 的高聚物改性沥青防水卷材，严禁采用热熔法施工。热熔法施工环境气温不宜低于 -10 ℃。

热熔施工时，用喷灯烘烤卷材粘贴面，使卷材表层熔化至光亮黑色（150 ~ 180 ℃）后，立即滚铺卷材与基层粘贴，并用压辊滚压。滚铺时应排除卷材下面的空气，使之平展并粘贴牢固。

搭接缝部位宜以溢出热熔的改性沥青为度，溢出的改性沥青宽度以 2 mm 左右并均匀顺直为宜。当接缝处的卷材有铝箔或矿物粒（片）料时，应清除干净后再进行热熔和接缝处理。

采用条粘法时，每幅卷材与基层粘接面不应少于两条，每条宽度不应小于 150 mm。

5）保护层施工

卷材铺贴完成后，应进行闭水试验，合格后，按设计要求进行保护层施工。平面可以抹 20 mm 厚水泥砂浆做保护层；地下室外墙面回填土时，可粘贴聚苯板做保护层。

6. 质量标准

1）主控项目

卷材防水层所用卷材及主要配套材料必须符合设计要求。卷材防水层及其转角处，变形缝、穿墙管道等细部做法均应符合设计要求。

2）一般项目

卷材防水层的基层应牢固，基面应洁净、平整，不得有空鼓、松动、起砂和脱皮现象；基层阴阳角处应做成圆弧形。卷材防水层的搭接缝应粘（焊）接牢固，密封严密，不得有皱折、翘曲和鼓泡等缺陷。侧墙卷材防水层的保护层与防水层应接结牢固，结合紧密，厚度均匀一致。卷材搭接宽度的允许偏差为 -10 mm。

3.4.2.4　合成高分子卷材防水层施工工艺

1. 材料性能要求

合成高分子防水卷材：有三元乙丙卷材、氯化聚乙烯—橡胶共混卷材、氯化聚乙烯卷材及聚氯乙烯卷材等。外观质量应符合表 3-42 的要求，物理性能应符合表 3-43 的要求，并有出厂合格证。

表 3-42　合成高分子防水卷材外观质量

项目	质量要求
折痕	每卷不超过 2 处，总长度不超过 20 mm
杂质	大于 0.5 mm 颗粒不允许，每 1 m^2 不超过 9 mm^2
胶块	每卷不超过 6 处，每处面积不大于 4 mm^2
凹痕	每卷不超过 6 处，深度不超过本身厚度的 30%；树脂类深度不超过 5%
每卷卷材的接头	橡胶类每 20 m 不超过 1 处，较短的一段不应小于 3 000 mm，接头处应加长 150 mm；树脂类 20 m 长度内不允许有接头

表3-43　合成高分子防水卷材物理性能

<table>
<tr><th colspan="2" rowspan="2">项　目</th><th colspan="4">性能要求</th></tr>
<tr><th>硫化橡胶类</th><th>非硫化橡胶类</th><th>树脂类</th><th>纤维增强类</th></tr>
<tr><td colspan="2">断裂拉伸强度(MPa)</td><td>≥6</td><td>≥3</td><td>≥10</td><td>≥9</td></tr>
<tr><td colspan="2">扯断伸长率(%)</td><td>≥400</td><td>≥200</td><td>≥200</td><td>≥10</td></tr>
<tr><td colspan="2">低温弯折(℃)</td><td>-30</td><td>-20</td><td>-20</td><td>-20</td></tr>
<tr><td rowspan="2">不透水性</td><td>压力(MPa)</td><td>≥0.3</td><td>≥0.2</td><td>≥0.3</td><td>≥0.3</td></tr>
<tr><td>保持时间(min)</td><td colspan="4">≥30</td></tr>
<tr><td colspan="2">加热收缩率(%)</td><td><1.2</td><td><2.0</td><td><2.0</td><td><1.0</td></tr>
<tr><td rowspan="2">热老化保持率
(80 ℃,168 h)</td><td>断裂拉伸强度</td><td colspan="4">≥80%</td></tr>
<tr><td>扯断伸长率</td><td colspan="4">≥70%</td></tr>
</table>

胶粘剂:包括卷材胶粘剂、基层处理剂应与相关卷材配套,并与卷材的材性相容。

稀释剂:甲苯、二甲苯、汽油等。

2.施工工具与机具

机具:空气压缩机、吹风机、喷灯、射钉枪、热风枪、垂直提升设备、手推车等。

工具:平铲刀、笤帚、滚刷、平毛刷、胶皮板刷、铁桶、剪刀、卷尺、铁抹子、压辊、烙铁、台秤等。

3.作业条件

防水层基层施工完成,已验收合格并办理了隐蔽工程验收记录。穿过基层的预埋管道和变形缝等部位均已按设计要求施工完毕。基层含水率不超过9%,并清扫干净。合成高分子卷材已运到现场,经复检材料质量符合要求。施工机具已备齐,水、电已接通。气温不低于5 ℃。

4.施工工艺

合成高分子卷材防水层施工工艺流程如下:

基层清理→细部节点处理→刷基层处理剂→卷材铺设→保护层施工。

5.施工要点

1)基层清理

先用打磨机将突出基层的多余混凝土或砂浆结块清除,再用钢丝刷和清水清除基层表面的浮浆、返碱、尘土、油污以及表面涂层等杂物,并使光滑的混凝土表面变成粗糙面,然后用清水冲洗至中性。

2)细部节点处理

突出基层结构的交接处和基层的转角处均应做成圆弧形,圆弧半径应大于或等于20 mm。突出基层结构的管根、排水口、变形缝等部位,应设置防水涂膜附加层(先均匀涂刷一层氯丁胶粘剂,随即粘贴一层纤维布,涂刷后4~6 h再涂刷一层氯丁胶粘剂将纤维布覆盖严密)。

卷材的甩槎、接槎做法见图 3-18 和图 3-19。

3)基层处理剂涂刷

涂刷将氯丁胶粘剂稀释液涂刷在干燥的基层上。要求涂刷得均匀一致,无露底,亦可用喷涂方式施工。

4)卷材铺贴

可采用冷粘法、自粘法、焊接法或机械固定法等施工方法。

冷粘法:基层胶粘剂可涂刷在基层或涂刷在基层和卷材底面,涂刷应均匀,不露底,不堆积。卷材空铺、点粘、条粘时,应按规定的位置及面积涂刷胶粘剂。

根据胶粘剂的性能,应控制胶粘剂涂刷与卷材铺贴的间隔时间。

铺贴卷材不得皱折,也不得用力拉伸卷材,并应排除卷材下面的空气,辊压粘贴牢固。铺贴的卷材应平整顺直,搭接尺寸准确,不得扭曲。

卷材铺好压牢后,应将搭接部位的粘合面清理干净,并采用与卷材配套的接缝专用胶粘剂,在搭接缝粘合面上涂刷均匀,不露底,不堆积。根据专用胶粘剂性能,应控制胶粘剂涂刷与粘合间隔时间,并排除缝间的空气,辊压粘贴牢固。

搭接缝口应采用材性相容的密封材料封严。卷材搭接部位采用胶粘带粘结时,粘合面应清理干净,必要时可涂刷与卷材及胶粘带材性相容的基层胶粘剂,撕去胶粘带隔离纸后应及时粘合上层卷材,并辊压粘牢。低温施工时,宜采用热风机加热,使其粘贴牢固、封闭严密。

自粘法:铺粘卷材前,基层表面应均匀涂刷基层处理剂,干燥后及时铺贴卷材。

铺贴卷材时应将自粘胶底面的隔离纸完全撕净。铺贴卷材时应排除卷材下面的空气,并辊压粘贴牢固。铺贴的卷材应平整顺直,搭接尺寸准确,不得扭曲、皱折。低温施工时,立面、大坡面及搭接部位宜采用热风机加热,加热后随即粘贴牢固。搭接缝口应采用材性相容的密封材料封严,宽度不应小于 10 mm。施工中应注意揭掉隔离纸的自贴卷材应防止灰尘污染。

焊接法和机械固定法:对热塑性卷材的搭接缝宜采用单缝焊或双缝焊,焊接应严密。焊接前,卷材应铺放平整、顺直,搭接尺寸准确,焊接缝的结合面应清扫干净。应先焊长边搭接缝,后焊短边搭接缝。卷材采用机械固定时,固定件应与结构层固定牢固,固定件间距应根据当地的使用环境与条件确定,并不宜大于 600 mm。距周边 800 mm 范围内的卷材应满粘。

5)保护层施工

卷材铺贴完成后,应进行闭水试验,合格后,按设计要求进行施工保护层。平面可以抹 20 mm 厚水泥砂浆做保护层;地下室外墙面回填土时,可粘贴聚苯板做保护层。

6. 质量标准

1)主控项目

卷材防水层所用卷材及主要配套材料必须符合设计要求。卷材防水层及其转角处,变形缝、穿墙管道等细部做法均应符合设计要求。

2）一般项目

卷材防水层的基层应牢固，基面应洁净、平整，不得有空鼓、松动、起砂和脱皮现象；基层阴阳角处应做成圆弧形。卷材防水层的搭接缝应粘（焊）接牢固，密封严密，不得有皱折、翘曲和鼓泡等缺陷。侧墙卷材防水层的保护层与防水层应粘接牢固，结合紧密，厚度均匀一致。卷材搭接宽度的允许偏差为 -10 mm。

3.4.2.5　聚氨酯涂料防水层施工工艺

1. 材料性能要求

聚氨酯涂料：质量应符合表3-44和表3-45的要求。

表3-44　聚氨酯涂料（反应固化型）质量要求

项　目		质量要求	
		Ⅰ类	Ⅱ类
拉伸强度（MPa）		≥1.9（单、多组分）	≥2.45（单、多组分）
断裂伸长率（%）		≥550（单组分） ≥450（多组分）	≥450（单、多组分）
低温柔性（℃，2 h）		-40（单组分），-35（多组分），弯折无裂纹	
不透水性	压力（MPa）	≥0.3（单、多组分）	
	保持时间（min）	≥30（单、多组分）	
固体含量（%）		≥80（单组分），≥92（多组分）	

注：产品按拉伸性能分为Ⅰ、Ⅱ两类。

表3-45　聚氨酯涂料（挥发固化型）质量要求

项　目		质量要求
拉伸强度（MPa）		≥1.5
断裂伸长率（%）		≥300
低温柔性（℃，2 h）		-20，绕 ϕ10 mm 圆棒无裂纹
不透水性	压力（MPa）	≥0.3
	保持时间（min）	≥30
固体含量（%）		≥65

助剂：二月桂酸二丁基锡、磷酸、乙酸乙酯、二甲苯等。

纤维布：可采用聚酯纤维无纺布、玻璃纤维布、中碱玻璃纤维布（≥50 g/m^2），并符合有关现行国家标准的规定。

2. 施工工具与机具

机具：涂料搅拌机、手持打磨机、手推车等。

工具：橡胶刮板、滚刷、涂料刷、铁抹子、平铲刀、拌料桶、笤帚、磅秤等。

3. 作业条件

防水层基层施工完成，已验收合格并办理了隐蔽工程验收记录。穿过基层的预埋管道和变形缝等部位均已按设计要求施工完毕。基层含水率不超过9%,并清扫干净。聚氨酯涂料已运到现场,经复检材料质量符合要求。施工机具已备齐,水、电已接通。气温不低于5 ℃。

4. 施工工艺

聚氨酯涂料防水层施工工艺流程如下:

基层清理→涂刷底胶→涂刷底胶细部节点处理→分层涂刷防水涂料→保护层施工。

5. 施工要点

1)基层清理

先用打磨机将突出基层的多余混凝土或砂浆结块清除,再用钢丝刷和清水清除基层表面的浮浆、返碱、尘土、油污以及表面涂层等杂物,并使光滑的混凝土表面变成粗糙面,然后用清水冲洗至中性。

2)涂刷底胶

底胶配合比:按甲料:乙料:二甲苯=1:1.5:2的质量比搅拌均匀。先涂刷阴阳角、排水管、立管周围、混凝土接口、裂缝处以及需增强部位,然后大面积涂刷。涂刷后,不粘手时即可进行下一道工序操作。

3)细部节点处理

突出基层的管根、排水口、变形缝等部位,应在涂刷前做一布二油附加防水层。底胶表干后,按增强部位形状、宽度加宽200 mm裁剪玻纤布,套铺在增强部位后涂刷聚氨酯防水涂料,第一层聚氨酯涂料涂刷后4~6 h,可涂刷第二层聚氨酯涂料,将纤维布覆盖严密。附加防水层表干后,可以大面积涂刷防水涂料。

4)涂刷防水涂料

防水涂料可采用外防外涂、外防内涂两种做法,见图3-20和图3-21。

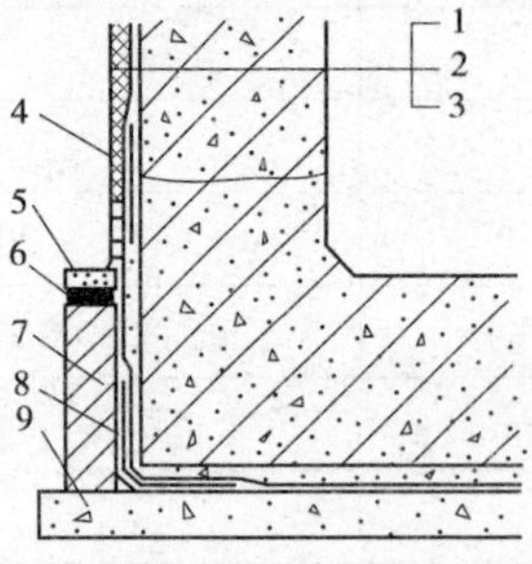

1—结构墙体;2—涂料防水层;3—涂料保护层;4—涂料防水加强层;
5—涂料防水层搭接部位保护层;6—涂料防水层搭接部位;
7—永久保护墙;8—涂料防水加强层;9—混凝土垫层

图3-20 防水涂料外防外涂做法

涂料配合比:按甲料:乙料=1:1.5的质量比搅拌均匀。

在底胶和增强附加防水层表干后,用橡胶刮板在基层上均匀涂刷第一层聚氨酯涂料,涂刷厚度为1.2~1.5 mm。第二层涂料在第一层涂料表干24 h后进行,涂刷方法同第一层,涂刷方向应与第一层垂直,涂刷厚度为0.6~0.9 mm。

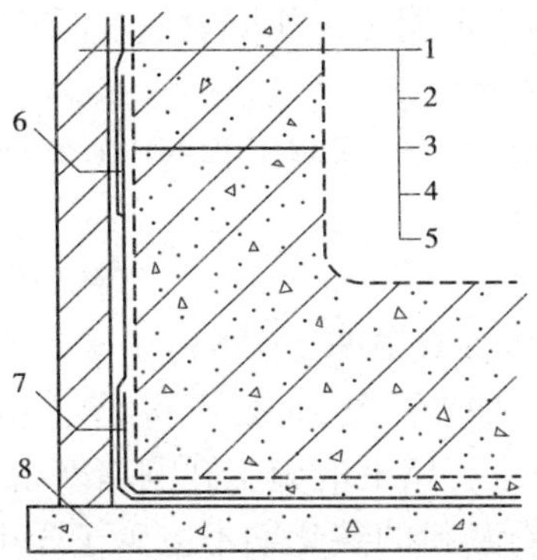

1—结构墙体;2—砂浆保护层;3—涂料防水层;
4—砂浆找平层;5—保护墙;6—涂料防水加强层;
7—涂料防水加强层;8—混凝土垫层

图 3-21 防水涂料外防内涂做法

5)保护层施工

第二层涂料固化后,可进行闭水试验,合格后,按设计施工保护层。平面可以抹 20 mm 厚水泥砂浆做保护层;地下室外墙面回填土时,可粘贴聚苯板做保护层。

6. 质量标准

1)主控项目

涂料防水层所用材料及配合比必须符合设计要求。涂料防水层及其转角处、变形缝、穿墙管道等细部做法均须符合设计要求。

2)一般项目

涂料防水层的基层应牢固,基面应洁净、平整,不得有空鼓、松动、起砂和脱皮现象;基层阴阳角处应做成圆弧形。涂料防水层应与基层粘接牢固,表面平整、涂刷均匀,不得有流淌、皱折、鼓泡,露胎体和翘边等缺陷。涂料防水层的平均厚度应符合设计要求。最小厚度不得小于设计厚度的 80%。侧墙涂料防水层的保护层与防水层粘接牢固,结合紧密,厚度均匀一致。

子任务 3.5 建筑装饰装修工程施工质量控制

3.5.1 抹灰工程

3.5.1.1 一般规定

适用于一般抹灰、装饰抹灰和清水砌体勾缝等分项工程的质量验收抹灰工程验收时应检查下列文件和记录。抹灰工程的施工图、设计说明及其他设计文件。材料的产品合格证书、性能检测报告、进场验收记录和复验报告。隐蔽工程验收记录。施工记录。抹灰工程应对水泥的凝结时间和安定性进行复验。抹灰工程应对下列隐蔽工程项目进行验收。

抹灰总厚度大于或等于 35 mm 时的加强措施。不同材料基体交接处的加强措施。

各分项工程的检验批应按下列规定划分。相同材料、工艺和施工条件的室外抹灰工程每 500～1 000 m^2 应划为一个检验批。

相同材料、工艺和施工条件的室内抹灰工程每 50 个自然间应划分为一个检验批，不足 50 间也应划分为一个检验批。

检查数量应符合下列规定：

(1)室内每个检验批应至少抽查 10%，并不得少于 3 间；不足 3 间时应全数检查。室外每个检验批每 100 m^2 应至少抽查一处，每处不得小于 10 m^2。外墙抹灰工程施工前应先安装钢木门窗框、护栏等，并应将墙上的施工孔洞堵塞密实。抹灰用的石灰膏的熟化期不应少于 15 d；罩面用的磨细石灰粉的熟化期不应少于 3 d。

(2)室内墙面、柱面和门洞口的阳角做法应符合设计要求。设计无要求时，水泥砂浆做护角，其高度不应低于 2 m，每侧宽度不应小于 50 mm。当要求抹灰层具有防水、防潮功能时，应采用防水砂浆。各种砂浆抹灰层，在凝结前应防止快干、水冲、撞击、振动和受冻，采取措施防止沾污和损坏。水泥砂浆抹灰层应在湿润条件下养护。

(3)外墙和顶棚的抹灰层与基层之间及各抹灰层之间必须粘接牢固。

3.5.1.2　一般抹灰工程

适用于石灰砂浆、水泥砂浆、水泥混合砂浆、聚合物水泥砂浆和麻刀石灰、纸筋石灰、石膏灰等一般抹灰工程的质量验收。一般抹灰工程分为普通抹灰和高级抹灰，当设计无要求时，按普通抹灰验收。

一般抹灰工程所划分的普通抹灰、中级抹灰和高级抹灰三级合并为普通抹灰和高级抹灰两级，主要是由于普通抹灰和中级抹灰的主要工序和表面质量基本相同，将原中级抹灰的主要工序和表面质量作为普通抹灰的要求。抹灰等级应由设计单位按照国家有关规定，根据技术、经济条件和装饰美观的需要来确定，并在施工图中注明。

1. 主控项目

抹灰前基层表面的尘土、污垢、油渍等应清除干净，并应洒水润湿。

检验方法：检查施工记录。

一般抹灰所用材料的品种和性能应符合设计要求。水泥的凝结时间和安定性复验应合格。砂浆的配合比应符合设计要求。

检验方法：检查产品合格证书、进场验收记录、复验报告和施工记录。

材料质量是保证抹灰工程质量的基础，因此，抹灰工程所用材料（如水泥、砂、石灰膏、石膏、有机聚合物等）应符合设计要求及国家现行产品标准的规定，并应有出厂合格证；材料进场时应进行现场验收，不合格的材料不得用在抹灰工程上，对影响抹灰工程质量与安全的主要材料的某些性能（如水泥的凝结时间和安定性）进行现场抽样复验。

抹灰工程应分层进行。当抹灰总厚度大于或等于 35 mm 时，应采取加强措施。不同材料基体交接处表面的抹灰，应采取防止开裂的加强措施，当采用加强网时，加强网与各基体的搭接宽度不应小于 100 mm。

检验方法：检查隐蔽工程验收记录和施工记录。

抹灰厚度过大时，容易产生起鼓、脱落等质量问题；不同材料基体交接处，由于吸水性和收缩性不一致，接缝处表面的抹灰层容易开裂，上述情况均应采取加强措施，以切实保证抹灰工程的质量。

抹灰层与基层之间及各抹灰层之间必须黏结牢固,抹灰层应无脱层、空鼓,无爆灰和裂缝。

检验方法:观察,用小锤轻击检查,检查施工记录。

抹灰工程的质量关键是黏结牢固,无开裂、空鼓与脱落。如果黏结不牢,出现空鼓、开裂、脱落等缺陷,会降低对墙体保护作用,且影响装饰效果。经调研分析,抹灰层之所以出现开裂、空鼓和脱落等质量问题,主要原因是基体表面清理不干净,如:基体表面尘埃及疏松物、脱模剂和油渍等影响抹灰黏结牢固的物质未彻底清除干净;基体表面光滑,抹灰前未作毛化处理;抹灰前基体表面浇水不透,抹灰后砂浆中的水分很快被基体吸收,使砂浆质量不好,使用不当;一次抹灰过厚,干缩率较大等,都会影响抹灰层与基体的黏结牢固。

2. 一般项目

一般抹灰工程的表面质量应符合下列规定:

(1)普通抹灰表面应光滑、洁净、接槎平整,分格缝应清晰。

(2)高级抹灰表面应光滑、洁净、颜色均匀、无抹纹,分格缝和灰线应清晰美观。

检验方法:观察,手摸检查。

护角、孔洞、槽、盒周围的抹灰表面应整齐、光滑;管道后面的抹灰表面应平整。

检验方法:观察。

(3)抹灰层的总厚度应符合设计要求;得抹在水泥砂浆层上。

检验方法:检查施工记录。水泥砂浆不得抹在石灰砂浆层上;罩面石膏灰不得抹在水泥砂浆层上。

检验方法:检查施工记录。

(4)抹灰分格缝的设置应符合设计要求,宽度和深度应均匀,表面应光滑,无棱角。

检验方法:观察,尺量检查。

(5)有排水要求的部位应做滴水线(槽)。滴水线滴水槽宽度和深度均不应小于10 mm。

检验方法:观察,尺量检查。(槽)应整齐顺直,滴水线应内高外低。

(6)一般抹灰工程质量的允许偏差和检验方法应符合表3-46的规定。

表3-46 一般抹灰工程质量的允许偏差和检验方法

项次	项目	允许偏差(mm)		检验方法
		普通抹灰	高级抹灰	
1	立面垂直度	4	3	用2 m垂直检测尺检查
2	表面平整度	4	3	用2 m靠尺和塞尺检查
3	阴、阳角方正	4	3	用直角检测尺检查
4	分格条(缝)直线度	4	3	用5 m线,不足5 m拉通线,用钢直尺检查
5	墙裙、勒脚上口直线度	4	3	拉5 m线,不足5 m拉通线,用钢直尺检查

注:1. 普通抹灰,本表第3项阴角方正可不检查。

2. 顶棚抹灰,本表第2项表面平整度可不检查,但应平顺。

3.5.2 门窗工程

3.5.2.1 一般规定

适用于木门窗制作安装、金属安装、塑料门窗安装、特种门安装、门窗玻璃安装等分项工程的质量验收。

门窗工程验收时应检查下列文件和记录。

门窗工程的施工图、设计说明及其他设计文件。材料的产品合格证书、性能检测报告、进场验收记录和复验报告。特种门及其附件的生产许可文件。隐蔽工程验收记录、施工记录。门窗工程应对下列材料及其性能指标进行复验。

人造木板的甲醛含量。建筑外墙金属窗和塑料窗的抗风性能、空气渗透性能及雨水渗漏性能。门窗工程应对隐蔽工程项目进行验收。预埋件和锚固件。隐蔽部位的防腐、填嵌处理等。

各分项工程的检验批应按下列规定划分。①同一品种、类型和规格的木门窗、金属门窗各检验批,不足100樘也应划分为一个检验批。②塑料门窗及门窗玻璃每100樘应划分为一个检验批。③同一品种、类型和规格的特种门每50樘应划分为一个检验批。

检查数量应符合下列规定:

木门窗、金属门窗、塑料门窗及门窗玻璃,每个检验批应至少抽查5%,3樘,不足3樘时应全数检查;高层建筑的外窗,每个检验批应至少抽查10%,6棱,不足6棱时应全数检查。

本条对各种检验批的检查数量作出规定。考虑到对高层建筑(10层及10层以上的居住建筑和建筑高度超过24 m的公共建筑)的外窗各项性能要求应更为严格,故每个检验批的检查数量增加一倍。此外,由于特种门的重要性明显高于普通门,数量则较普通门为少,为保证特种门的功能,规定每个检验批抽样检查的数量应比普通门加大。

门窗安装前,应对门窗洞口尺寸进行检验。

本条规定了安装门窗前应对门窗洞口尺寸进行检查,除检查单个门窗洞口尺寸外,还应对能够通视的成排或成列的门窗洞口进行目测或拉通线检查。如果发现明显偏差,应向有关管理人员反映,采取处理措施后再安装门窗。

金属门窗和塑料门窗安装应采用预留洞口的方法施工,不得采用边安装边砌口或先安装后砌口的方法施工。安装金属门窗和塑料门窗,我国规范历来规定应采用预留洞口的方法施工,不得采用边安装边砌口或先安装后砌口的方法施工,其原因主要是防止门窗框受挤压变形和表面保护层受损。木门窗安装也宜采用预留洞口的方法施工。如果采用先安装后砌口的方法施工,则应注意避免门窗框在施工中受损、受挤压变形或受到污染。

木门窗与砖石砌体、混凝土或抹灰层接触处应进行防腐处理并应设置防潮层。当金属窗或塑料窗组合时,其拼樘料的尺寸、规格、壁厚应符合设计要求。组合门窗拼樘料不仅起连接作用,而且是组合窗的重要受力部件,故对其材料应严格要求,其规格、尺寸、壁厚等应由设计给出,并应使组合窗能够承受该地区的瞬时风压值。

建筑外门窗的安装必须牢固。在砌体上安装门窗严禁用射钉固定。

门窗安装是否牢固既影响使用功能又影响安全,其重要性尤其以外墙门窗更为显著。故本条规定,无论采用何种方法固定,建筑外墙门窗必须确保安装牢固,并将此条列为强制性条文。

特种门安装除应符合设计要求和规范规定外，金属门窗安装工程还应符合有关专业标准和主管部门的规定。金属门窗的品种、类型、规格、尺寸、性能、开启方向、安装位置、连接方式及铝合金门窗的型材壁厚应符合设计要求。金属门窗的防腐处理及填嵌、密封处理应符合设计要求。

检验方法：观察，尺量检查，检查产品合格证书、性能检测报告、进场验收记录和复验报告，检查隐蔽工程验收记录。

金属门窗框和副框的安装必须牢固。预埋件的数量、位置、埋设方式、与框的连接方式必须符合设计要求。

检验方法：手扳检查，检查隐蔽工程验收记录。

金属门窗扇必须安装牢固，并应开关灵活、关闭严密，无倒翘。推拉门窗必须有防脱落措施。

检验方法：观察，开启和关闭检查，手扳检查。

推拉门窗扇意外脱落容易造成安全方面的伤害，对高层建筑情况更为严重，故规定推拉门窗扇必须有防脱落措施。金属门窗配件的型号、规格、数量应符合设计要求，能应满足使用要求。

检验方法：观察，开启和关闭检查，手扳检查。

3.5.2.2　**一般项目**

金属门窗表面应洁净，膜或保护层应连续。

检验方法：观察。平整、光滑、色泽无锈蚀。大面应无划痕、碰伤。

铝合金门窗推拉门窗扇开关力应不大于100 N。

检验方法：用弹簧秤检查。

金属门窗框与墙体之间的缝隙应填嵌饱满，并采用密封胶密封。密封胶表面应光滑、顺直，无裂纹。

检验方法：观察，轻敲门窗框检查，检查隐蔽工程验收记录。

金属门窗扇的橡胶密封条或毛毡密封条应安装完好，不得脱槽。

检验方法：观察，开启和关闭检查。

有排水孔的金属门窗，排水孔应畅通，位置和数量应符合设计要求。

检验方法：观察。

钢门窗安装的留缝限值、允许偏差和检验方法应符合有关规定。

铝合金门窗安装的允许偏差和检验方法应符合表3-47规定。

表3-47　铝合金门窗安装的允许偏差和检验方法

项次	项目		允许偏差(mm)	检验方法
1	门窗槽口宽度、高度	≤1 500 mm	1.5	用钢尺检查
		>1 500 mm	2	
2	门窗槽口对角线长度差	≤2 000 mm	3	用钢尺检查
		>2 000 mm	4	

续表 3-47

项次	项目	允许偏差(mm)	检验方法
3	门窗框的正、侧面垂直度	2.5	用垂直检测尺检查
4	门窗横框的水平度	2	用 1 m 水平尺和塞尺检查
5	门窗横框标高	5	用钢尺检查
6	门窗竖向偏离中心	5	用钢尺检查
7	双层门窗内外框间距	4	用钢尺检查
8	推拉门窗扇与框搭接量	1.5	用钢直尺检查

3.5.3 涂饰工程

3.5.3.1 一般规定

(1)适用于水性涂料涂饰、溶剂型涂料涂饰、美术涂饰等分项工程的质量验收。

(2)涂饰工程验收时应检查下列文件和记录。涂饰工程的施工图、设计说明及其他设计文件。材料的产品合格证书、性能检测报告和进场验收记录。

(3)各分项工程的检验批应按下列规定划分:

室外涂饰工程每一栋楼的同类涂料涂饰的墙面每 500 ~ 1 000 m^2 应划分为一个检验批。不足 500 m^2 也应划分为一个检验批。

室内涂饰工程同类涂料涂饰墙面每 50 间(大面积房间和走廊按涂饰面积 30 m^2 为 1 间)应划分为一个检验批,不足 50 间也应划分为一个检验批。

(4)检查数量应符合下列规定:

室外涂饰工程每 100 m^2 应至少检查一处。

室内涂饰工程每个检验应至少抽查 10%。

(5)涂饰工程的基层处理应符合下列要求:

每处不得小于 10 m^2,并不得少于 3 间;不足 3 间时应全数检查。

①新建筑物的混凝土或抹灰层基层在涂饰涂料前应涂刷抗碱封闭底漆。②旧墙面在涂饰涂料前应清除疏松的旧装修层,并涂刷界面剂。③混凝土或抹灰基层涂刷溶剂型涂料时,含水率不得大于 8%;涂刷乳液型涂料时,含水率不得大于 10%。木材基层的含水率不得大于 12%。

基层腻子应平整、坚实、牢固,无粉化、起皮和裂缝;内墙腻子的粘接强度应符合《建筑室内用腻子》(JG/T 3049)的规定。厨房、卫生间墙面必须使用耐水腻子。

同类型的涂料对混凝土或抹灰基层含水率的要求不同,涂刷溶剂涂料时,参照国际一般做法规定为不大于 8%;涂刷乳液型涂料时,基层含水率控制在 10% 以下时装饰质量较好,同时,国内外建筑涂料产品标准对基层含水率的要求均在 10% 左右,故规定涂刷乳液型涂料时基层含水率不大于 10%。

(6)水性涂料涂饰工程施工的环境温度应在 5 ~ 35 ℃。

(7)涂饰工程应在涂层养护期满后进行质量验收。

3.5.3.2 水性涂料涂饰工程

适用于乳液型涂料、无机涂料、水溶性涂料等水性涂料涂饰工程的质量验收。

1. 主控项目

水性涂料涂饰工程所用涂料的品种、型号和性能应符合设计要求。

检验方法:检查产品合格证书、性能检测报告和进场验收记录。

水性涂料涂饰工程的颜色、图案应符合设计要求。

检验方法:观察。

水性涂料涂饰工程应涂饰均匀、粘接牢固,不得漏涂。

检验方法:观察,手摸检查。透底、起皮和掉粉。

水性涂料涂饰工程的基层处理应符合“一般规定”中第5条的要求。

检验方法:观察,手摸检查,检查施工记录。

2. 一般项目

薄涂料的涂饰质量和检验方法应符合表3-48的规定。

表3-48 薄涂料的涂饰质量和检验方法

项次	项目	普通涂饰	高级涂饰	检验方法
1	颜色	均匀一致	均匀一致	观察
2	泛碱、咬色	允许少量轻微	不允许	
3	流坠、疙瘩	允许少量轻微	不允许	
4	砂眼、刷纹	允许少量轻微砂眼、刷纹通顺	无砂眼,无刷纹	
5	装饰线、分色线直线度允许偏差(mm)	2	1	拉5 m线,不足5 m拉通线,用钢直尺检查

厚涂料的涂饰质量和检验方法应符合表3-49的规定。

表3-49 厚涂料的涂饰质量和检验方法

项次	项目	普通涂饰	高级涂饰	检验方法
1	颜色	均匀一致	均匀一致	观察
2	泛碱、咬色	允许少量轻微	不允许	
3	点状分布	—	疏密均匀	

复合涂料的涂饰质量和检验方法应符合表3-50的规定。

表 3-50　复合涂料的涂饰质量和检验方法

项次	项目	质量要求	检验方法
1	颜色	均匀一致	观察
2	泛碱、咬色	不允许	
3	喷点疏密程度	均匀，不允许连片	

涂层与其他装修材料和设备衔接处应吻合，界面应清晰。

检验方法：观察。

3.5.3.3　溶剂型涂料涂饰工程

适用于丙烯酸酯涂料、聚氨酯丙烯酸涂料、有机硅丙烯酸涂料等溶剂型涂料涂饰工程的质量验收。

溶剂型涂料涂饰工程所选用涂料的品种、型号和性能应符合设计要求。

检验方法：检查产品合格证书、性能检测报告和进场验收记录。

溶剂型涂料涂饰工程的颜色、光泽、图案应符合设计要求。

检验方法：观察。

溶剂型涂料涂饰工程应涂饰均匀、粘接牢固，不得漏涂、透底。

检验方法：观察，手摸检查。

溶剂型涂料涂饰工程的基层处理应符合设计要求。

检验方法：观察，手摸检查，检查施工记录。

色漆的涂饰质量和检验方法应符合表 3-51 的规定。

表 3-51　色漆的涂饰质量和检验方法

项次	项目	普通涂饰	高级涂饰	检验方法
1	颜色	均匀一致	均匀一致	观察
2	光泽、光滑	光泽基本均匀 光滑无挡手感	光泽均匀一致光滑	观察、手摸检查
3	刷纹	刷纹通顺	无刷纹	观察
4	裹棱、流坠、皱皮	明显处不允许	不允许	观察
5	装饰线、分色线直线度允许偏差	2 mm	1 mm	拉 5 m 线，不足 5 m 拉通线，用钢直尺检查

注：1. 无光色漆不检查光泽。

2. 清漆的涂饰质量和检验方法应符合表 3-52 的规定。

3. 涂层与其他装修材料和设备衔接处应吻合，界面应清晰。

表3-52 清漆的涂饰质量和检验方法

项次	项目	普通涂饰	高级涂饰	检验方法
1	颜色	基本一致	均匀一致	观察
2	木纹	棕眼刮平、木纹清楚	棕眼刮平、木纹清楚	观察
3	光泽、光滑	光泽基本均匀 光滑无挡手感	光泽均匀一致光滑	观察、手摸检查
4	刷纹	无刷纹	无刷纹	观察
5	裹棱、流坠、皱皮	明显处不允许	不允许	观察

【陕建案例5】 陕西建工某公司承建某创业大厦工程装饰工程施工工序控制。

第六节 装饰工程

根据施工图和建设单位要求,内装饰部分、外墙装饰根据图纸要求施工。

1.1 总体安排及要求

(1)装修工程施工时,室内粗装修随砌体由下往上逐层施工,外墙装饰为一次由上往下施工完成。装修工程开始前,各分项工程先做样板,经各有关部门验收后展开全面施工。

(2)组织专业的施工班组,分别承担各分项装饰工程,实行定任务、定质量、定标准、定时间,分包到组,实行优质超产重奖、劣质重罚,保证质量,保证工期。

(3)材料供应:订货前取样品交设计、甲方审核认定后方可进货,对易产生色差、规格偏差较大的材料应选择同一厂家同一批产品。

1.2 施工组织与配合

本工程装饰工程量较大,材料品种繁多,质量要求高,土建与安装需要合理安排作业,因此组织计划、施工协调配合非常重要。土建要先做好卫生间的抹灰等,为安装创造条件,对直接影响土建施工的安装工序也要提前安排施工。土建和安装要定期召开生产协调会,解决进度安排,互相配合及产品保护等事宜。

1.3 施工顺序

根据设计图纸,本工程室内装饰主导流水线为:做墙面抹灰塌饼及门窗洞口护角→主体结构分层验收→门窗框安装→天棚抹灰→墙面抹灰→楼地面→吊顶→安装布线→门窗扇安装→顶棚、墙面涂料→油漆玻璃→安装电器、灯具→土建收尾。

待主体结构施工完后,至上而下进行外墙装饰施工。

1.4 质量控制

(1)装饰工程施工必须实行样板制(样板间样板层),即先做出样板,经质检部门及监理单位共同检查鉴定,一致认可达到质量优良标准后,方可大面积展开施工。装饰分部工程必须达到优良质量标准。

(2)项目部要制定、贯彻、落实技术交底制度、质量员跟班检查制度、产品保护制度、土建安装交接制度等行之有效的管理制度,保证施工操作质量。

1.5　工艺要求和施工要点

1. 抹灰工程

1) 一般规定

(1) 抹灰工程的砂浆等级应符合设计要求。

(2) 抹灰工程所用砂浆配合比,原材料品种、规格,应按设计要求选用。

(3) 抹灰砂浆的配合比和稠度等,应经检查合格后,方可使用,掺有水泥或石膏拌制的砂浆,应控制在初凝前用完。

(4) 砂浆中掺用外加剂时,其掺入量应由试验确定。

(5) 砖结构与混凝土结构的相接处基本表面抹灰,应先铺钉金属网,并绷紧牢固,金属网与各基体的搭接宽度不应小于 100 mm。

(6) 室内墙面、柱面和门洞的阳角,宜用 1∶2.5 水泥砂浆做护角,其高度不应低于 2 m,每侧宽度不小于 50 mm。

(7) 外墙抹灰工程施工前,应安装好门窗、阳台栏杆和预埋铁件等,并将墙上的施工孔堵塞密实。

(8) 外墙窗台、窗楣、雨篷、阳台、压顶和突出腰线等,上面应做流水坡度,下面应做滴水线或滴水槽(见图 3-22),滴水槽的深度和宽度均不应小于 10 mm,并整齐一致。

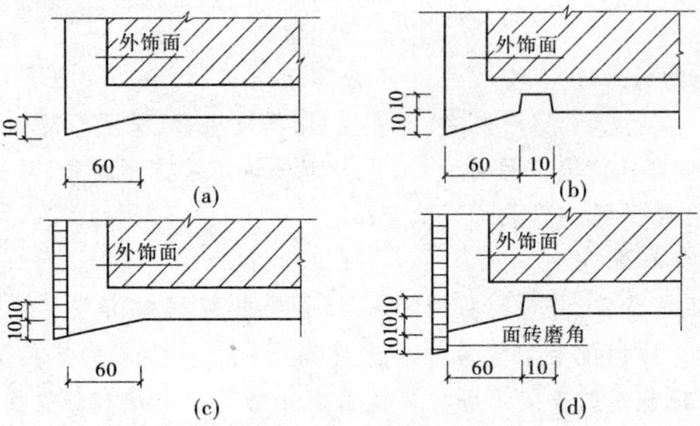

图 3-22　滴水槽(线)示意图　(单位:mm)

(9) 水泥砂浆的抹灰层应在湿润的条件下养护。

(10) 大面积的石灰膏抹面应事先经实验室试验后,得出既保证质量又便于操作的稠度及凝结时间才能施工。

(11) 一般抹灰按质量要求分为普通、中级和高级三级。我公司按高级抹灰施工:阴阳角找方,设置标筋,分层赶平、修整,表面压光。

(12) 厕所、天沟等凡有泛水需要的地台抹灰应做成倾向出水口的泛水坡度。

(13) 凡面层灰浆要压光的,最后一次"过硬匙",应在灰浆初凝后"收身"(即经过灰匙压磨而灰浆表层不会变成糊状)及时进行。

(14) 抹灰用砂宜用中砂,使用前应过筛,不宜采用特细砂。

(15) 抹灰掺合料用粉煤灰。

(16) 施工前,应预先做样板(样品间),并经公司质量管理部门认可后,方可进行。

2)水泥砂浆或混合砂浆抹墙面和天棚

(1)抹灰前必须将穿越墙面和楼板的管道洞嵌填实,管道背后应在安装前抹灰。

(2)内墙抹灰前,先在地面上放出各层各房间的粉刷厚度大样线条,放样线距墙的抹灰厚度控制在1~2 cm以内,放样线必须阴角方正,阳角整方。

(3)顶棚抹灰前,根据+50 cm线找出靠近顶板四周的水平线,然后用粉线包在顶板四周弹出一条水平操作线,为顶棚抹灰控制线。抹灰先抹顶棚四周,圈边找平。

(4)套方,吊直,作灰饼。抹底层灰前必须先找好规矩,即四角规方,横线找平,立线吊直,弹出基准线和踢脚线,并根据室内抹灰要求做好灰饼。

(5)墙面冲筋,待灰饼结硬后,使用与抹灰层相同的砂浆。在上、下灰饼之间做线宽30~50 mm的灰浆带,并以上、下灰饼为准压尺推平,冲筋完成并待稍干后,才能进行墙面底层抹灰作业。

(6)做护角:根据灰饼和门框边离墙面的空隙,用方尺规方后,分别在阳角两边吊直和固定好靠尺板,抹出水泥砂浆护角,并用阳角抹子推出小圆角,最后利用靠尺板,在阳角两边50 mm以外位置,以40°斜角将砂浆切除、清净。

(7)抹底层灰和中层灰:在墙体湿润的情况下抹底层灰,对混凝土墙体表面宜先刷、甩水泥素浆一遍,然后抹底层灰,底层灰厚度一般控制在5~7 mm,待底层灰稍干后,再以同样砂浆抹中层厚度为7~9 mm。中间灰抹完磨平后,应全面检查其垂直度、平整度、阴阳角是否方正、顺直,发现问题应及时修补处理。

(8)抹罩面层:采用425#水泥,建筑胶调和成腻子,一般为三遍,每刮一遍必须棱角整齐,阴角通顺,干燥后磨砂纸。

(9)抹灰施工要点:

抹灰前应检查窗框位置是否正确,与墙连接是否牢固,铝合金门窗所用的嵌缝材料应符合设计要求,且嵌塞密实,并事先粘贴好保护膜,抹灰前必须先找好规矩,即四角规方、横线找平、立线吊直、弹出基准线和踢脚线;室内墙面、柱面的阳角和门窗洞的阳角,用1:2水泥砂浆抹出护角,并用捋角和水泥器浆捋出小圆角;混凝土基层在抹灰前应先用1%烧碱清洗墙面油污,然后用掺水重2%的建筑胶1:1水泥胶浆甩在墙面或顶上,终凝浇水养护直至水泥砂浆疙瘩全部粘接在混凝土表面并有较高的强度(用手掰不动为止)后,再进行墙面和顶棚抹灰,砖墙面和墙面在抹灰前对墙面应提前一天充分浇水湿润。水泥砂浆面层压光不得少于两遍,且应掌握好压光时间,以免造成空鼓和麻面,罩面后次日进行洒水养护。纸筋灰罩面宜在底子灰5~6成干时进行,罩面分两遍压实赶光。窗台、窗楣、雨篷、压顶和突出腰线等,要严格按细部做法和要求,精心施工,在施工前应弹好基准线,并对基层做细致的处理,防止出现空鼓、歪斜、倒泛水、上下不顺直等现象,造成返工。

第七节 楼地面工程

楼地面工程做法按照图纸设计要求施工,楼地面工程在施工前要根据建设单位的要求,编制详细的施工工艺标准进行技术交底。

地面:

(1)地下室配电房:细石混凝土地面,两遍防静电油漆(色彩甲方自理)。

(2)一层:水泥砂浆地面。

(3)一层无地下室卫生间:防水地面,水泥砂浆找平压光。

楼面:

(1)卫生间:防水楼面,水泥砂浆抹光。

(2)其余楼面均为混凝土楼面。

1.1　混凝土垫层施工

1. 混凝土拌制

采用商品混凝土。

2. 混凝土浇筑

(1)先应清除基土上的泥土和杂物,并应有排水或防水措施。对干燥非黏性土应适当洒水湿润,表面不得存有积水。

(2)混凝土应用手推车或机动翻斗车运至浇筑地点。运送时防止离析或水泥浆流失。如有离析,应进行二次拌和。

(3)浇筑高度超过2 m时,应使用串筒或溜槽下料,以防止发生离析现象。

(4)混凝土浇灌由一端向另一端进行,采用平板式振动器振捣。

(5)混凝土应按分块(间)一次连续浇筑完成,如有间歇,应按规定留置施工缝。混凝土浇筑时间一般不应超过2 h。

(6)混凝土振捣密实后,表面应用木抹子搓平。如垫层的厚度较薄,应严格控制摊铺厚度,用大杠细致刮平表面。有排水要求的垫层,应按放线找出坡度,一般不应小于2%。

3. 混凝土养护

垫层浇筑完后,应在12 h左右覆盖的浇水,养护时间一般不少于7 d。

1.2　水泥砂浆楼地面:

1. 清理基层

将基层表面的积灰、浮浆、油污及杂物清扫掉并洗干净,明显凹陷处应用水泥砂浆或细石混凝土垫平,表面光滑处应凿毛并清刷干净。抹砂浆前1 d浇水湿润,表面积水应予排除。

2. 冲筋、贴灰饼

根据墙面弹线标高,用1:2干硬性水泥砂浆在基层上做灰饼,大小约50 mm见方,纵横间距约1.5 m左右。有坡度的地面,应坡向地漏一边。如局部厚度薄于10 mm,应调整其厚度或将高出的局部基层凿去。

3. 配制砂浆

面层水泥砂浆的配合比宜为1:2(水泥:砂,体积比),稠度不大于35 mm,强度等级不应小于M15。使用机械搅拌,投料完毕后的搅拌时间不应少于2 min,要求拌和均匀,颜色一致。

4. 铺抹砂浆

灰饼做好待收水不致塌陷时,即在基层上均匀扫素水泥浆(水灰比0.4~0.5)一遍,随扫随铺砂浆。若待灰饼硬化后再铺抹砂浆,则应随铺砂浆随找平,同时把利用过的灰饼敲掉,并用砂浆填平。

5. 找平

压头遍铺抹砂浆后,随即用刮尺或木杠按灰饼高度,将砂浆找平,用木抹子搓揉压实,将砂眼、脚印等消除后,用靠尺检查平整度。抹时应用力均匀,并后退着操作。待砂浆收水后,随即用铁抹子进行头遍抹平压实至起浆。如局部砂浆过干,可用茅柴帚稍洒水;如局部砂浆过稀,可均匀撒一层1:1干水泥砂(砂需过3 mm筛孔)来吸水,顺手用木抹子用力搓平,使互相混合。待砂浆收水后,再用铁抹子抹压至出浆。

6. 二遍压光

在砂浆初凝后进行第二遍压光,用钢抹子边抹边压,把死坑、砂眼填实压平,使表面平度整。要求不漏压,平面出光。有分格的地面,压光后,应用溜缝抹子溜压,做到缝边光直,缝明细。

7. 三遍压光

在砂浆终凝前进行,即人踩上去稍有脚印,用抹子压光无抹痕时,用铁抹子把前遍留下的抹纹全部压平、压实、压光,达到交活的程度为止。

8. 养护

视气温高低在面层压光交活24 h内,铺锯末或草袋护盖,并洒水保持湿润,养护时间不少于14 d。

9. 抹踢脚板

一般在抹地坪面层前施工。有墙面抹灰层的,底层和面层砂浆宜分两次抹成,无墙面抹灰层的,只抹面层砂浆。抹底层砂浆系先清理基层,洒水湿润,然后按标高线量出踢脚板标高。拉通线确定底灰厚度,贴灰饼,抹1:3水泥砂浆,刮板刮平,搓毛,浇水养护。抹面层砂浆系在底层砂浆硬化后,拉线贴粘靠尺板,抹1:2水泥砂浆,用刮板紧贴靠尺垂直地面刮平,用铁抹子压光,阴阳角、踢脚板上口,用角抹子溜直压光。

第八节　门窗工程

本工程防火门、防火窗须采用消防部门认可的产品,防火门均装闭门器,双扇装顺序器;外窗的抗风压性能:气密性6级,水密性4级;门窗型材及玻璃厚度均由生产厂家根据当地风压要求经设计确定,但不得小于下列规定:所有门窗框料壁厚:铝合金门≥1.6 mm,铝合金窗≥1.4 mm,铝合金地弹簧门≥2.0 mm;玻璃厚度:门≥8 mm,窗≥5 mm;玻璃面积大于1.5 m^2 的门窗玻璃均采用安全玻璃。

各种门窗委托有加工能力的厂家进行加工,并负责安装。在门窗安装前,要提前弹好门窗的位置线(标高线、进出线、中线)提供给外协单位,外墙门窗的进出线要依据外墙塔饼厚度确定,中线要依据外墙洞口位置和外装饰板或面砖排列确定,标高线依据楼层+50 cm线确定。

1.1　材料要求

(1)塑钢门窗的规格、型号应符合设计要求,五金配件配套齐全,并具有出厂合格证。

(2)玻璃、嵌缝材料、防腐材料等应符合设计要求和有关标准的规定。

(3)进场前应先对塑料门窗进行验收检查,不合格者不准进场。运到现场的塑料门窗应分型号、规格以不小于70°的角度立放于整洁的仓库内,下部放置垫木。仓库内的环境温度应小于50 ℃;门窗与热源的距离不应小于1 m,并不得与腐蚀物质接触。

(4)搬运门窗时应轻拿轻放,严禁抛摔,并保护好其护膜。

1.2 施工操作工艺

(1)将不同型号、规格的塑料门窗搬到相应的洞口旁竖放。当有保护膜脱落时,应补贴保护膜,并在框上下边画中线。

(2)如果玻璃已装在门窗上,应卸下玻璃,并做好标记。

(3)在门窗的上框及边框上安装固定片,其安装应符合下列要求:

检查门窗框上下边的位置及其内外朝向,并确认无误后,再安固定片。安装时应先采用直径为 $\phi3.2$ 的钻头钻孔,然后将十字槽盘端头自攻螺钉 M4×20 拧入,严禁直接锤击钉入。固定片的位置应距门窗角、中竖框、中横框 150~200 mm,固定片之间的间距应不大于 600 mm。不得将固定片直接装在中横框、中竖框的挡头上。

(4)根据设计图纸及门窗扇的开启方向,确定门窗框的安装位置,并把门窗框装入洞口,并使其上下框中线与洞口中线对齐。安装时应采取防止门窗变形的措施。无下框平开门应使两边框的下脚低于地面标高线 30 mm。带下框的平开门或推拉门应使下框低于地面标高线 10 mm。然后将上框的一个固定片固定在墙体上,并应调整门框的水平度、垂直度和直角度,用木楔临时定位;窗的上下框中线与洞口中线对齐后,窗的上下框四角及中横框的对称位置用木楔临时固定。当下框长度大于 0.9 m 时,其中间也用木楔塞紧。然后调整垂直度、水平度及直角度。

(5)当门窗与墙体固定时,应先固定上框,后固定边框。固定方法如下:

①混凝土墙洞口采用射钉或塑料膨胀螺钉固定。

②砖墙洞口采用塑料膨胀螺钉或水泥钉固定,应固定在木砖上。

③加气混凝土洞口,采用木螺钉将固定片固定在混凝土块上。

④设有预埋铁件的洞口应采取焊接的方法固定,也可先在预埋件上按紧固件规格打基孔,然后用紧固件固定。

⑤设有防腐木砖的墙面,采用木螺钉把固定片固定在防腐木砖上。

⑥窗下框与墙体的固定可将固定片直接伸入墙体预留孔内,并用砂浆填实。

(6)安装门连窗或组合窗时,门与窗采用拼樘料拼接、拼樘料与洞口的连接方法如下:

①拼樘料与混凝土过梁或柱子的连接应符合第(5)条第④款的规定。

②拼樘料与砖墙连接时,先将拼樘两端插入预留洞中,然后用 C20 细石混凝土浇灌固定。

(7)应将门窗框或两窗框与拼樘料卡接,并用紧固件双向扣紧,其间距不大于 600 mm;紧固件端头及拼樘料与窗框之间缝隙用嵌缝油膏密封处理。

(8)门窗框与洞口之间的伸缩缝内腔应采用闭孔泡沫塑料、聚氨酯发泡等弹性材料分层填塞。之后去掉临时固定用的木楔,其空隙用相同材料填塞。

(9)门扇应待水泥砂浆硬化后安装。

(10)门窗玻璃的安装应符合下列规定:

①玻璃不得与玻璃槽直接接触,应在玻璃四边垫上不同厚度的橡胶垫块。边框上的垫块应用聚氯乙烯胶加以固定。

②将玻璃装入框扇内,然后用玻璃压条将其固定。

③安装双层玻璃时,玻璃夹层四周应嵌入中隔条,中隔条应保证密封,不变形、不脱

落;玻璃槽及玻璃内表面应干燥、清洁。

④镀膜玻璃应装在玻璃的最外层;单面镀膜层应朝向室内。

(11)门锁、执手、纱窗铰链及锁扣等五金配件应安装牢固,位置正确,开关灵活。安装完后应整理纱网,压实压条。

1.3 质量标准

1.保证项目

(1)塑料门窗及其附件质量必须符合设计要求和有关标准的规定。

(2)塑料门窗安装的位置、开启方向,必须符合设计要求。

(3)塑料门窗安装必须牢固;预埋件数量、位置、埋设连接方法及防腐处理必须符合设计要求。

2.基本项目

(1)塑料门窗扇安装应符合以下规定:

①平开门窗扇关闭严密,搭接量均匀,开关灵活,密封条不脱槽。开关力:平铰链≤80 N,30 N≤滑撑铰链≤80 N。

②推拉门窗扇关闭严密,扇与框搭接量符合设计要求,开关力≤100 N。

③旋转窗关闭严密,间隙基本均匀,开关灵活。

(2)塑料门窗附件安装齐全,位置正确,安装牢固,使用灵活,达到各自的使用功能。

(3)塑料门窗框与墙体间缝隙填嵌饱满密实,表面平整、光滑,无裂缝,填塞材料、方法符合设计要求。

(4)塑料门窗表面洁净,无划痕、碰伤,型材无开焊断裂。门窗处于关闭时,扇与框间无明显缝隙,密封面上的密封条应处于压缩状态。

(5)塑料门窗带密封条的压条必须与玻璃全部贴紧,压条与型材的接缝处应无明显缝隙,接头缝隙≤1 mm。玻璃密封条与玻璃及玻璃槽口的接触应平整,不得卷边、脱槽。

(6)门窗玻璃不得直接接触型材,玻璃应平整、安装牢固,不应有松动现象,玻璃表面应洁净,单面镀膜玻璃的镀膜层应朝向室内。若为双层玻璃,夹层内不得有灰尘和水汽,双玻隔条不得翘起,单面镀膜玻璃应在最外层,镀膜层应朝向室内。

1.4 施工注意事项

(1)塑料门窗安装时,必须按施工操作工艺进行。施工前一定要画线定位,使塑料门窗上下顺直,左右标高一致。

(2)安装时要使塑料门窗垂直方正,对有劈棱掉角和窜角的门窗扇必须及时调整。

(3)门窗框扇上若粘有水泥砂浆,应在其硬化前用湿布擦干净,不得用硬质材料铲刮窗框扇表面。

(4)因塑料门窗材质较脆,所以安装时严禁直接锤击钉钉,必须先钻孔,再用自攻螺钉拧入。

子任务3.6 钢结构施工质量控制

钢结构工程一般包括钢结构焊接工程、钢结构紧固件连接工程、钢零件及钢部件加工工程、钢结构组装工程、钢构件预拼装工程、钢结构安装工程、压型金属板工程和钢结构涂装工程等,根据钢结构工程特点,应从以下几个方面对钢结构工程进行质量控制。

3.6.1　钢结构焊接工程

3.6.1.1　材料质量要求

承重结构采用的钢材应具有抗拉强度、伸长率、屈服强度和硫磷含量的合格保证,对焊接结构尚应具有碳含量的合格保证。

钢结构焊接工程中所用的焊条、焊丝、焊剂、电渣焊熔嘴、焊钉、焊接瓷环和施焊用的保护气体等必须有出厂质量合格证(质量证明书)等质量证明文件。焊条应符合国标《碳钢焊条》(GB/T 5117)或《低合金钢焊条》(GB/T 5118)的规定和设计要求。

焊接承重结构及重要非焊接承重钢结构采用的焊接材料应按国家现行有关标准进行见证抽样检验,有复试报告,应具有冷弯试验的合格保证。

钢结构焊接材料的出厂质量证明书和复试报告的品种、型号、规格及质量、性能及质量应符合设计和国家现行产品标准的规定。承重结构的钢材应采用 Q235 钢、Q345 钢、Q390 钢、Q420 钢其质量应符合现行国家标准《碳素钢结构》(GB/T 700)和《低合金高强度结构钢》(GB/T 150)的规定。

钢结构焊接工程中所选用的焊条、焊丝、焊剂和电渣熔嘴等焊接材料应与母材相匹配,并符合设计和国家现行产品标准的规定。钢结构焊接工程应优先选用已列入国家标准或部颁标准的焊接材料。

如设计选用未列入标准的母材和焊接材料,应说明材料的可焊性,并提供满足设计要求的焊接工艺试验资料。

施工单位对首次采用的钢材、焊接材料、焊接方法、焊后热处理等,应进行焊接工艺评定,并根据符合要求的评定报告确定焊接工艺后方可采用。

施工单位对其采用的焊钉的钢材焊接应进行焊接工艺评定,其结果应符合设计和国家现行产品标准的规定。

钢结构焊接工程中,一般采用焊缝金属与母材等强度的原则选用焊条、焊丝、焊剂等焊接材料。对处于外露环境且对耐腐蚀,有特殊要求的或在腐蚀性环境下的承重结构,应采用耐候钢,质量要求应符合国标《焊接结构用耐候钢》(GB/T 4172)的规定。

焊条烘焙:焊条、焊剂、药芯焊丝电渣焊渣嘴和焊钉焊用的瓷环等在使用前必须按照产品说明书及有关焊接工艺文件的规定进行烘焙,如说明书无特殊规定时,对酸性焊条根据受潮情况,在温度 75 ~150 ℃中烘焙 1 ~2 h,对碱性低氢型焊条应在温度 350 ~400 ℃中烘焙 1 ~2 h,并方在保温箱内,随用随取。

焊条药皮与焊剂的防潮:焊条受潮后易形成焊芯锈蚀及药皮酥松脱落,焊剂易受潮结块,为此焊条、焊丝和焊剂必须有防潮的措施。焊丝的表面质量:焊丝的直径、表面均匀性、油污、锈蚀等表面质量,会直接影响焊缝质量,因此对表面质量要严格控制。

焊剂防污染:焊剂被锈垢、氧化铁皮和油脂等污染,会影响焊缝,应采取措施防止焊剂被污染。保护气体的纯度:焊接用的保护气体 CO_2 应有较高的纯度,其中 $CO_2 \geq 99.5\%$;$O_2 < 0.1\%$;$H_2O < 1.22\ g/m^3$。

3.6.1.2 施工过程质量控制

焊工应经考试合格并取得合格证书后方可上岗担任相应合格项目的施焊，焊工停焊时间超过6个月，应重新考试。组装质量和焊缝区复查：施焊前焊工应复查钢结构的组装质量和焊缝区的处理情况如不符合要求，应修整合格后方能施焊。

焊前预热和焊后热处理：对于需要进行焊前预热或者焊后热处理的焊缝，其预热温度或后热温度应符合国家现行有关标准的规定或通过工艺试验确定，预热区在焊道两侧，每侧宽度均应大于焊件厚度的1.5倍以上，应不小于100 mm；后热处理应在焊后立即进行，保温时间根据板厚，按每25 mm板厚1 h确定。

多层焊接：多层焊接应连续施焊，其中每一道焊道焊完后应及时清理，如发现有影响质量的缺陷，必须清除后再焊。

焊缝裂纹：焊缝出现裂纹时，焊工不得擅自处理，应申报焊接技术负责人查清原因，订出修补措施后，方可施焊。

焊接引弧：严禁在焊缝区以外的母材上打火引弧，在坡口内引起弧的局部面积应熔焊一次，不得留下弧坑。

无损检测间隔时间：碳素结构钢应在焊缝冷却到环境温度、低合金钢应在完成焊接24 h后进行焊接无损检测检验。

焊工钢印：焊缝施焊后应在工艺规定的焊缝及部位打上焊工钢印。

3.6.2 钢结构紧固件连接工程

3.6.2.1 材料质量要求

应符合现行国标《钢结构用高强度大六角头螺栓》(GB/T 1228)的要求。

钢结构连接有高强度大六角螺栓连接副、扭剪型高强度螺栓连接副、普通螺栓、铆钉、自攻钉、拉铆钉、射钉、锚栓(膨胀型和化学试剂型)、地脚锚栓等紧固标准件及螺母、垫圈等标准配件应具有质量证明书或出厂合格证，其品种、型号、规格及质量应符合设计要求和国家现行有关产品标准的规定。

高强度大六角螺栓连接副和扭剪型高强度螺栓连接副出厂时应分别随箱带有扭矩系数和紧固轴力(预拉力)的检验报告，并符合设计要求和国家现行有关产品标准的规定。高强度大六角螺栓连接副应在施工现场见证随机抽样检验其扭矩系数，复验报告的资料应符合国家现行有关规范的规定。

扭剪型高强度螺栓连接副应在施工现场见证随机抽样检验其预拉力，复验报告的资料应符合国家现行有关规范的规定。普通螺栓作为永久连接时，当设计有要求或其质量有疑义时，应进行螺栓实物最小拉力载荷复验，其结果应符合《紧固件机械性能、螺栓、螺钉和螺柱》(GB 3098)的规定。

高强度螺栓连接副包装应按批号、规格有包装箱配套供货，包装箱上应注明批号、规格、数量及生产日期。高强度螺栓连接副用螺栓、螺母、垫圈外观表面应涂油保护，不得出现生锈和沾染脏物，螺栓、螺母的螺纹不应损伤。

连接用高强度螺栓应进行表面硬度试验，其中8.8级高强度螺栓硬度应为HRC21～23；10.9级高强度螺栓应为HRC32～36，且不得有裂纹或损伤。

3.6.2.2 施工过程中质量控制

高强度螺栓连接,必须对构件摩擦面进行加工处理。处理后的摩擦系数应符合设计要求,其方法有喷砂、喷(抛)丸;酸洗;砂轮打磨,打磨方向应与构件受力方向垂直。如设计无要求,可不经生锈即进行组装或加涂无机富锌漆;也可生锈后,安装时用钢丝刷清除浮锈。

处理好摩擦面的构件,应有保护摩擦面措施,并不得涂油漆或污损。出厂时必须附有三组与所有代表与钢构件同一材质、同批制作、同一处理方法和相同的表面状态、同一环境下存放的试件,并应用同一性能等级的高强度螺栓连接。以供复验摩擦面抗滑移系数。摩擦面抗滑移系数复验应由制作单位和安装单位分别按制造批为单位进行见证送样试验。

高强度螺栓板面接触应平整。当接触面有间隙时应按国家现行有关规范的规定进行处理。施拧及检验用的扭力扳手在班前应进行校正标定,班后校验,施工扳手扭矩精度误差应不大于5%;检验用的扭矩扳手其扭矩精度误差应不大于3%。安装高强度螺栓必须初拧(复拧)和终拧进行。

高强度大六角螺栓连接副终拧扭矩值按下式计算:$T_c=0.065P_cd$。

高强度螺栓的紧固顺序应使螺栓群中所有螺栓都均匀受力,从节点中间向边缘施拧,初拧和终拧都应按一定顺序进行。当天安装的螺栓应在当天终拧完毕,其处露丝扣应为2~3扣。初拧和终拧的高强度螺栓必须用不同颜色的涂料做出标记,以防漏拧、误拧(扭剪型高强度螺栓不需做出标记)。

采用转角法施工检验,初拧结束后,应在螺母与螺杆端面同一处刻划出终拧角的起始线和终止线以待检查,终拧转角偏差在10°以内为合格。

扭矩法施工检验:在螺尾端头和螺母对应位置划线;检查时,应将螺母回退60°左右再拧至原位,测定终拧扭矩值,其偏差在±10%范围内为合格。

扭剪型高强度螺栓尾部梅花头未被拧掉的应按扭矩法或转角法施工及检验。

高强度螺栓接头整个施工过程中,摩擦面和连接副应保持干燥整洁,不应有飞边、毛刺、焊接飞溅物、焊疤、污垢等,除设计要求外摩擦面不应涂漆,紧固作业完成后及时用防锈(腐)涂料封闭。

高强度螺栓应自由穿入螺栓孔,不应气割扩孔;其最大扩孔量承压型为 $d+1\sim1.5$ mm,摩擦型为 $d+1\sim2$ mm(d 为螺栓直径)。

永久型普通螺栓紧固应牢固、可靠,外露丝扣不应少于2扣,对直接承受动力荷载的普通螺栓连接应采用能防止螺母松动的有效措施。

连接薄钢板采用的自攻螺钉、钢拉铆钉、射钉等规格尺寸应与连接板相匹配,其间距、边距等应符合设计要求,连接处应紧固密贴,外观排列整齐。

3.6.3 零件及钢部件加工工程

3.6.3.1 材料质量要求

钢材、钢铸件应具有质量证明书(出厂合格证),其品种、型号、规格及质量应符合设计要求和国家现行有关产品标准的规定。

对进口的钢材、混批钢材、厚板及设计要求复验钢材应按现行有关标准的规定进行见证抽样检验，其复试结果应符合设计要求和国家现行有关产品标准的规定。

钢材性能要求：承重钢材应确保其抗拉强度、伸长率、屈服点，焊接承重结构还须经过冷弯试验。

钢板厚度、钢型的规格尺寸的偏差值应符合其产品标准的要求；钢材的表面外观质量应符合国家现行标准的规定外，当钢材的表面有锈蚀、麻点或划痕等缺陷时，其深度不得大于该钢材厚度负偏差值的1/2；钢材端边或断口处不应有分层、夹渣等缺陷。要防止混钢号，防止钢材弯曲，并应对钢材进行标识。

3.6.3.2 施工过程中的质量控制

切割前、钢材表面切割区应清除铁锈、油污等杂质。切割面或剪切面应无裂纹、夹渣、分层和大于1 mm的缺棱。并应清除边缘上的熔瘤、飞溅物、毛刺等。切割或剪切后的零件宽度、长度偏差应不大于3.0 mm。切割面平面度不大于钢材厚度的5%，并不大于2.0 mm。切割零件的表面割纹深度不得大于0.3 mm。局部缺口深度应不大于1.0 mm。剪切型钢端部垂直度应不大于2.0 mm，并应清除毛刺。碳素结构钢工作地点温度低于-16 ℃；低合金钢结构工作地点温度低于-12 ℃时，不应进行矫正和冷弯曲。碳素结构钢和低合金高强度结构钢允许加热矫正，其加热温度不应超过900 ℃。加热矫正后的低合金结构钢应自然冷却。

当零件采用热加工成型时，加热温度应控制在900～1 000 ℃，碳素结构钢在温度下降到700 ℃和低合金高强度结构钢在温度800 ℃之前应结束加工；低合金结构钢应自然冷却。矫正后的钢材表面不应有明显的凹面或损伤，边面刻痕深度不得大于0.5 mm，且不应大于该钢材厚度负允许偏差的1/2。冷矫正和冷弯曲的最小曲率半径和最小弯曲矢高应符合有关规范规定。钢材矫正后允许偏差应符合有关规范的规定。

边缘加工：边缘加工的零件，其宽度、长度允许偏差为±1.0 mm；加工边直线度为$l/3\ 000$，且不应大于2.0 mm；相邻两边夹角不应大于±6′；加工面垂直度不大于钢板厚度的2.5%，且不应大于0.5 mm；加工面表面粗糙度不应大于50。

经制孔后，螺栓孔孔距的偏差应符合规范规定。当制孔孔距超差补孔时应采用与母材材质相匹配的焊条补焊。制孔后应清除孔边毛刺。

3.6.4 钢结构组装工程

3.6.4.1 部件质量要求

焊接H型钢的翼缘板拼接长度不应小于2倍板宽。

腹板拼接宽度不应小于300 mm，长度不应小于600 mm。

部件表面不允许有结疤、裂纹、折叠和分层等缺陷，钢材表面锈蚀、麻点或划痕，不得超过其厚度负偏差。

零、部件尺寸与外观质量应在允许偏差之内。

3.6.4.2 施工过程质量控制

翼缘板只允许长度拼接。翼缘板拼接缝和腹板拼接缝的间距不应小于200 mm。

翼缘板拼接长度不应小于2倍板宽；腹板拼接宽度不应小于300 mm，长度不应小于

600 mm。

组装前，连接表面及沿焊缝每边 30 ~ 50 mm 范围内铁锈、毛刺、油污必须清除干净。铆接或高强度螺栓连接组装前的垫板应夹紧。用 0.3 mm 的塞尺检查，塞入深度不得大于 20 mm。接头接缝两边各 100 mm 范围内，其间隙不得大于 0.3 mm。顶紧接触的部位应有 75% 的面积紧帖。用 0.3 mm 塞尺检查，其塞入面积之和应小于总面积的 25%，边缘最大间隙不应大于 0.8 mm。

桁架结构杆件，轴线交点错位应控制在 3.0 mm 以下。组装时，应有适当的工具和设备、胎架，以保证组装有足够精度。组装时，如有隐蔽部位，应经质控人员检查认可签发隐蔽部位验收记录，方可封闭。

吊车梁和吊车桁架不应下挠。两端部铣平的构件允许偏差不应大于 2.0 mm，两端部铣平零件长度不应大于 0.5 mm，铣平的平面度不大于 0.3 mm，铣平面对轴线的垂直度不大于 $l/1\,500$。

外露铣平面应除锈保护。安装焊缝坡口可采用气割、刨边、手工打磨和铣加工等方法进行加工。安装焊缝坡口加工的精度除达到相应加工方法的精度要求外尚应满足坡口角度偏差不大于 5°，其钝边偏差不应大于 1.0 mm。

3.6.5 钢构件预拼装工程

3.6.5.1 预装前准备工作要求

预拼装平台：预拼装所用的支承凳或平台应测量找平，在承接预拼装构件时不发生变形。

预拼装钢构件的质量：预拼装的钢构件应是进行检查和确认其质量符合设计要求和《钢结构工程施工质量验收规范》（GB 50205）规定的允许偏差之内。需预拼装的相同构件应是可随机抽装。

3.6.5.2 施工过程质量控制

拼装应有适当的工具和胎具（如定位器、夹具胎架等），以保证预拼装有足够的精确度。拼装时不应使用大锤锤击，检查预拼装质量时应拆除全部临时固定和拉紧装置。

试孔器：预装时所有连接板都应装上，螺栓连接的多层板叠，应夹紧并采用试孔器进行检查。通过率应符合《钢结构工程施工质量验收规范》（GB 50205）的规定。

标识：预拼装检查合格后，应根据预拼装结构标注中心线、控制基准线标记、必要时应置定位器。

3.6.6 钢结构安装工程

3.6.6.1 安装准备质量控制

钢构件在进场时应有产品证明书，其焊接连接、紧固件连接、钢构件制作等分项工程验收应合格。钢结构的主体结构、地下钢结构及维护系统构件、吊车梁和钢平台、钢梯、防护栏杆等在吊装前，应对其制作、装配、运输，根据设计要求进行检查，主要检查材料质量、钢结构构件的尺寸精度及构件制作质量，并予记录。验收合格后方准安装。

制定施工工艺：安装的测量校正、高强度螺栓安装、负温度下施工及焊接工艺等，应在安装前进行工艺试验或评定,并根据试验评定报告制定相应的施工工艺。

编制吊装方案:验算构件吊装的稳定性,合理选择吊装机械,确定吊装方案。

做好矫正与修补:钢结构应符合设计要求和规范的规定。运输、堆放和吊装等造成的钢结构变形及涂层脱落,应进行矫正和修补。

建筑物的定位轴线、基础轴线和标高的测量,支承面、支座和地脚螺栓的规格和位置误差量测,其偏差应符合规范规定并做好记录。

支承面应整洁、地脚螺栓(铆栓)的螺纹应受到保护。柱子是基础轴线和标高、钢柱底部和上部的两个方向轴线,均应在适当的位置上标注。

焊接悬挂物和卡具:吊车梁或直接承受动力荷载的梁其受拉翼缘、吊车桁架或直接承受动力荷载的桁架其受拉弦杆上不得焊接悬挂物和卡具等。

3.6.6.2 安装过程质量控制

吊装时应控制施工等活荷载严禁超过构件的承载能力。确定几何位置上的柱、钢架等构件应先吊装在设计图纸规定的位置上,是松开吊钩前应做初步校正并固牢。

自然变形:已安装的结构单元,在调整时,应考虑外界环境,如风力、误差和日照的影响,造成自然变形。吊车梁和轨道的调整应在主要构件固定后进行。

节点的顶紧:设计要求顶紧的节点,相接触的两个平面必须保证有70%紧贴,用0.3 mm的塞尺检查,插入深度的面积之和不得大于总面积的30%。边缘最大间隙不得大于0.8 mm。

垫块组的位置应保证柱子底座的刚度,在优先垫在主劲板下和方便二次灌浆的情况下尽量靠近地脚螺栓。每组垫块数量不应大于5块。承受主要荷载的垫块组,在每个螺栓附近最少布置一组垫块。垫块的布置不应使柱子或底座承受附加荷载。安装偏差的测量,应在结构形成空间单元并连接固定后进行。

二次灌浆:在形成空间刚度单元后,应及时对柱底板和基础顶部的空隙进行细石混凝土、灌浆料等二次浇灌。

子任务3.7 陕西建工集团建筑施工工序质量控制

3.7.1 开工准备

(1)规划部门按照规划确认的位置、标高进行定位、放线并向建设、监理、施工单位办理水准点、建筑红线的移交,并建立控制点和移交记录。

(2)施工单位组织部分人员进场,进行水、电的引入,搭建临时设施。

(3)施工组织设计编制(施工方案、方法、工艺、顺序、进度、施工平面和安全质量保证措施等)。并针对工程质量通病的防治制定具体措施(如:屋面、卫生间、窗口、墙体等的渗漏,商品混凝土楼板裂缝等)。

(4)材料试验报告和到场情况(水泥、混凝土配比单等)。

(5)由建设单位组织,设计、监理、施工单位参加的图纸会审和设计交底,了解工程的特点,设计意图和关键部位的质量要求,要注意:

①平、立剖面之间是否有矛盾,标高是否有遗漏。

②总平面与施工图的几何尺寸、平面位置、标高是否一致。

③是否满足消防要求。

④建筑、结构与各专业图本身是否有差错及矛盾,建筑、结构的平面尺寸及标高是否一致,建筑图与结构图的表示方法是否清楚。

⑤施工图中所引的标准图集是否齐备。

⑥建筑与结构构造是否存在不能施工,不便于施工,容易导致质量和安全或浪费等问题。

⑦工艺管道、电气线路、运输道路与建筑物之间有无矛盾,管线之间的关系是否合理。

(6)施工单位填写开工申请,报验建设、监理单位,并根据施工单位的施工人员、管理人员、机具、材料等的到场情况和施工组织设计的审核情况,下达开工令。

3.7.2 工序质量控制

3.7.2.1 材料质量

(1)材料是工程质量的基础,首先要对材料质量进行事前控制。材料质量不合格,工程质量不可能合格,对进场的主要材料要进行由建设、监理共同参加的现场见证取样、封存送检,具有合格报告用于工程,否则退场(如:砂、石的含泥量、粉末、针片状,钢筋的实际径级、锈蚀程度,水泥的进场时间等)。

(2)施工单位应在材料使用前的一定时间内向建设、监理报验材料的二次检测报告,如发现疑义及时向施工单位提出意见,施工单位做出解释和处理。对现场配制的混凝土、砂浆等应事先提出试配要求,经试验合格后方可使用。

(3)检测的材料和进场使用的材料必须一致。并做好材料进场的时间、型号、数量记录。

3.7.2.2 安全技术交底

(1)在安全技术交底前,经过认真的熟悉图纸和参加图审,掌握设计要求并结合操作过程和验收规范、安全规程和质量标准、工艺要求,由技术负责人向施工负责人和操作者对分部、分项工程进行书面的安全技术交底,并办理交、接签字手续存档。

(2)要让每个操作者都知道,分部、分项工程的施工程序、方法、操作要点、主要指标,以及完成的数量和时间等具体内容,需用的原材料、半成品的品种、规格、型号和技术要求;安全规程和质量标准、安全措施、施工组织、平面管理、文明施工、节约降耗等方面的要求。对关键部位,特别是尺寸、标高预留、预埋、配合比、质量通病的防治方法以及操作中特别注意的关键部位进行书面交底。

(3)样板开路;为了使操作者不但知道书面交底的内容而且还要有直观的样板参照,由操作水平较高的师傅按标准做出样板间,经建设、监理现场检查合格后作为交底的样板,进行大面积的施工。

(4)施工操作过程的质量巡视检查:在施工中加强对操作质量和材料质量的巡视检查,对违章操作不符合质量要求的及时纠正,现场解决,减少损失,保证质量。

(5)隐蔽验收:各分项工程的隐蔽验收由施工单位自检合格后报验建设、监理进行隐蔽检查验收。并认真做好隐蔽记录(或影、像记录)。

(6)工序质量交接检查。

①认真执行“三检”制度,“自检”“互检”“验检”。并在自检的基础上进行报验建设、监理验收检查。

②各工序按标准进行质量控制,每道工序完成后进行检查。各工种、专业间相互进行交接检,并形成记录,未经建设、监理单位检查认可不得进行下道工序施工。

③当每道工序完成后,施工单位按规范要求进行自检,合格后填写报验单报送监理。对待检验的工序进行现场检查或实验室检测。将结果填写到检验批,作为该工序的质量认证。合格后进行下道工序,反之进行整改至合格。

④分部工程所含的分项工程质量均合格,技术资料完整,观感质量符合要求,自检完成后报验监理,由监理单位组织有关部门对分部工程的检查验收。

(7)施工前的预先检查。

预检是确保工程质量防止可能发生偏差造成重大质量事故的有利措施。主要检查:轴线、标高、预留、预埋,钢筋规格、型号、数量、锚固长度,模板尺寸、支撑、拼接,配合比、外加剂、水灰比、保护层、养护,管线的坡度。

3.7.3 地基与基础

(1)土方开挖,按设计深度预留 10 cm 进行人工清槽整平;按要求进行检测。

(2)进行认真的钎探,并记录真实。对发现的问题及时报告;并通知设计,提出处理意见措施和方案并对隐蔽的部位、标高做好隐蔽验收记录。

(3)垫层混凝土配合比设计标号、厚度、几何尺寸,表面平整度。并在此基础上进行定位、放线的复查。

(4)混凝土基础:模板的几何尺寸、标高、轴线,混凝土的标号、配比,钢筋的规格、型号、位置、数量(基础柱插筋的位置、锚固),混凝土施工的平整、振捣、试块预留、养护。

(5)地下墙基础砌筑;检查轴线位置、标高、拉结筋及预留预埋位置标高和组砌方法,检查所用材料的试验报告。

(6)检查防潮层是否按设计要求进行配制砂浆。

(7)由监理组织有关部门参加的地基、基础分部工程的检查验收。

(8)基础回填不应有垃圾和有害杂质的杂土,在回填前应进行试验检测。

(9)回填应分层夯实。

(10)吊运土方回填时应注意混凝土柱的保护,防止碰撞。

3.7.4 模板、钢筋、混凝土工程

(1)施工中按设计、规范要求进行复检。

(2)选择具有足够刚度的模板,按设计的标高、尺寸、位置安设牢固,并采取模板隔离措施,板缝严密、拼接平整、牢靠 ,并保证起拱要求;模内清理,柱模安装前清扫检查。

(3)钢筋:对有锈蚀的必须清除,对进场的钢筋标牌、数量、型号、产地记录清楚。检查制作绑扎的钢筋数量、位置、型号、保护层、几何尺寸、搭接位置、锚固长度、焊接报告

(注意:板内负弯矩筋的位置)。

(4)混凝土:配比报告,混凝土标号、原材料的质量、粒径、含泥量等,水泥的二次检测报告与使用的是否相符;按要求留置混凝土试块,并对水灰比、塌落度进行控制。商品混凝土浇筑的梁、板必须做二次振捣整平,并采取有效措施控制板厚、标高和预留、预埋,振捣密实;并进行旁站(注意:楼梯施工缝垂直留置、柱根清理并垫100 mm厚相同标号的水泥砂浆,柱顶钢筋内振捣平整)。

(5)严格控制脱模时间。脱模时必须现场进行检查,发现缺陷,施工单位提出处理方案,经建设、监理或上级主管部门审批后进行处理。

(6)在浇筑混凝土之前,必须在隐蔽验收后进行,浇筑中要设专人振捣、看筋、看模板、看预埋。

(7)浇筑后专人养护,并不少于7 d。

3.7.5 砖砌体

(1)按设计要求在砌筑前,进场的材料应有二次检测报告和拉结筋的拉拔报告。

(2)检查轴线,标高,拉结筋留设的位置、长度。

(3)按要求配制砂浆,并留置砂浆试块。

(4)砌体材料进行润水选材砌筑,基层清理润水,组砌方法要正确、砂浆饱满、灰缝平直;按要求留置门、窗洞口和预留、预埋。

(5)斜砖的高度和拉结筋的植入位置应符合砌筑模数、拉结筋不允许弯折后锚在墙内。

(6)严格控制灰缝的宽度和厚度,不允许出现瞎缝、干缝、通透缝。

(7)砌块应切割,不允许砍砸,不允许混砌。

(8)施工洞口应留设拉结筋。

3.7.6 构造柱、窗台压顶

按规范要求在模板安装前必须基层清理干净,并进行隐蔽验收报验;检查钢筋的位置、型号和锚固长度;检查窗台的标高和混凝土的配比、尺寸、振捣。

3.7.7 屋面防水(及厨、厕间)

材料检测报告与现场使用的材料是否一致;基层清理,找平层、保温层、保护层的厚度、标号、坡度;粘接层的处理、搭接的宽度以及泛水、边角、管根的收头处理;粘接牢固、平整、无空鼓、无开裂;蓄水检查,由专人负责记录,建设、监理、施工共同检查认证进行下道工序。

3.7.8 室内抹灰

主体验收合格后进行内墙抹灰,墙面应充分湿润,采取冲筋、挂线的方法找出墙面四周的方正,按中级抹灰要求进行操作;按设计要求配制所用的砂浆,检查灰膏的熟化程度,水泥的检测报告;门窗护角和厨、厕间、踢脚线所用的砂浆应与墙面分灰处理;抹灰前安装工程必须预穿钢丝,所有的预留、预埋抹灰前处理完成;检查墙面平整、垂直、阴阳角方正、接槎平整光滑、甩槎规整、颜色均匀一致、线角平直。

3.7.9 地面抹灰

按设计要求在地暖安装完成打压、渗漏检查并进行隐蔽交接验收。控制砂浆的配合比,按设计标高进行面层搓毛施工,表面平整。有地漏的部位按要求留置坡度。施工前做好防护,施工后进行清理,工完场清。

3.7.10 室外抹灰、涂饰

(1)按设计要求施工,有防水要求的部位由专人配置砂浆,抹灰前基层应清理干净、浇水湿润,线条尺寸必须一致,按要求留出预留、预埋。窗台压顶的上表面必须做基层处理,接槎平整、光滑并按要求留出滴水线条,特别是泛水部位如:檐线与墙、空调板与墙交接的平面夹角处,是漏水的隐患。

(2)施工中严格执行操作规程,分层抹灰,不得一次成活。

(3)块材粘贴。

排砖要合理,尤其在门窗洞口处;粘贴时砂浆要求饱满,勾缝严密、平整、垂直、洁净。粘贴前进行选砖、湿润。

(4)室外涂饰前基层必须干燥、干净并在面层涂刷前打磨平整。必须按要求调配涂料,涂刷均匀,保持洁净、控制污染和成品保护。

3.7.11 门窗安装

按设计要求在门窗安装前,量测洞口尺寸,必须留出周边聚氨酯发泡间隙并填嵌饱满,定位准确、安装牢固、关闭严密、开关灵活;门窗选材符合要求,PVC 的内衬厚度符合要求,必须进行防腐处理;必须进行三项功能的检测;密封胶必须施打严密,并采用中性硅酮密封胶,施打前进行基层清理,严防窗口渗漏;完工后窗框的污物和玻璃的污染必须清除干净。必须做出样板,经建设、监理单位负责人检查认可再进行安装。

3.7.12 落水管安装

按设计要求安装时要垂直牢固、位置正确,接缝严密、排水顺畅、无渗漏,留设高度一致。

3.7.13 室内给、排水、采暖管道安装

(1)进场的材料、器件进行报验检测。

(2)现浇面预留孔洞位置上下必须一致。

(3)室内给水、采暖管道试压分两次进行,地下管道隐蔽前要进行水压试验,管道系统安装完毕后,再进行水压试验。

(4)隐蔽埋地排水管在隐蔽前必须做灌水试验,高度不能低于底层地面高度。塑料排水管宜每六层设置一个检查口,最底层和有卫生器具的最高层必须设置一个。地漏安

装高度低于地面 2 cm。排水立管及水平干管必须做通球试验,通球球径不小于管径的 2/3,通球率必须达到 100%。

(5)管道安装时,冷热水就采暖管道穿楼板、墙面、屋面时,必须加设套管,套管高度、管道坡度、支托架间距都按规范规定安装。

(6)地暖管道施工时,加热盘管固定点间距在设计无要求时,直线段不得大于 70 cm,弯曲部分不得大于 35 cm,每个回路加热盘管应使用整根管铺设,不得有接头,试压合格后,土建在浇筑砂浆填充层和养护过程中,盘管系统应保持不小于 0.4 MPa 压力,并有专人看护。

(7)生活给水系统所涉及的材料,必须达到饮用水卫生标准,在交付使用前必须冲洗和消毒,并经有关部门取样检查后方可使用。

(8)做好成品保护,管道安装完毕后加以塑料薄膜保护,交工之前将塑料薄膜清除。

3.7.14 室外管线安装

(1)按设计要求室外管道安装前认真控制位置、标高、坡度,不得出现倒泛水。

(2)排水管道的坡度必须符合设计要求,严禁无坡和倒坡。排水检查井、化粪池的底板及进、出水管标高,必须符合设计要求。

(3)设在通车路面下或小区道路下的各种井室,必须使用重型井圈和井盖,井盖上表面与路面相平,绿化带上和不通车地方可采用轻型井圈和井盖,井盖高出地面 50 mm,并在井盖周围以 20% 坡向外做水泥砂浆保护。各类井盖应明显文字标识,不得混用。

(4)供热管道及直埋未达到设计深度的给水管道必须做保温处理。

(5)消防水泵接合器和消火栓的位置,标志应明显,栓口的位置应方便操作。

(6)采暖管道坡度为 0.003,最高处设排气阀,最低处设排污阀。平衡阀及调节阀型号、规格及公称压力应符合设计要求。除污器构造符合设计要求,安装位置及方向应正确。

(7)室外水表井及暖气井安装按设计要求施工,必须留足维修空间方便维修和更换。

3.7.15 电气安装

(1)使用的材料施工前必须有二次检测报告并向建设、监理进行报验。

(2)电气基础隐蔽前检查接地是否按规范搭接,测试点位置及标高是否按设计要求施工。

(3)现浇面做管时,管路应尽量避开梁,如不可避免可加钢套管。板面内平行敷设的电气管路间距不得小于 25 mm,尽量避免交叉布置,管上面混凝土保护层厚度不得低于 15 mm,板面内的线盒应封堵,并在模板上做好标记,线盒及线管固定要牢靠,防止打混凝土时位移。

(4)砌体安线盒时,线盒固定要牢靠,分户的隔墙下对顶盒时,必须铺位 20 cm,防止传音。抹灰时出墙 1 ~2 cm,同一房间内的标高一致以扫地线为准,线盒必须加护口,开关距门边 15 ~20 cm,强、弱电间距 20 cm,抹灰前对小盒进行吹扫,所有管线穿铁丝,将来带尼龙绳穿线。

(5)穿线时检查线路是否与设计一致。管路内的电线严禁有接头,电线处小盒15 cm,出箱箱体的半周长。

(6)面板安装前对接头挂锡情况进行检查,看挂锡是否均匀、饱满,小盒内不得有杂物,插座接线相序面对插座左零右火上接地,开关必须控制火线。

(7)屋面避雷网环成网状,利用柱筋作引下线,检查焊点是否符合规范要求,屋面避雷网固定要牢固,必要时打支墩。

(8)通电试运行按规范进行,用专用工具检测。

3.7.16 成品保护

分项工程完工采取成品保护措施,避免造成污染和损坏。

3.7.17 分户验收

由建设单位在主体验收十日内会同监理单位编制完成分户验收方案,报监督站审核,审查通过后实施。分户验收的重点是使用功能、观感检查,对不达标的部位进行整改复查,并在分户验收资料中填写复查记录,每分户检查均达到验收标准。对实测实量的结果、部位、现场做出标识、标志,地下管线用墨线标出管线走向、区间位置,并提示用户注意。

3.7.18 施工质量问题的处理

施工中发现的质量问题,施工单位必须及时向建设、监理单位报告,未经监理同意,不得自行处理。一般问题,施工单位提出具体解决方案,报经建设、监理单位审核,检查同意后,进行补救处理。重大问题需报经设计单位和质量监督机构视其具体情况进行方案设计处理并对处理的部位重新检查验收。

3.7.19 结构工程标识、标志

混凝土工程完成脱模后,立即进行混凝土外观质量的实测、实量,并对检查的结果按规定的标识、标注在所检测的部位。

施工中将结合规范和规程进行跟踪检查,发现问题及时进行纠正,减少返工损失。每天坚持各单位工程的施工日记(当日的施工内容、进度比较、质量问题、安全、文明施工、材料试验、试块、数量及隐患、整改情况等)。

【陕建案例6】 陕西建工某公司承建宝鸡某商务中心编制的工序质量控制。

工序质量管理网络图见图3-23。

1. 施工工序质量控制的主要内容为:

(1)严格遵守工艺规程。

(2)主动控制工序活动条件的质量,主要控制影响质量的五大因素(即施工操作者、材料、施工机械设备、施工方法和施工环境)。

(3)及时检验工序活动效果的质量。

(4)在关键部位或薄弱环节设置工序质量控制点。

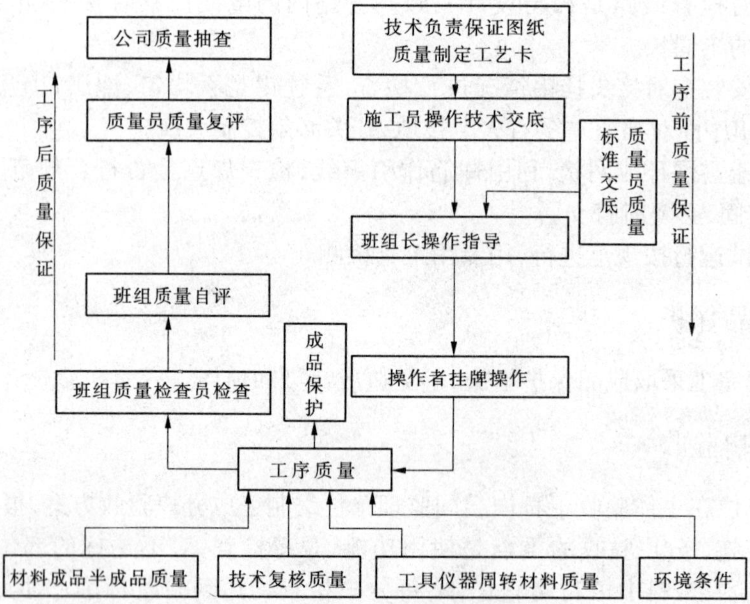

图 3-23　工序过程的质量影响因素

确保施工人员严格遵守分项工程的施工工艺规程，施工展开前，由技术员对照既定的工艺流程及相应的施工操作规程现场交底，使每一位职工心领神会。

(5)工序活动条件的质量控制。

(6)人的控制：大部分选用公司在职技术工人，外招工人统一考核，评定其技术等级，经过公司、项目部、班组三级教育后持证上岗。

(7)对全体员工进行包括政治思想教育，劳动纪律教育，职业道德教育，项目管理制度的学习，治安保卫的教育，安全、文明卫生教育等的全面教育，使各施工人员充分了解公司的管理制度，加强自身素养的建设。

(8)项目部定期开展技术培训，聘请技术标兵现场传授技艺，并请监理单位及质监部门共同参加指导，提高工人的技术水平。

(9)充分调动工人的工作积极性，加强工人的工作责任心。

(10)关爱员工，为职工创造良好的生活、工作环境，使员工以良好的心情投入到工作中去，创造一流的质量。

(11)挑选技术熟练，经验丰富的操作工人完成技术复杂、难度大、精度高的工序和操作。

①材料的控制：

严格按照本章相关内容执行。

②机械控制：

所有机械均由机械人员定期检查维修，并填好检查维修表。

需要标定的机械由专业测试单位定期标定。

③施工方法的控制：

a 施工方案、施工工艺、施工组织设计、施工技术措施等均以书面形式编制，执行由项目工程师→公司总工→报监理及建设方的审批程序。

b 施工方案,技术措施均要结合工程实际,能解决施工难题,技术可行。

c 最终确定施工方案前,由经济核算人员对多个方案的经济效益进行比较,安全科做出安全性能评价,方能最终定稿。

d 施工方案一经确定,正式施工前,必须组织有关技术人员及施工人员熟悉方案,并做出详细的交底及解释。

④环境控制:

a 施工现场标化、文明化布置,材料工件堆放有序、道路畅通、工作场所清洁整齐。项目部每月两次定期对施工现场进行综合性检查整理。

b 质量管理严格按公司的 ISO 9001 质量管理体系运行,确保良好的工程管理环境。

c 编制详细的冬雨季施工措施,减少气候变化对质量带来的影响。

(12)工序活动效益的质量检验。

①每一施工过程均由专职质量员或兼职质量员跟踪检查,严格按照质量评定标准进行及时的质量评定。

②由质量员负责及时用数理统计的方法掌握各施工过程的质量动态。一旦发现有异常情况,随即研究处理,自始至终使工序活动效果的质量满足规范和标准的要求。

任务小结

本任务介绍了建筑施工工艺工序控制的主要内容,展示了陕西建工集团承建项目施工工序质量控制案例,重点介绍了地基基础工程、砌体工程、钢筋混凝土结构工程、防水工程、装饰工程、钢结构工程施工工序控制要点。

(1)地基基础工程工序质量控制。主要介绍了土方开挖及回填、基坑工程、地基工程及桩基础施工工序质量控制。

(2)砌体工程工序质量控制。主要介绍了土方开挖及回填、基坑工程、地基工程及桩基础施工工序质量控制。

(3)砌体工程施工质量控制。主要介绍了砌体工程材料、砖砌体施工、填充墙工程施工等三方面施工工序质量控制要点。

(4)钢筋混凝土工程施工质量控制。主要介绍了模板分项施工、钢筋分项施工、混凝土分项施工、现浇结构分项等四个方面施工工序质量控制要点。

(5)防水工程施工质量控制。主要介绍了屋面防水基本要求,卷材屋面防水、刚性防水屋面及屋面分项工程验收等内容。

(6)装饰工程施工质量控制。主要介绍了抹灰工程、门窗工程、涂饰工程等工种施工质量控制要点。

(7)钢结构施工质量控制。主要介绍了钢结构焊接、钢结构紧固件连接、零件及钢部件加工、钢结构组装、钢构件预拼装、钢结构安装等六个方面施工质量控制要点。

复习思考题

1. 施工准备、施工过程、竣工验收各阶段的质量控制包括哪些主要内容？

2. 施工质量控制的依据主要有哪些方面？

3. 简要说明施工阶段质量控制的工作程序。

4. 对工程所需的原材料、半成品、构配件的质量控制主要从哪些方面进行？

5. 什么是质量控制点？选择质量控制点的原则是什么？

6. 什么是质量预控？

7. 环境状态控制的内容有哪些？

8. 什么是见证取样？其工作程序和要求有哪些？

9. 工程变更的要求可能来自何方？其变更程序如何？

10. 什么是见证点？见证点的监理实施程序是什么？

11. 施工过程中成品保护的措施一般有哪些？

12. 现场质量检验的方法有哪几类？其主要内容包括哪些方面？

13. 施工阶段进行质量监督控制可以通过哪些手段进行？

14. 土方开挖工程的主控项目有哪些？

15. 桩基工程施工的一般规定有哪些？

16. 砌体施工时不得在哪些墙体或部位设置脚手眼？砌筑砂浆的搅拌时间应有哪些规定？

17. 试件取样与留置应符合哪些规定？

18. 砌体工程的一般规定有哪些？砖砌体的主控项目有哪些？

19. 结构安装的主控项目有哪些？

20. 底模拆除时的混凝土强度有哪些要求？

21. 钢筋隐蔽工程验收的内容包括哪些？

22. 混凝土施工时其试件取样与留置应符合哪些规定？

23. 混凝土浇筑完成后，应按施工技术方案及时采取有效的养护措施、规定有哪些？建筑装饰装修工程质量控制的基本规定有哪些？抹灰工程的一般规定有哪些？门窗工程应对哪些隐蔽工程项目进行验收？

24. 结构质量如何控制？

工作任务4　建设工程施工质量检查与验收

【学习目标】

能力目标	能够负责检验批和分项工程的质量验收及评定,能够参与分部工程和单位工程的质量验收的要求
知识要点	建筑工程施工质量验收标准规范、施工质量验收层次划分、施工质量验收程序和组织以及施工质量不符合要求时的处理

【任务介绍】　本任务介绍了建筑工程施工现场施工质量检查与验收技术。

【任务分析】　主要包括施工质量及作业质量检验的认知、施工质量检验程序的构建及实施、建筑工程施工质量验收。

【任务实施】

建设工程施工质量验收是工程建设质量控制的一个重要环节,它包括工程施工质量的中间验收和工程的竣工验收两个方面。通过对工程建设中间产品和最终产品的质量验收,从过程控制和终端把关两个方面进行工程项目的质量控制,以确保达到业主所要求的功能和使用价值,实现建设投资的经济效益和社会效益。工程项目的竣工验收,是项目建设程序的最后一个环节,是全面考核项目建设成果,检查设计与施工质量,确认项目能否投入使用的重要步骤。本章结合《建筑工程施工质量验收统一标准》(GB 50300—2013)及建筑工程其他专业验收规范,着重说明了建筑工程质量验收的相关问题。

子任务4.1　施工质量及作业质量检验的认知

4.1.1　认知施工质量检验的有关术语

《建筑工程施工质量验收统一标准》(GB 50300—2013)中共给出17个术语,这些术语对规范有关建筑工程施工质量验收活动中的用语,加深对标准条文的理解,特别是更好地贯彻执行标准是十分必要的。

4.1.1.1　建筑工程

为新建、改建或扩建房屋建筑物和附属构筑物设施所进行的规划、勘察、设计和施工、竣工等各项技术工作和完成的工程实体。

4.1.1.2　建筑工程质量

反映建筑工程满足相关标准规定或合同约定的要求,包括其在安全、使用功能及其在耐久性能、环境保护等方面所有明显和隐含能力的特性总和。

4.1.1.3　**验收**

建筑工程在施工单位自行质量检查评定的基础上，参与建设活动的有关单位共同对检验批、分项、分部、单位工程的质量进行抽样复验，根据相关标准以书面形式对工程质量达到合格与否做出确认。

4.1.1.4　**进场验收**

对进入施工现场的材料、构配件、设备等按相关标准规定要求进行检验、对产品达到合格与否做出确认。

4.1.1.5　**检验批**

按同一的生产条件或按规定的方式汇总起来供检验用的，由一定数量样本组成的检验体。检验批是施工质量验收的最小单位，是分项工程乃至整个建筑工程质量验收的基础。

4.1.1.6　**检验**

对检验项目中的性能进行量测、检查、试验等，并将结果与标准规定要求进行比较，以确定每项性能是否合格所进行的活动。

4.1.1.7　**见证取样检测**

在监理单位或建设单位监督下，由施工单位有关人员现场取样并送至具备相应资质的检测单位所进行的检测。

4.1.1.8　**交接检验**

由施工的承接方与完成方经双方检查并对可否继续施工做出确认的活动。

4.1.1.9　**主控项目**

建筑工程中的对安全、卫生、环境保护和公众利益起决定性作用的检验项目。例如混凝土结构工程中“钢筋安装时，受力钢筋的品种、级别、规格和数量必须符合设计要求”“纵向受力钢筋连接方式应符合设计要求”“安装现浇结构的上层模板及其支架时，下层模板应具有承受上层荷载的承载能力，或加设支架；上、下层支架的立柱应对准、并铺设垫板”等都是主控项目。

4.1.1.10　**一般项目**

除主控项目外的项目都是一般项目。例如混凝土结构工程中，除主控项目外，“钢筋的接头宜设置在受力较小处。同一纵向受力钢筋不宜设置两个或两个以上接头。接头末端至钢筋弯起点的距离不应小于钢筋直径的10倍”“钢筋应平直、无损伤，表面不得有裂纹、油污、颗粒状或片状老锈”“施工缝的位置应在混凝土的浇筑前按设计要求和施工技术方案确定。施工缝的处理应按施工技术方案执行”等都是一般项目。

4.1.1.11　**抽样检验**

按照规定的抽样方案，随机地从进场的材料、构配件、设备或建筑工程检验项目中，按检验批抽取一定数量的样本所进行的检验。

4.1.1.12　**抽样方案**

根据检验项目的特性所确定的抽样数量和方法。

4.1.1.13　**计数检验**

在抽样的样本中，记录每一个体有某种属性或计算每一个体中的缺陷数目的检查方法。

4.1.1.14 **计量检验**

在抽样检验的样本中,对每一个体测量其某个定量特性的检查方法。

4.1.1.15 **观感质量**

通过观察和必要的量测所反映的工程外在质量。

4.1.1.16 **返修**

对工程不符合标准规定的部位采取整修等措施。

4.1.1.17 **返工**

对不合格的工程部位采取的重新制作、重新施工等措施。

4.1.2 认识建筑工程施工质量验收统一标准、规范体系的构成

《建筑工程施工质量验收统一标准》(GB 50300—2013)和各专业工程施工质量验收规范于2010~2012年均进行了统一修订。建筑工程施工质量验收统一标准、规范体系如下:

(1)《建筑工程施工质量验收统一标准》(GB 50300—2013)。

(2)《建筑地基基础工程施工质量验收规范》(GB 50202—2002)。

(3)《砌体工程施工质量验收规范》(GB 50203—2011)。

(4)《混凝土结构工程施工质量验收规范》(GB 50204—2002)(2011版)。

(5)《钢结构工程施工质量验收规范》(GB 50205—2001)。

(6)《木结构工程施工质量验收规范》(GB 50206—2012)。

(7)《屋面工程质量验收规范》(GB 50207—2012)。

(8)《地下防水工程质量验收规范》(GB 50208—2011)。

(9)《建筑地面工程施工质量验收规范》(GB 50209—2010)。

(10)《建筑装饰装修工程质量验收规范》(GB 50210—2001)。

(11)《建筑给水排水及采暖工程施工质量验收规范》(GB 50242—2002)。

(12)《通风与空调工程施工质量验收规范》(GB 50243—2002)。

(13)《建筑电气工程施工质量验收规范》(GB 50303—2002)。

(14)《电梯工程施工质量验收规范》(GB50310—2002)。

(15)《智能建筑工程质量验收规范》(GB50339—2003)等。

各专业验收规范主要是个专业工程的施工工艺和质量验收标准与要求。主要包括总则与基本规定,分部或子分部工程质量检查验收内容要求,各子分部或分项工程质量检验的一般规定,主控项目和一般项目的质量标准,检查数量、检验方法等。质量验收统一标准中的质量检验有关规定与专业施工规范中的质量验收标准,二者结合成为质量验收规范体系,实现了二者真正意义上的协调统一、合并使用。而专业施工规范中的施工工艺部分作为施工企业标准,主要对企业操作、工艺水平进行评价。统一标准及专业规范内容如图4-1所示。

4.1.3 认知施工质量验收统一标准、规范体系的编制依据

建筑工程施工质量验收统一标准的编制依据,主要是《中华人民共和国建筑法》《建

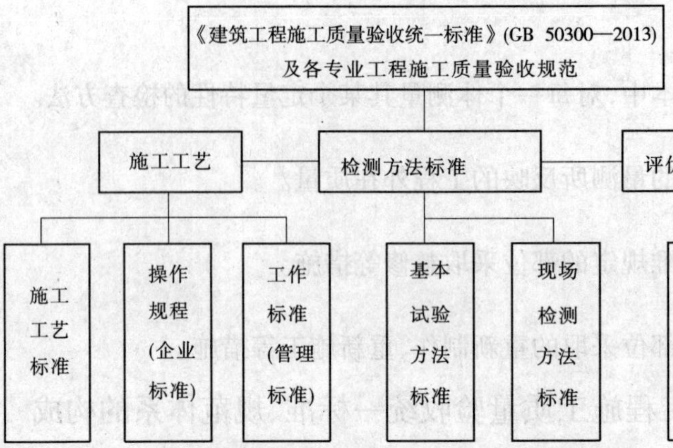

图 4-1 工程质量验收规范支持体系示意图

设工程质量管理条例》《建筑结构可靠度设计统一标准》及其他有关设计规范等。验收统一标准及专业验收规范体系的落实和执行,还需要有关标准的支持。

4.1.4 建筑工程施工质量验收的划分

4.1.4.1 施工质量验收层次划分的目的

建筑工程施工质量验收涉及建筑工程施工过程控制和竣工验收控制,是工程施工质量控制的重要环节。合理划分建筑工程施工质量验收层次是非常必要的。特别是不同专业工程的验收批如何确定,将直接影响到质量验收工作的科学性、经济性、实用性及可操作性,因此有必要建立统一的工程施工质量验收的层次划分。通过验收批和中间验收层次及最终验收单位的确定,实施对工程施工质量的过程控制和终端把关,确保工程施工质量达到工程项目决策阶段所确定的质量目标和水平。

4.1.4.2 施工质量验收划分的层次

随着社会经济的发展和施工技术的进步,现代工程建设呈现出建设规模不断扩大、技术复杂程度高等特点。近年来,出现了大量建筑规模较大的单体工程和具有综合使用功能的综合性建筑物,几万平方米的建筑比比皆是,十万平方米以上的建筑也不少。因此标准规定,可将此类工程划分为若干个子单位工程进行验收。每个单位(子单位)工程划分为若干个分部工程。同时在分部工程中,可按相近工作内容和系统划分为若干个子分部工程。每个分部(子分部)工程中包括若干个分项工程。每个分项工程中包含若干个检验批,检验批是工程施工质量验收的最小单位。

为了施工质量验收技术资料的系统性、直观性、实用性,对其均按专业工程进行分类:①土建工程;②幕墙工程;③钢结构工程;④大型土方工程;⑤深基坑支护工程;⑥地基处理工程;⑦桩基工程;⑧装饰装修工程(不包括幕墙工程);⑨地下防水工程;⑩屋面防水工程;⑪给水、排水及采暖工程;⑫建筑电气工程;⑬智能建筑工程;⑭通风与空调工程;⑮电梯工程。

4.1.4.3 单位工程的划分

单位工程的划分应按下列原则确定:

(1)具备独立施工条件并能形成独立使用功能的建筑物及构筑物为一个单位工程。该原则是基本原则,对一般建筑工程均适用。按此规定,具备独立施工条件和使用功能的建筑物(如一栋办公楼、教学楼、住宅楼、商店和影剧院等)、构筑物(如某城市的广播电视塔、烟囱、水池等)均适应该原则。

(2)规模较大的单位工程,可将其能形成独立使用功能的部分划分为一个子单位工程。

子单位工程的划分一般可根据工程的建筑设计分区、使用功能的显著差异、结构缝的设置等实际情况,在施工前由建设、监理、施工单位自行商定,并据此收集整理施工技术资料和验收。

例如,一栋宾馆,由主楼和裙房两部分组成,主楼为客房,裙房为餐厅、舞厅、会议室等,主楼和裙房都具备相对独立的使用功能。主楼为旅客住宿,裙房为公共服务。考虑到可能分批验收,充分发挥基本建设投资效益的需要,可以将二者视为整个宾馆单位工程的子单位工程。在该单位工程中,当主楼或裙房单独完成时,可以子单位工程竣工验收并办理备案手续。当各子单位工程验收完毕,整个单位工程验收也就结束。

显然,子单位工程是为规模较大工程需部分提前使用或停建缓建而设立的,子单位工程的划分,需在施工前,由建设单位、施工单位根据上述原则,协商确定。

4.1.4.4 分部工程的划分

分部工程的划分应按下列原则确定:

(1)分部工程的划分应按专业性质、建筑部位确定。如建筑工程划分为地基与基础、主体结构、建筑装饰装修、建筑屋面、建筑给水排水及采暖、建筑电气、智能建筑、通风与空调、电梯等九个分部工程。

(2)当分部工程较大或较复杂时,可按材料种类、施工程序、施工特点、专业系统及类别等划分为若干个子分部工程。

如地基与基础分部工程可分为无支护土方、有支护土方、地基处理、桩机、地下防水、混凝土基础、砌体基础、钢结构等;智能建筑分部工程中包含了火灾及报警消防联动系统、安全防范系统、综合布线系统、智能化集成系统、电源与接地、环境、住宅(小区)智能化系统等子分部工程。

4.1.4.5 分项工程的划分

一个建筑物(构筑物)的建成,从施工准备工作开始,要经若干工序配合施工,工程质量的优劣,取决于各施工工序的配合施工,取决于各工程的操作质量,这些工序工种及相应的材料设备等称为分项工程。

分项工程应按主要工种、材料、施工工艺、设备类别等进行划分。

按照上述原则,每个分部(子分部)工程可划分为若干个分项工程。其中,建筑与结构工程主要按工种工程划分,例如混凝土结构工程中按主要工种分为模板工程、钢筋工程、混凝土工程等分项工程;按施工工艺又分为预应力、现浇结构、装配式结构等分项工程。建筑设备安装工程中的分项工程主要按照材料、设备组别划分。建筑给水排水及采暖分部的卫生器具安装子分部工程,依据材料设备类别不同,划分为卫生器具安装、卫生器具给水配件安装、卫生器具排水管道安装等分项工程。同时,可依据工程特点,按系统或区段来划分分项工程，如住宅楼的下水管道，可把每单元排水系统划分为一个分项工程。大型建筑的通风管道工程，一个楼层可分数段，每段则为一个分项工程来进行质量控制和验收。

分项工程的划分是在分部(子分部)工程项目的基础上的进一步细分，它是建筑工程组成的最基本单元。

建筑工程分部(子分部)工程、分项工程的具体划分见《建筑工程施工质量验收统一标准》(GB 50300—2013)。

4.1.4.6　检验批的划分

在一般情况下，一个分项工程可由一个或若干个检验批组成，检验批可根据施工及质量控制和专业验收需要按楼层、施工段、变形缝等进行划分。

检验批不是工程组成的基本单位，仅是为了质量验收的需要，人为地对较大的分项工程的进一步划分。建筑工程的地基基础分部工程中的分项工程一般划分为一个检验批；有地下层的基础工程可按不同地下层划分检验批；屋面分部工程中的分项工程不同楼层屋面可划分为不同的检验批；单层建筑工程中的分项工程可按变形缝等划分检验批，多层及高层建筑工程中主体分部的分项工程可按楼层或施工段来划分检验批；其他分部工程中的分项工程一般按楼层划分检验批；对于工程量较少的分项工程可统一化为一个检验批。安装工程一般按一个设计系统或组别划分为一个检验批。室外工程统一划分为一个检验批。散水、台阶、明沟等含在地面检验批中。

分项工程划分为检验批后，其验收重点就后移了。分项工程的验收实际上就成为检验批的验收。因为检验批执行的是其所属分项工程的验收标准，当分项工程的所有检验批验收结束，分项工程的验收也就完成了，剩下的仅是检验批质量的统计汇总而已。当然，不划分检验批的分项工程，其验收直接执行分项工程验收标准。

4.1.4.7　室外建筑工程的划分

室外建筑工程一般与室内工程不同步，多在室内工程基本结束时进行施工，所以工程质量验收需要单独进行，其工程划分自成体系。

根据室外工程的类别和工程规模划分为室外建筑环境和室外安装两个单位工程。其中，室外建筑环境含附属建筑和室外环境两个子单位工程。附属建筑包括车棚、围墙、大门、挡土墙、垃圾收集站等；室外环境包括建筑小品、道路、亭台、连廊、花坛、场地绿化等。室外安装含给水排水与采暖、电气两个子单位工程，给水排水与采暖包括室外给水系统、室外排水系统、室外供热系统等；电气包括室外供电系统、室外照明系统等。由于室外工程较简单，所以不再细分分项工程和检验批。

子任务4.2　施工质量检验程序的构建及实施

4.2.1　施工质量检验程序构建

建筑工程施工质量验收的程序首先是验收检验批或者是分项工程质量验收，再验收分部(子分部)工程质量，最后验收单位(子单位)工程的质量。对检验批、分项工程、分部

(子分部)工程、单位(子单位)工程的质量验收,都是先由施工单位自我检查评定后,再由监理或建设单位进行验收。

4.2.1.1 施工单位自检程序

施工单位工程质量验收首先是班组在施工过程中的自我检查,自我检查建设按照施工操作工艺的要求,边操作边检查,将有关质量要求及误差控制在规定的限值内。自检主要是在本班组本工种范围内进行,由承担检验批、分项工程的工种工人和班组等参加。自检互检是班组在分项(或分部)工程交接(检验批、分项工程完工或中间交工验收)前,由班组先进行检查;也可是分包单位在交给总包之前,由分包单位进行的检查;还可以是由单位工程项目经理(或企业技术负责人)组织有关班组长(或分包)及有关人员参加的交工前的检查,对单位工程的观感和使用功能等方面易出现的质量疵病和遗留问题,尤其是各工种、分包之间的工序交叉可能发生建筑成品损坏的部位,均要及时发现问题、及时改进,力争工程一次验收通过。

交接检是各班组之间或各工种、各分包之间,在工序、检验批、分项或分部工程完毕之后,下一道工序、检验批、分项或分部(子分部)工程开始之前,共同对前一道工序、检验批、分项或分部(子分部)工程的检查,经后一道工序认可,并为他们创造了合格的工作条件。例如,基础公司把桩基交给承担主体结构施工的公司;瓦工班组把某层砖墙交给木工班组支模;木工班组把模板交给钢筋班组绑扎钢筋;钢筋班组把钢筋交给混凝土班组浇筑混凝土;建筑与结构施工队伍把主体工程(标高、预留洞、预埋铁件)交给安装队安装水电等等。交接检是保证下一道工序顺利进行的有力措施,也有利于分清质量责任和成品保护,也可以防止下道工序对上道工序的损坏。

施工企业对检验批、分项工程、分部(子分部)工程、单位(子单位)工程,都应按照企业标准检查评定合格之后,将各验收记录表填写好,再交监理单位(建设单位)的监理工程师、总监理工程师进行验收。企业的自我检查评定是工程验收的基础。

4.2.1.2 监理单位(建设单位)的验收

施工企业的质量检查人员(包括各专业的项目质量检查员),将企业检查评定合格的检验批、分项工程、分部(子分部)工程、单位(子单位)工程,填好表格后及时交监理单位(对一些政策允许的建设单位自行管理的工程,应交建设单位)。监理单位(或建设单位)的有关人员及时到工地现场,对该项工程的质量进行验收。由于监理单位(或建设单位)的现场质量检查人员,在施工过程中已经进行旁站、平行或巡视检查,所以监理单位应根据监理人员对工程质量了解的程度,对检验批的质量采取抽样检查或抽取重点部位或认为有必要查的部位进行检查。

对工程进行检查后,确认其工程质量符合标准规定,由有关人员签字认可。

4.2.1.3 检验批及分项工程的验收程序

检验批和分项工程验收前,施工单位先填好"检验批和分项工程的验收记录"(有关监理记录和结论不填),并由项目专业质量检验员和项目专业技术负责人分别在检验批和分项工程质量检验记录中相关栏目中签字,报监理单位等质量控制部门检查验收,严格按规定程序进行验收。

4.2.1.4 分部工程的验收程序

分部工程验收前，在施工单位自查、自评工作完成和填好“分部工程的验收记录”后报监理单位，由总监理工程师（建设单位项目负责人）组织施工单位项目负责人和技术、质量负责人等进行验收；由于地基与基础、主体结构技术性能要求严格，关系到整个工程的安全，因此规定与地基基础、主体结构分部工程相关的勘察、设计单位工程项目负责人和施工单位技术、质量部门负责人也应参加相关分部工程验收。

4.2.1.5 单位（子单位）工程的验收程序

1. 竣工验收的程序

单位工程达到竣工验收条件后，施工单位在自查、自评工作完成情况下，填写“工程竣工报验单”，并将全部竣工资料报送项目监理机构，申请竣工验收。总监理工程师应组织各专业监理工程师对竣工资料及各专业工程的质量情况进行全面检查，对检查出的问题，应督促施工单位及时整改。对需要进行功能试验的项目（包括单机试车和无负荷试车），监理工程师应督促施工单位及时进行试验，并对重要项目进行监督、检查，必要时请建设单位和设计单位参加；监理工程师应认真审查试验报告单并督促施工单位搞好成品保护和现场清理。

经项目监理机构对竣工资料及实物全面检查、验收合格后，由总监理工程师签署“工程竣工报验单”，并向建设单位提出质量评估报告。

2. 正式验收的程序

建设单位收到工程验收报告后，由建设（项目）、施工（含分包单位）、设计、监理等单位（项目）负责人进行单位（子单位）工程验收。单位工程有分包单位施工时，分包单位对所承包的工程项目应按规定的程序检查评定，总包单位应派人参加。分包工程完工后，应将工程有关资料交总包单位。建设工程经验收合格的，方可交付使用。

建设工程竣工验收应当具备下列条件：

（1）完成建设工程设计和合同约定的各项内容。

（2）有完整的技术档案和施工管理资料。

（3）有工程使用的主要建筑材料、建筑构配件和设备的进场试验报告。

（4）有勘察、设计、施工、工程监理等单位分别签署的质量合格文件。

（5）有施工单位签署的工程保修书。

4.2.1.6 单位工程竣工验收备案与移交

单位工程质量验收合格后，建设单位根据规定时间内将工程竣工验收报告和有关文件报建设行政管理部门备案。

（1）凡在中华人民共和国境内新建、扩建、改建各类房屋建筑工程和市政基础设施工程的竣工验收，均应按有关规定进行备案。

（2）国务院建设行政主管部门和有关专业部门负责全国工程竣工验收的监督管理工作。县级以上地方人民政府建设行政主管部门负责本行政区域内工程的竣工验收备案管理工作。

（3）工程项目经竣工验收合格后，便可办理工程交接手续，即将工程项目的所有权移交给建设单位。交接手续应及时办理，以便使项目早日投产使用，充分发挥投资效益。

在办理工程项目交接前，施工单位要编制竣工结算书，以此作为向建设单位结算最终拨付的工程价款。而竣工结算书通过监理工程师审核、确认并签证后，才能通知建设银行与施工单位办理工程价款的拨付手续。

（4）在工程项目交接时，还应将成套的工程技术资料进行分类整理、编目建档后移交给建设单位，同时，施工单位还应将施工中所占用的房屋设施等进行维修清理后全部予以移交。

4.2.2 施工质量检验程序的实施

《建筑工程施工质量验收统一标准》（GB 50300—2013）规定，检验批、分项工程由专业监理工程师、建设单位项目负责人组织施工单位的项目专业技术负责人等进行验收。分部工程、子分部工程由总监理工程师、建设单位项目负责人组织施工单位项目负责人（项目经理）和技术、质量负责人及勘察、设计单位工程项目负责人参加验收。竣工验收由建设单位组织验收。

4.2.2.1 施工单位自检组织

施工单位的自我检查主要是在本班组（本工种）范围内进行，由项目技术负责人和质量管理人员组织，承担检验批、分项工程的工种班组长等参加，可以是分包单位在交给总包之前，由分包单位先进行的检查；还可以是由单位工程项目经理（或企业技术负责人）组织有关班组长（或分包）及有关人员参加的交工前进行检查。

4.2.2.2 检验批及分项工程的验收组织

检验批和分项工程是建筑工程施工质量基础，因此所有检验批和分项工程均应由监理工程师或建设单位项目技术负责人组织验收，施工单位项目专业质量（技术）负责人等参与。

4.2.2.3 分部工程的验收组织

分部工程应由总监理工程师（建设单位项目负责人）组织施工单位项目负责人和技术、质量负责人等进行验收；由于地基与基础、主体结构技术性能要求严格，涉及整个工程的安全，因此规定与地基基础、主体结构分部工程相关的勘察、设计单位工程项目负责人和施工单位技术、质量部门负责人也应参加相关分部工程验收。

4.2.2.4 单位（子单位）工程的验收组织

1. 竣工预验收的组织

单位工程达到竣工验收条件后，由总监理工程师组织各专业监理工程师对竣工资料及各专业工程的质量进行全面检查，项目经理的技术负责人参加。经项目监理机构对竣工资料及实物全面检查、验收合格后，由总监理工程师签署“工程竣工报验单”，并向建设单位提出质量评估报告。

2. 正式验收的组织

建设单位收到工程验收报告后，由建设单位项目负责人组织施工（含分包单位）、设计、监理等单位项目负责人进行单位（子单位）工程验收。单位工程由分包单位施工时，分包单位对所承包的工程项目应按规定的程序检查评定，总包单位应派人参加。

在一个单位工程中，对满足生产要求或具备使用条件，施工单位已预验、监理工程师已预验通过的子单位工程,建设单位可组织进行验收。有几个施工单位负责施工的单位工程,当其中的施工单位所负责的子单位工程已按设计完成,并经自行检验,也可组织正式验收,办理交工手续。

4.2.3　陕建施工质量检验程序

(1)班组每日操作完毕或每道工序完毕之时,必须对本班组当天的产品进行自检、互检,并填写自检记录。

如有不合格或达不到质量目标标准之处,应立即返工,并由责任者承担一定的经济损失。

无自检、互检者(或无记录),不得安排新的作业任务。所完成的产品亦不能交付下道工序施工。

(2)项目经理部的质检人员,必须及时跟踪检查每个操作者的操作质量。发现问题,及时纠正,坚决把质量问题消灭在萌芽状态。

每道工序施工完毕后,质检人员应及时进行检查验收,并对该工序的施工质量作出准确评价,记录在案。否则,该部位不得进入下道工序的施工;进行该工序施工的班组不得转移施工操作。检查结果,若评定该工序施工质量未达到质量目标标准,如有可能,应予修整,使之达标;如无法修整,而又接近质量目标标准,则对施工班组给予相应的经济制裁;修整所用工时,应包括在班组的责任工时内;如问题较严重,则应坚决返工,施工班组应承担全部返工损失,并对直接责任者应给予经济处罚及降薪。

(3)公司应定期对已完工程质量进行抽样复查,借以督促、指导现场质检员的工作。

(4)班组进入新的工作面施工前,应对前道工序的质量予以复核,并填写交接检记录。否则,班组有权拒绝施工,误工时,由责任者承担。

班组对上道工序施工的质量缺陷,应认真予以纠正。

子任务 4.3　建筑工程施工质量验收

4.3.1　检验批的质量验收

4.3.1.1　检验批质量合格规定

(1)主控项目和一般项目的质量经抽样检验合格。

(2)具有完整的施工操作依据、质量检查记录,如图 4-2 所示。

从上面的规定可以看出,检验批的质量验收包括了质量资料的检查和主控项目、一般项目的检验两方面的内容。

4.3.1.2　检验批按规定验收

1. 资料检查

质量控制资料反映了检验批从原材料到验收的各施工工序的施工操作依据,检查情况以及保证质量所必需的管理制度等。对其完整性的检查,实际是对过程控制的确认,这是检验批合格的前提。所要检查的资料主要包括:

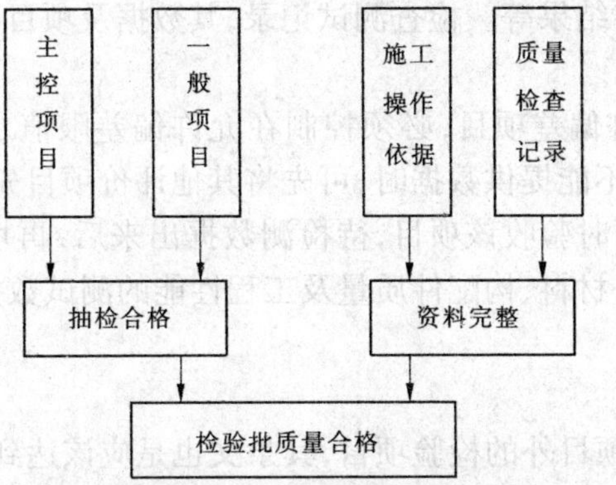

图4-2 检验批质量合格标准示意图

(1)图纸会审、设计变更、洽商记录。

(2)建筑材料、成品、半成品、建筑构配件、器具和设备的质量证明书及进场检(试)验报告。

(3)工程测量、放线记录。

(4)按专业质量验收规范规定的抽样检验报告。

(5)隐蔽工程检查记录。

(6)施工过程记录和施工过程检查记录。

(7)新材料、新工艺的施工记录。

(8)质量管理资料和施工单位操作依据等。

2. 主控项目和一般项目的检验

为确保工程质量,使检验批的质量符合安全和使用功能的基本要求,各专业质量验收规范对各检验批的主控项目和一般项目的子项合格质量都给予明确规定。如砖砌体工程检验批质量验收时主控项目包括砖强度等级、砂浆强度等级、斜槎留置、直槎拉结钢筋及接槎处理、砂浆饱满度、轴线位移、每层垂直度等内容;而一般项目则包括组砌方法、水平灰缝厚度、顶(楼)面表高、表面平整度、门窗洞口高宽、窗口偏移、水平灰缝的平直度以及清水墙游丁走缝等内容。

1)主控项目

主控项目是保证工程安全和使用功能的重要检验项目,是对安全、卫生、环境保护和公众利益起决定性作用的检验项目,它决定该检验批的主要性能。如果达不到规定的质量指标,降低要求就相当于降低该工程项目的性能指标,就会严重影响工程的安全性能;如果提高要求就等于提高性能指标,就会增加工程造价。如混凝土、砂浆的强度等级是保证混凝土结构、砌体工程强度的重要性能,是必须全部达到要求。

主控项目包括的内容主要有:

(1)重要材料、构件及配件、成品及半成品、设备性能及附件的材质、技术性能等。检查出厂证明及试验数据,如水泥、钢材的质量;预制楼板、墙板、门窗等构配件的质量;风机等设备的质量。检查出厂证明,其技术数据、项目符合有关技术标准规定。

(2)结构的强度、刚度和稳定性等检验数据、工程性能的检测。如混凝土、砂浆的强度,钢结构的焊缝强度,管道的压力试验,风管的系统测定与调整,电气的绝缘、接地测试,电梯的安全保护、试运转结果等。检查测试记录，其数据及项目要符合设计要求和相关验收规范规定。

(3)一些重要的允许偏差项目，必须控制在允许偏差限值之内。对一些有龄期的检测项目，在其龄期不到，不能提供数据时，可先将其他评价项目先评价，并根据施工现场的质量保证和控制情况，暂时验收该项目，待检测数据出来后，再填入数据。如果数据达不到规定数值，或者对一些材料、构配件质量及工程性能的测试数据有疑问时，应进行复试、鉴定及实地检验。

2)一般项目

一般项目是除主控项目外的检验项目，其条文也是应该达到的，只不过对影响工程安全和使用功能较小的少数条文可以适当放宽一些。这些条文虽不像主控项目那样重要，但对工程安全、使用功能、建筑美观都是有较大影响的。一般项目包括的内容主要有：

(1)在一般项目中，允许有一定偏差的，如用数据标准判断，其偏差范围不得超过规定值。

(2)对不能确定偏差值而又允许出现一定缺陷的项目，则以缺陷的数量来区分。如砖砌体预埋拉结筋的留置间距偏差、混凝土钢筋露筋等。

(3)一些无法定量的而采用定性的项目。如碎拼大理石地面颜色协调，无明显裂缝和坑洼；油漆工程中，油漆的光亮和光滑项目；卫生器具给水配件安装项目，接口严密，启闭部分灵活；管道接口项目，无外露油麻等需要监理工程师来合理控制。

检验批的合格质量主要取决于对主控项目和一般项目的检验结果。主控项目是对检验批的基本质量起决定性影响的检验项目，因此必须全部符合有关专业工程验收规范的规定。这意味着主控项目不允许有不符合要求的检验结果，即这种项目的检查具有否决权，而其一般项目则可按专业规范的要求处理。鉴于主控项目对基本质量的决定性影响，从严要求是必须的。如混凝土结构工程中混凝土分项工程的配合比设计其主控项目要求：混凝土应按国家现行标准《普通混凝土配合比设计规程》(JGJ 55)的有关规定，根据混凝土强度等级、耐久性和工作性等要求进行配合比设计。对有特殊要求的混凝土，其配合比设计尚应符合国家现行有关标准的专门规定。其检验方法是检查配合比设计资料。而其一般项目则可按专业规范的要求处理。如：首次使用的混凝土配合比应进行开盘鉴定，其工作性应满足设计配合比的要求。开始生产时应至少留置一组标准养护试件，作为验证配合比的依据。并通过检查开盘鉴定资料和试件强度试验报告进行检验。混凝土拌制前，应测定砂、石含水率并根据测试结果调整材料用量，提出施工配合比，并通过检查含水率测试结果和施工配合比通知单进行检查，每工作班检查一次。

3)检验批的抽样方案

合理的抽样方案的制定对检验批的质量验收有十分重要的影响。在制订检验批的抽样方案时，应考虑合理分配生产方风险(或错判概率 a)和使用方风险(或漏判概率 p)，主控项目，对应于合格质量水平的 a 和 p 均不宜超过5%；对于一般项目，对应于合格质量水平的 a 不宜过5%，p 不宜超过10%。

检验批的质量验收记录由施工项目专业质量检查员填写，监理工程师(建设单位专业技术负责人)组织项目专业质量检查员等进行验收。

4.3.2 分项工程质量验收

分项工程的验收在检验批验收的基础上进行。一般情况下,两者具有相同或相近的性质,只是批量的大小不同而已。因此,将有关的检验批汇集构成分项工程。分项工程合格质量的条件比较简单,只要构成分项工程的各检验批的验收资料文件完整,并且均已验收合格,则分项工程验收合格。

4.3.2.1 分项工程质量验收合格应符合的规定

(1)分项工程所含的检验批均应符合合格质量规定。

(2)分项工程所含的检验批的质量验收记录应完整,如图4-3所示。

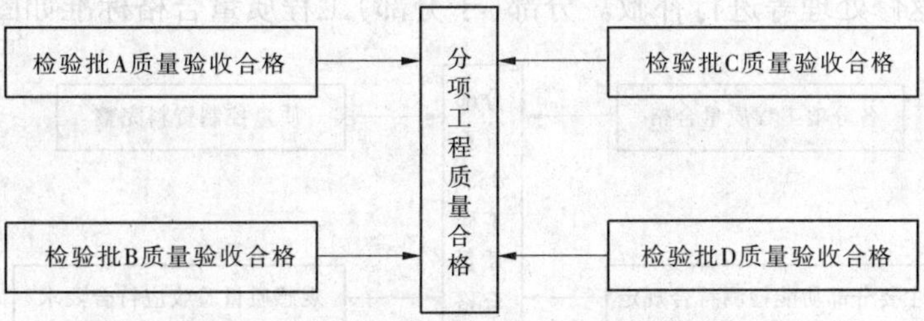

图4-3 分项工程质量合格标准示意图

4.3.2.2 分项工程质量验收注意事项

(1)若分项工程没分检验批,即为直接的分项工程检查验收。

(2)核对检验批的部位、区段是否全部覆盖分项工程的范围,考虑有没有未验收到的缺漏部位。

(3)一些在检验批中无法检验的项目,在分项工程中直接验收。如砌体工程中的全高垂直度、砂浆强度的评定等。

(4)检验批验收记录的内容及签字人是否正确齐全。

分项工程质量应由监理工程师(建设单位项目专业技术负责人)组织项目专业技术负责人等进行验收。

4.3.2.3 检验批及分项工程的验收

检验批由专业监理工程师组织项目专业质量检验员等进行验收;分项工程由专业监理工程师组织项目专业技术负责人等进行验收。

检验批和分项工程是建筑工程施工质量基础,因此,所有检验批和分项工程均应由监理工程师或建设单位项目技术负责人组织验收。验收前,施工单位先填好“检验批和分项工程的验收记录”(有关监理记录和结论不填),并由项目专业质量检验员和项目专业技术负责人分别在检验批和分项工程质量检验记录中相关栏目中签字,然后由监理工程师组织,严格按规定程序进行验收。

4.3.3 分部(子分部)工程质量验收

在一个分部工程中只有一个子分部工程时,子分部就是分部工程;当不只一个子分部工程时,可以一个子分部、一个子分部地进行质量验收。

分部工程的验收在其所含各分项工程验收的基础上进行。首先,分部工程的各分项工程必须已验收且相应的质量控制资料必须完整。此外,由于各分项工程的性质不尽相同,因此作为分部工程不能简单的组合而加以验收,尚须增加以下两类检查。

涉及安全和使用功能的地基基础、主体结构、有关安全及重要使用功能的安装分部工程,应进行有关见证取样送样试验或抽样检测。如建筑物垂直度、标高、全高测量记录,建筑物沉降观测测量记录,给水管道通水试验记录,暖气管道、散热器压力试验记录,照明动力全负荷试验记录等。关于观感质量验收,这类检查往往难以定量,只能以观察、触摸或简单量测的方式进行,并由各人的主观印象判断,检查结果并不给出“合格”或“不合格”的结论,而是综合给出质量评价。评价的结论为“好”“一般”和“差”三种。对于“差”的检查点应通过返修处理等进行补救。分部(子分部)工程质量合格标准如图4-4所示。

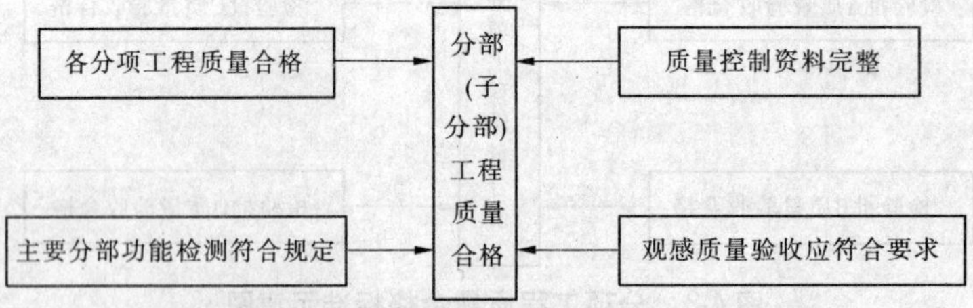

图4-4　分部(子分部)工程质量合格标准示意图

4.3.3.1　分部(子分部)工程质量验收

分部(子分部)工程质量验收合格应符合下列规定。

(1)分部(子分部)工程所含的各分项工程质量均应验收合格:

①各分项工程验收是否正确。

②所含分项工程是否有漏、缺,是否有还没归纳进来的分项工程,或是没有进行验收的分项工程。

(2)质量控制资料应完整。检查各分项工程的资料是否完整,各验收资料的内容是否有缺漏以及各分项验收人员的签字是否齐全、是否符合规定。

(3)地基与基础、主体结构、有关安全及重要使用功能的安装分部工程,应进行有关见证取样送样试验和抽样检测结果应符合有关规定,验收时应注意三个方面的工作:

①各规范中规定的检测项目是否都进行了验收,不能进行检测的项目应该说明原因。

②各项检测记录(报告)的内容、数据是否符合要求,包括检测项目的内容、所遵循的检测方法标准、检测结果的数据是否达到规定的标准。

③资料的检测程序,有关取样人、检测人、审核人、试验负责人,以及公章签字是否齐全等。

(4)观感质量验收应符合要求。观感质量验收,以观察、触摸或简单量测的方式进行,并由个人的主观印象判断,检查结果并不给出“合格”或“不合格”的结论,而是综合给出质量评价。评价的结论为“好”“一般”和“差”三种。在检查时应注意:

①要注意一定将工程的各个部位全部看到,能操作的应操作,观察其方便性、灵活性或有效性等;能打开观看的应打开观看,不能只看“外观”,应全面了解分部(子分部)的实物质量。

②评价标准由检查评价人员宏观掌握，如果没有较明显达不到要求的，就可以评一般；如果某些部位质量较好，细部处理到位，就可评好；如果有的部位达不到要求，或有明显的缺陷，但不影响安全或使用功能的，则评为差。评为差的项目能进行返修的应进行返修，不能返修的只要不影响结构安全和使用功能的可通过验收。有影响安全或使用功能的项目，不能评价，应修理后再评价。

观感质量验收评价人员必须具有相应的资格，由总监理工程师组织，不少于三位监理工程师来检查，在听取其他参加人员的意见后，共同作出评价，但总监理工程师的意见应为主导意见。在作评价时，应分项目逐点评价，也可按项目进行综合评价，最后对分部（子分部）作出评价验收结论。

4.3.3.2 分部（子分部）工程质量验收

分部（子分部）工程应由总监理工程师（建设单位项目负责人）组织施工单位项目负责人和项目技术、质量负责人等进行验收；由于地基基础、主体结构技术性能要求严格，技术性强，关系到整个工程的安全，因此规定与地基基础、主体结构分部工程相关的勘察、设计单位工程项目负责人和施工单位技术、质量部门负责人也应参加相关分部工程验收。

4.3.4 四个关键施工现场质量检验

4.3.4.1 施工现场“三检”及工序交接验收

施工工序交接检验是施工现场质量检验与施工过程工序质量控制的主要内容之一。相关各专业工种之间，应进行交接检验，并形成记录。未经监理工程师（建设单位技术负责人）检查认可，不得进行下道工序施工。工程“三检”制度是指对各道工序的施工质量始终坚持自检、互检、交接检制度，其目的是加强对施工过程中的质量控制，严格要求工序质量，将工程质量通病和不足之处消除在分项工序之中。“三检”制度应贯穿于工程施工的全过程。

（1）各分部、分项、检验批工程，尤其是隐蔽工程每个工序施工完成，班组必须自检，自检要作文字记录。自检合格后，由项目部施工质量管理人员验收。在内部自行验收合格的基础上，方可通知监理进行验收。

（2）本工种工作完成后，在不同工种间还应进行互检，检查对方施工工序与本工种工序衔接的正确性，与设计图纸、国家规范的符合性，若有不符，应及时向对方班组质检员或项目质量员提出。

（3）在上一道工序完成并将进入下一道工序施工时，还应由施工员或质量员组织上、下道工序施工班组长和工种负责人进行不同工序施工交接检查，上一班人员必须对接班人员进行质量、技术、数据交接（交底），并做好交接记录。

（4）项目质量员还应通过抽检等实测实量的手段，把发现不符合质量要求的地方及时加以纠正和更改。同时加强隐蔽工程验收、技术复核等过程验收，分项、检验批工程施工完成后，由单位工程负责人组织有关工程技术人员，按照验评标准进行评定，专职质量员负责质量评定。

（5）各项目应严格执行质量三检及工序交接验收制度，层层把关，上道工序未经验收不合格，不得进行下道工序施工。

(6)对存在的质量问题应及时整改,在质量员对该工序质量评定合格后,方可进入下道工序施工。

4.3.4.2 隐蔽工程验收

1. 隐蔽工程验收基本要求

隐蔽工程是指为下道工序施工所隐蔽的工程项目,隐蔽前必须进行质量检查和验收,由施工项目负责人组织施工人员、质检人员,并请监理单位、建设单位代表参加,必要时请设计人参加,检查意见应具体明确,检查手续应及时办理,不得后补。须复验的要办理复验手续,填写复验日期并由复验人做出结论。项目部必须建立隐蔽工程验收台账,台账页码编号不能缺少,内容不得涂改、不得代签和弄虚作假。隐蔽工程未办理隐蔽工程验收手续或经抽检仍不合格的不得进入下道工序。

隐蔽工程主要验收内容:岩土工程勘察;工程桩:预制桩、冲孔桩、搅拌桩、旋挖桩、人工挖孔桩;基坑验槽;锚杆;防水工程;模板工程;钢筋工程;砖砌体工程;门窗塞缝;墙体保温;地暖工程。水电线管暗埋和预留;防雷、接地工程。

2. 隐蔽工程验收

隐蔽工程施工完毕,承包单位按有关技术规程、规范、施工图纸先进行自检,自检合格后,填写“报验申请表”,附上相应的工程检查证(或隐蔽工程检查记录)及有关材料证明、试验报告、复试报告等,报送项目监理机构。

监理工程师收到报验申请后首先对质量证明资料进行审查,并在合同规定的时间内到现场检查(检测或核查),承包单位的专职质检员及相关施工人员应随同一起到现场。

经现场检查,如符合质量要求,监理工程师在《报验申请表》及工程检查证(或隐蔽工程检查记录)上签字确认,准予承包单位隐蔽、覆盖,进入下一道工序施工。如经现场检查发现不合格,监理工程师签发“不合格项目通知”,指令承包单位整改,整改后自检合格再报监理工程师复查。

3. 主要施工隐蔽工程验收

基坑(槽)隐蔽验收。(一)基坑(槽)土方开挖前,监理工程师必须对开挖边线进行100%复核,准确无误后在台账上签字并立即报项目部;项目部必须100%复查,无误后在台账上签字并立即报项目部经理;项目部经理进行100%复核,无误后在台账上签字。(二)验收内容:基坑(槽)截面尺寸、基底标高。(三)监理工程师必须对基坑(槽)的验收内容进行验收。符合要求后,在台账上如实填写并立即报项目部;项目部必须100%进行复查,无误后在台账上签字认可并立即报项目部经理;项目部经理必须对第一批开挖到设计标高的基坑(槽)进行验收,并抽查不少于30%,并在台账上签字。(四)基底开挖达到设计标高后2天内,项目部必须组织工程管理部、成本管理部及勘察、设计单位、施工单位等进行验槽。

防水工程隐蔽验收。(一)验收内容:1. 混凝土结构自防水的各种变形缝、后浇带、预埋件、穿墙管等的设置和构造;2. 卷材防水的基层处理、卷材接口和收头、细部处理;3. 涂膜防水的基层处理、涂膜遍数和厚度、细部处理、涂膜防水层的切片封存;4. 蓄水试验或淋水试验。(二)监理工程师根据验收内容验收合格后立即在隐蔽验收台账上签字,并立即报项目部核查;项目部必须进行100%核查,核查合格后填写验收台账并立即报项目部经理;项目部经理必须对第一个标准层及屋面的防水工程进行验收,并抽查不少于检验批总数的10%,并在台账上签字。

模板工程隐蔽验收。(一)隐蔽验收内容:模板的支撑、立柱位置、垫板、预埋筋、预埋螺栓、预留洞、轴线位置、表面标高、截面尺寸、相邻两块板表面高差、表面平整度等。(二)施工单位申请验收后,监理工程师必须立即进行验收。验收合格后在台账上签字并立即报项目部;项目部立即进行复核,合格后在台账上签字并立即报项目部经理;项目部经理必须对地下室底(侧)板及顶板、第一个标准层楼板的模板工程进行验收,并抽查检验批总数的10%和在台账上签字。第十六条　钢筋工程隐蔽验收　(一)隐蔽验收内容:钢筋的规格、形状、尺寸、数量、间距、位置、锚固长度、搭接长度、接头位置、保护层厚度等。(二)接头采用焊接和机械连接的钢筋必须按规定见证取样送检。(三)施工单位申请验收后,监理工程师必须立即进行验收。验收合格后在台账上签字并立即报项目部;项目部立即进行复核,合格后在台账上签字并立即报项目部经理;项目部经理必须对地下室底(侧)板及顶板、第一个标准层楼板的钢筋工程进行验收,并抽查检验批总数的10%并在台账上签字。

砌体工程隐蔽验收。(一)验收内容:(1)砌体放线;(2)砌筑砂浆标号;(3)墙柱预留拉结筋;(4)构造柱的锚固与拉结;(5)顶砖砌筑时间和方式。(二)监理工程师验收合格后即时在隐蔽验收台账上签字,并立即报项目部;项目部核查不少于检验批总数的30%,核查结果填写验收台账并立即报项目部经理;项目部经理必须对第三层的砌体工程进行验收,并检查不少于检验批总数的10%,并在台账上签字。

4.3.4.3　技术复核

在实施过程中,对重要的或影响工作质量的主要工序实施技术复核,是为了避免发生重大差错,保证工程质量满足设计和合同规定要求。凡涉及施工作业技术活动基准和依据的技术工作,都应该严格进行专人负责的复核性检查,以避免基准失误给整个工程质量带来难以补救的或全局性的危害。例如,工程的定位、轴线、标高,预留孔洞的位置和尺寸,预埋件,管线的坡度、混凝土配合比,变电、配电位置,高低压进出口方向、送电方向等。技术复核是承包单位应履行的技术工作责任,其复核结果应报送监理工程师复验确认后,才能进行后续相关的施工。监理工程师应把技术复验工作列入监理规划及质量控制计划中,并看作是一项经常性工作任务,贯穿于整个施工过程中。

1.技术复核工作的程序及要求

技术复核工作应在本工序已完成且班组自检查合格后,下道工序施工前进行。复核检查前主管工长应认真填写好技术复核记录的有关栏目,通知项目质检员及有关人员进行检查。为使工程进度不受影响,检查时间从接到工长通知时起,不得超过二十四小时。重要工序(如建筑物定位、放线等)的技术复核:由项目技术负责人,质量检查员、工长等有关人员,并通知建设单位代表(或监理)参加共同进行检查。一般工序的技术复核,由工长、质量检查员等有关人员,并通知建设单位代表(或监理)共同进行检查。

2.技术复核主要内容

建筑物龙门板的轴线尺寸和标高,龙门板标高测定容许偏差一般为±5 mm,轴线测定至龙门板上的投影点容许偏差一般为±5 mm。基础灰线(基槽上口开挖线);桩基的定位:设置控制网、定控制点;模板的轴线、断面尺寸和标高:评定抽查点数为构件数量的10%,技术复核要对所有构件进行复核;钢筋混凝土预制构件安装时,各类构件的型号、安装位置、搁置长度与标高,主要复合各类构件的型号是否正确,是否按设计位置安放构件,搁置长度是否符合要求,构件安装后的标高是否正确;砖砌体的轴线尺寸和皮数杆;屋架、楼梯、钢结构的大样图;主要管道、沟的标高和坡度;设备基础的位置与标高。

4.3.5 单位(子单位)工程质量验收

4.3.5.1 单位(子单位)工程质量验收

单位(子单位)工程质量验收合格应符合下列规定:

单位工程质量验收也称质量竣工验收,是建筑工程投入使用前的最后一次验收,也是最重要的一次验收。验收合格的条件有五个,除构成单位工程的各分部工程应该合格,并且有关的资料文件应完整外,还应进行以下三方面的检查:单位(子单位)工程所含分部工程有关安全和功能的检验资料应完整;主要功能项目的抽查结果应符合相关专业质量验收规范的规定;观感质量验收应符合要求。

单位工程质量合格标准如图4-5所示,单位(子单位)工程所含分部(子分部)工程的质量应验收合格在前文已经介绍。

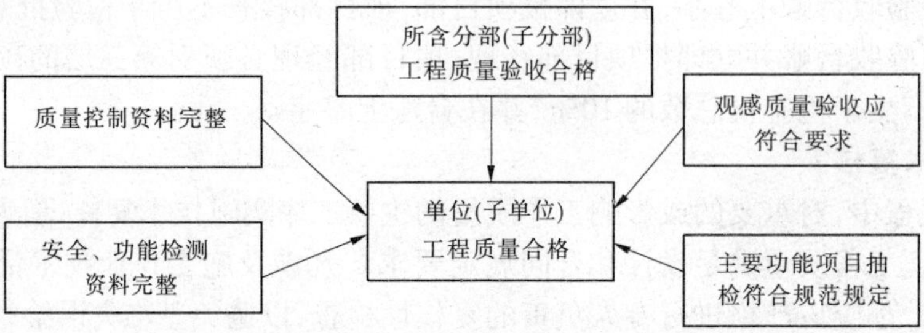

图4-5 单位(子单位)工程质量合格标准示意图

4.3.5.2 质量控制资料应完整

单位(子单位)工程质量验收应加强建筑结构、设备性能、使用功能方面主要技术性能的检验。总承包单位应将各分部(子分部)工程应有的质量控制资料进行核查,图纸会审及变更记录,定位测量放线记录,施工操作依据,原材料、构配件等质量证书,按规定进行检验的检测报告,隐蔽工程验收记录,施工中有关施工试验、测试、检验以及抽样检测项目的检测报告等,由总监理工程师进行核查确认,可按单位工程所包含的分部(子分部)工程分别核查,也可综合抽查。检查单位工程的质量控制资料时,应对主要技术性能进行系统的核查。如一个空调系统只有分部(子分部)工程全部完成后才能进行综合调试,取得需要的检验数据。

施工操作工艺、企业标准、施工图纸等设计文件,工程技术资料、工程施工的依据和施工过程的见证记录,是企业管理重要组成部分。质量控制资料是整个技术资料的核心。

建筑工程质量控制资料是反映建筑工程施工过程中,各个环节工程质量状况的基本数据和原始记录;反映完工项目的测试结果和记录。这些资料是工程质量的客观见证,是评价工程质量的主要依据。由于工程的安全性能要求高,所以工程质量资料比产品的合格证更重要。从广义质量来说,工程质量资料就是工程质量的一部分。

目前由于材料供应市场不规范,加上有些施工企业管理不健全等情况,因此使一些工程的资料达不到完整。当一个分部、子分部工程的质量控制资料虽有欠缺,但能反映其结构安全和使用功能满足设计要求,则可以认定该工程的质量控制资料为完整。如钢材,按标准要求既要有出厂合格证,又要有试验报告,即为完整。实际中,如有一批用于非重要构件的钢材没有出厂合格证,但经法定检测单位检验,该批钢材物理及化学性能均符合设计和标准要求,则可以认为该批钢材的技术资料完整。再如砌筑砂浆的试块应按规范要求的频率取样,在施工过程中,个别少量部位由于某种原因而没有按规定频率取样,但从现场的质量状况及已有的试块强度检验数据能反映其代表性时,也可认为是完整的。

由于每个工程的具体情况不一,因此什么是完整,要视工程特点和已有的资料情况而定。总之,有一点要把握,即验收或核验分部、子分部工程质量时,核查的质量控制资料,看其是否可以反映工程的结构安全和使用功能,是否达到设计要求,如果能反映和达到上述要求,即使有些欠缺也认为是完整的。

工程质量的质量控制资料,是从众多的工程技术资料中筛选出来的。多数是提供实施结果的见证记录、报告等文件材料。对于其他技术资料,由于工程不同或环境不同,要求也就不尽相同。各地区应根据实际情况增减。对一个单位工程全面进行技术资料核查,还可以防止局部错漏,从而进一步加强工程质量的控制。对结构工程及设备安装系统的核查,便于同设计要求相对照,是否达到设计效果。

施工操作工艺、企业标准、施工图纸及设计文件、工程技术资料和施工过程的见证记录,必须齐全完整。

单位工程质量控制资料是否完整,通常可按以下三个层次进行判定:

(1)已发生的资料项目必须有。

(2)在每个项目中该有的资料必须有,没有发生的资料应该没有。

(3)在每个资料中该有的数据必须有。

工程资料是否完整,要视工程项目的具体情况、特点和已有资料的情况而定,验收人员关键一点是应看其工程的结构安全和使用功能是否达到设计要求。如果资料能保证该工程结构安全和使用功能,能达到设计要求,则可认为是完整。否则,不能判为完整。

4.3.5.3 单位(子单位)工程所含分部工程有关安全和功能的检验资料应完整

涉及安全和使用功能的分部工程应进行检验资料的复查。不仅要全面检查其完整性(不得有漏检缺项),而且对分部工程验收时补充进行的见证抽样检验报告也要复核。这种强化验收的手段体现了对安全和主要使用功能的重视。

为确保工程的安全和使用功能,在分部(子分部)工程中提出了一些有关安全和功能检测项目在分部(子分部)工程检查和验收时,应进行检测来保证和验证工程的综合质量和最终质量。这种检测(检验)由施工单位来检测,检测过程中可请监理工程师或建设单位有关负责人参加监督检测工作,达到要求后,并形成检测记录签字认可。在单位(子单位)工程验收时,监理工程师应对各分部(子分部)工程应检测的项目进行核对,对检测资料的数量、数据、检测方法、标准、检测程序、有关人员的签认情况等进行核查。核查后,将核查的情况填入单位(子单位)工程安全和功能检测资料核查和主要功能抽查记录表。

并对该项内容做出通过或不通过的结论。

质量控制资料对一个单位工程来讲,主要是判定其是否能够反映保证结构安全和主要使用功能是否达到设计要求,如果能够反映出来,即或按标准及规范要求有少量欠缺时,也可以认可。因此,在标准中规定质量控制资料应完整,但在检验批时都应具备完整的施工操作依据及质量检查资料,对单位工程质量控制资料完整的判定,通常情况下可以按以下三个层次进行判定:

(1)该有的资料项目有了。子单位工程质量控制核查记录中,应该有的项目资料有了,如建筑与结构项目中,共有11项资料。如果没有使用新材料、新工艺,该第11项的资料可以没有。如果该工程施工过程中没有出现质量事故,该第10项的资料也没有了。其该有的项目为9项就行了。

(2)在每个项目中该有的资料有了。表中应有的项目中,应该有的资料有了,没有发生的资料应该没有,如第7项该项目是全现浇的,可以没有预制构件的资料;对工程结构、功能及有关质量不会出现影响其性能的资料,有缺点但可以认可的,如第3项中的钢材,按"规定既要有质量合格证,也应有试验报告为完整"。但个别非重要部位用的钢材,由于多方原因没有合格证,经过有资质的检测单位检验,该批钢材物理及化学性能符合设计和标准要求,也可以认为该批钢材的材料是完整的。

(3)在各项资料中,每一项应该有的数据有了。资料中应该证明的材料、工程性能的数据必须具备,如果其重要数据没有或不完备,这项资料就是无效的,就是有这样的资料也证明不了该材料、工程的性能,也不能算资料完整,如水泥复试报告,通常其安定性,强度,初凝、终凝时间必须有确切的数据及结论。再如钢筋复试报告,通常应有的抗拉强度及冷弯物理性能的数据及结论,符合设计及钢筋标准的规定。当要求进行化学分析时,应按要求做相应化学成分的试验,并有符合标准规定的数据及结论,这样可判定其应有的数据有了。

由于每个工程的具体情况不一,因此什么是资料完整,要视工程特点和已有资料的情况而定,总之,有一点验收人员应掌握的,看其是否可以反映工程的结构安全和使用功能,是否达到设计要求。如果资料能保证该工程结构安全和使用功能,则可认为是完整。

4.3.5.4 主要功能项目的抽查结果应符合相关专业质量验收规范的规定

对主要使用功能还须进行抽查。使用功能的检查是对建筑工程和设备安装工程最终质量的综合检查,也是用户最为关心的内容。因此,在分项、分部工程验收合格的基础上,竣工验收时再作全面检查。

主要功能项目抽查的目的是综合检验工程质量能否保证工程的功能,满足使用要求。主要功能抽测项目已在各分部(子分部)工程中列出,有的是在分部(子分部)工程完成后进行检测,有的还要待相关分部(子分部)工程完成后才能检测,有的则需要待单位工程全部完成后进行检测,这些检测项目应在由施工单位向建设单位提交工程验收报告之前全部进行完毕,并将检测报告写好。建设单位组织单位工程验收时,抽测项目一般由验收委员会(验收组)来确定。但其项目应包含在单位(子单位)工程安全和功能检测资料核查和主要功能抽查记录表中所含项目里,不能随便提出其他项目。如需要进行表中未有的检测项目时,应经过专门研究来确定。通常监理单位应在施工过程中,提醒将抽测的项目在分部(子分部)工程验收时抽测。多数情况是施工单位检测时,监理、建设单位都参加,不再重复检测,防止造成不必要的浪费及对工程的损害。

抽查项目是在检查资料文件的基础上由参加验收的各方人员商定,并用计量、计数的抽样方法确定检查部位。检查要求按有关专业工程施工质量验收标准的要求进行。通常主要功能抽测项目,应为有关项目最终的综合性的使用功能,如室内环境检测、屋面淋水检测、用电设备全负荷试验检测、智能建筑系统运行等。只有最终抽测项目效果不符合验收标准要求,必须进行中间过程有关项目的检测时,才与有关单位共同制订检测方案,并制订完善的成品保护措施;主要功能抽测项目的进行,以不损坏建筑成品为原则。

4.3.5.5 观感质量验收应符合要求

最后,还须由参加验收的各方人员共同进行观感质量检查。检查的方法、内容、结论等应在分部工程的相应部分中阐述,最后共同确定是否通过验收。分项、分部工程的验收,对其本身来讲是属产品检验,只有单位工程的验收,才是最终建筑产品的验收。观感质量检查绝不是单纯的外观检查,而是实地对工程的一个全面检查,核实质量控制资料,核查分项、分部工程验收的正确性,对在分项工程中不能检查的项目进行检查等。如工程完工,绝大部分的安全可靠性能和使用功能已达到要求,但出现不应出现的裂缝和严重影响使用功能的情况,应该首先弄清原因,然后再评价。分项、分部工程无法测定和不便测定的项目,在单位工程观感评价中,必须给予核查。如建筑物的全高垂直度、上下窗口位置偏移及一些线角顺直等项目,只有在单位工程质量最终检查时,才能了解得更确切。单位(子单位)工程观感质量评价方法同分部(子分部)工程观感质量验收项目。

观感质量评价是工程的一项重要评价工作,是全面评价一个分部、子分部、单位工程的外观及使用功能质量,促进施工过程的管理、成品保护,提高社会效益和环境效益。观感质量检查决不是单纯的外观检查,而是实地对工程的一个全面检查,核实质量控制资料,核查分项、分部工程验收的正确性及对在分项工程中不能检查的项目进行检查等。如工程完工,绝大部分的安全可靠性能和使用功能已达到要求,但出现不应出现的裂缝和严重影响使用功能的情况,应该首先弄清原因,然后再评价。地面严重空鼓、起砂、墙面空鼓粗糙、门窗开关不灵、关闭不严等项目的质量缺陷很多,就说明在分项、分部工程验收时,掌握标准不严、分项分部无法测定和不便测定的项目,在单位工程观感评价中,给予核查。如建筑物的全高垂直度、上下窗口位置偏移及一些线角顺直等项目,只有在单位工程质量最终检查时,才能了解得更确切。

系统地对单位工程检查,可全面地衡量单位工程质量的实际情况,突出了对工程整体检验和对用户着想的观点。分项、分部工程的验收,对其本身来讲虽是产品检验,但对交付使用一幢房子来讲,又是施工过程的质量控制。只有在单位工程的验收时进行,才是最终建筑产品的验收,所以在标准中,既加强了施工过程中的质量控制(分项、分部工程的验收),又严格进行了单位工程的最终评价,使建筑工程的质量得到了有效保证。

观感质量的验收方法和内容与分部、子分部工程的观感质量评价一样,只是分部、子分部的范围小一些而已,可能在单位工程检查时已经看不到了。所以单位工程的观感质量是更为宏观的检查。其内容按各有关检验批的主控项目、一般项目有关内容综合掌握,给出“好”“一般”“差”的评价。

检查时应将建筑工程外观全部看到，对建筑的重要部位、项目及有代表性的房间、部位、设备、项目都应检查到，可逐点评价再综合评价；也可逐项进行评价；也可按大的方面综合评价。评价时，要在现场由参加检查验收的监理工程师共同确定，可多听取被验收单位及参加验收的其他人员的意见，并由总监理工程师签认，总监理工程师的意见应有主导性。其他做法同分部、子分部工程的观感质量验收项目。

4.3.5.6　单位(子单位)工程的验收程序与组织

1. 竣工初验收的程序

当单位工程达到竣工验收条件后，施工单位应在自查、自评工作完成后，填写工程竣工报验单，并将全部竣工资料报送项目监理机构，申请竣工验收。总监理工程师应组织各专业监理工程师对竣工资料及各专业工程的质量情况进行全面检查，对检查出的问题，应督促施工单位及时整改。对需要进行功能试验的项目(包括单机试车和无负荷试车)，监理工程师应督促施工单位及时进行试验，并对重要项目进行监督、检查，必要时请建设单位和设计单位参加；监理工程师应认真审查试验报告单并督促施工单位搞好成品保护和现场清理。

经项目监理机构对竣工资料及实物全面审查、验收合格后，由总监理工程师签署工程竣工报验单，并向建设单位提出质量评估报告。

2. 正式验收

建设单位收到工程验收报告后，应由建设单位(项目)负责人组织施工(含分包单位)、设计、监理等单位(项目)负责人进行单位(子单位)工程验收。单位工程由分包单位施工时，分包单位对所承包的工程项目应按规定的程序检查评定，总包单位应派人参加。分包工程完成后，应将工程有关资料交总包单位。建设工程经验收合格的，方可交付使用。

3. 建设工程竣工验收应当具备下列条件

建设工程竣工验收应当满足：完成建设工程设计和合同约定的各项内容；有完整的技术档案和施工管理资料；有工程使用的主要建筑材料、建筑构配件和设备的进场试验报告；有勘察、设计、施工、工程监理等单位分别签署的质量合格文件；有施工单位签署的工程保修书。在一个单位工程中，对满足生产要求或具备使用条件，施工单位已预验，监理工程师已初验通过的子单位工程，建设单位可组织进行验收。有几个施工单位负责施工的单位工程，当其中的施工单位所负责的子单位工程已按设计完成，并经自行检验，也可组织正式验收，办理交工手续。在整个单位工程进行全部验收时，已验收的子单位工程验收资料应作为单位工程验收的附件。

在竣工验收时，对某些剩余工程和缺陷工程，在不影响交付的前提下，经建设单位、设计单位、施工单位和监理单位协商，施工单位应在竣工验收后的限定时间内完成。参加验收各方对工程质量验收意见不一致时，可请当地建设行政主管部门或工程质量监督机构协调处理。

4.3.5.7 单位工程竣工验收备案

单位工程质量验收合格后,建设单位应在规定时间内将工程竣工验收报告和有关文件,报建设行政管理部门备案。

(1)凡在中华人民共和国境内新建、扩建、改建各类房屋建筑工程和市政基础设施工程的竣工验收,均应按有关规定进行备案。

(2)国务院建设行政主管部门和有关专业部门负责全国工程竣工验收的监督管理工作。县级以上地方人民政府建设行政主管部门负责本行政区域内工程的竣工验收备案管理工作。

建筑工程施工质量验收组织一览表如表4-1所示。

表4-1 建筑工程施工质量验收组织一览表

工程名称	组织单位负责人	参加单位人员
检验批	监理工程师或建设单位项目技术负责人	施工单位项目质量或技术负责人
分项工程	监理工程师或建设单位项目技术负责人	施工单位项目质量或技术负责人
一般分部(子分部)工程	总监理工程师或建设单位项目负责人	施工单位项目负责人和技术质量部门负责人
地基基础与主体结构分部工程	总监理工程师或建设单位项目负责人	施工单位技术质量负责人,勘察设计单位工程项目负责人,施工单位项目负责人和技术质量部门负责人等
单位(子单位)工程	建设单位(项目)负责人	施工(含分包)单位负责人,设计、监理单位负责人等

4.3.6 陕西建工集团施工质量检验

陕西建工集团×公司施工质量检验流程如图4-6所示。

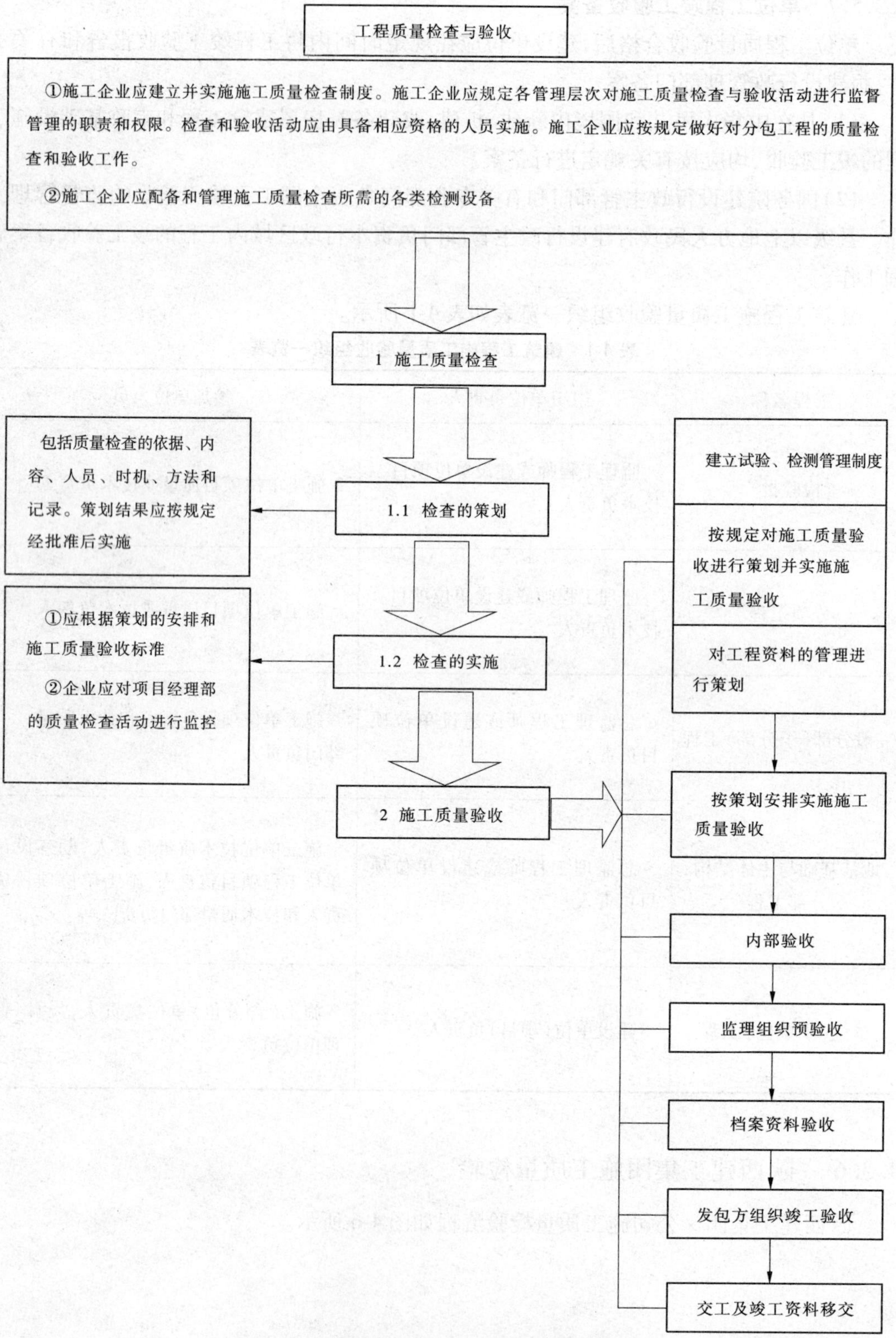

图4-6　陕西建工集团×公司施工质量检验流程

任务小结

本任务主要包括施工质量及作业质量检验的认知、施工质量检验程序的构建及实施、建筑工程施工质量验收等内容。通过对建筑工程施工质量验收标准规范、施工质量验收层次划分、施工质量验收程序和组织以及施工质量不符合要求时的处理等内容的学习，达到学员在施工现场能够负责检验批和分项工程的质量验收及评定、能够参与分部工程和单位工程的质量验收的要求。

工作任务 5　建设工程质量问题和质量事故的处理

【学习目标】

能力目标	能够在工作中参与制定质量通病预防和纠正措施、负责监督质量缺陷的处理、参与质量事故的调查分析和处理的能力
知识要点	工程质量问题的分析、预防及处理方法

【任务介绍】　本任务介绍了建筑工程施工现场施工质量问题和质量事故的处理技术。

【任务分析】　主要包括建设工程质量问题的认知及处理、工程质量事故的认知、工程质量事故处理程序、事故处理方案确定及鉴定验收、工程质量处理案例。

【任务实施】

子任务 5.1　建设工程质量问题的认知及处理

5.1.1　认知工程质量问题

工程质量问题一般分为工程质量缺陷、工程质量通病、工程质量事故。

5.1.1.1　工程质量缺陷

根据国际标准化组织（ISO）和我国有关质量、质量管理和质量保证标准的定义，凡工程产品质量没有满足某个规定的要求，就称为质量不合格；而没有满足某个预期的使用要求或合理的期望（包括与安全性有关的要求），则称为质量缺陷。工程中通常所称的工程质量缺陷，一般是指工程不符合国家或行业现行有关技术标准、设计文件及合同中对质量的要求。土木工程中的缺陷，是由人为的（勘察、设计、施工、使用）或自然的（地质、气候）原因，使建筑物、桥梁或道路等出现影响正常使用、承载力、耐久性、整体稳定性的种种不足的统称。它按照严重程度不同，又可分为三类：

（1）轻微缺陷：并不影响建筑物、道路、桥梁的近期使用，也不影响结构的承载力、刚度及其完整性，但却有碍观瞻或影响耐久性。例如，建筑物墙面不平整，地面、路面混凝土龟裂，混凝土构件表面局部缺浆、起砂，钢板上有划痕、夹渣等。

（2）使用缺陷：虽不影响建筑结构、桥梁结构及道路的承载力，却影响其使用功能，或使结构的使用性能下降，有时还会使人有不舒适感和不安全感。例如，建筑物的屋面和地下室渗漏，装饰物受损，梁的挠度偏大，墙体因温差而出现斜向和竖向裂纹等。

（3）危及承载力缺陷。或表现为采用材料的强度不足，或表现为结构构件截面尺寸不够,或表现为连接构造质量低劣。例如,混凝土振捣不实,配筋欠缺,钢结构焊接有裂纹、咬边现象,地基发生过大的沉降等。这类缺陷威胁到结构的承载力和稳定性,如不及时消除,可能导致局部或整体的破坏。

缺陷可能是显露的,如屋面渗漏;也可能是隐蔽的,如配筋不足。后者更为危险,因为它有良好外表的假象,一旦有所发展,后果可能很严重。

5.1.1.2 工程质量通病

工程质量通病是指各类影响工程结构、使用功能和外形观感的常见性质量损伤,犹如“多发病”一样,而称为质量通病。目前建筑安装工程最常见的质量通病主要有以下几类:基础不均匀下沉,墙开裂;现浇钢筋混凝土工程出现蜂窝、麻面、露筋;现浇钢筋混凝土阳台、雨篷根部开裂或倾覆、坍塌;砂浆、混凝土配合比控制不严,任意加水,强度得不到保证;屋面、厨房渗水、漏水;墙面抹灰起壳、裂缝、起麻点、不平整;地面及楼面起砂、起壳、开裂;门窗变形、缝隙过大、密封不严;水暖电卫安装粗糙,不符合使用要求;结构吊装就位偏差过大;预制构件裂缝,预埋件移位,预应力张拉不足;砖墙接槎或预留脚手眼不符合规范要求;金属栏杆、管道、配件锈蚀;墙纸粘贴不牢、空鼓、折皱、压平起光;饰面板、饰面砖拼缝不平、不直、空鼓、脱落;喷浆不均匀,脱色,掉粉等。

5.1.1.3 工程质量事故

工程质量事故是指在工程建设过程中或交付使用后,对工程结构安全、使用功能和外形观感影响较大,损失较大的质量损伤。工程质量事故,也可定义为由于勘测、设计、施工、实验检测等责任过失而使工程在预定寿命内遭受损毁或产生不可弥补的本质缺陷,因构造倒塌造成人员伤亡或财产损失以及需加固、补强、诉讼处理的事故。如住宅阳台、雨篷倾覆,桥梁结构坍塌,大体积混凝土强度不足,管道、容器爆裂使气体或液体严重泄漏等。它的特点是:经济损失达到较大的金额;有时造成人员伤亡;后果严重,影响结构安全;无法降级使用,难以修复时,必须推倒重建。

建筑工程由于工程质量不合格、质量缺陷,必须进行返修、加固或报废处理,并造成或引发经济损失、工期延误或危及人的生命和社会正常秩序的事件,当造成的直接经济损失低于5 000元时称为工程质量问题;直接经济损失在5 000元(含5 000元)以上的称为工程质量事故。

由于影响工程质量的因素众多而且复杂多变,难免会出现某种质量事故或不同程度的质量缺陷。工程质量管理人员应学会区分工程质量不合格、质量问题和质量事故,准确掌握处理工程质量不合格、工程质量问题和工程质量事故的基本方法和程序。在工程质量事改处理过程中应正确掌握工程质量事故处理方案的确定基本方法和处理结果的鉴定验收程序。

工程质量管理工作中质量控制的重点之一是加强质量风险分析,及早制定对策和措施,重视工程质量事故的防范和处理,避免已发生的质量问题和质量事故进一步恶化和扩大。因此,处理好工程的质量事故,认真分析原因,总结经验教训,改进质量管理与质量保证体系,使工程质量事故减少到最低程度,是质量管理人员的一个重要内容与任务。

5.1.2 工程质量问题的成因分析

5.1.2.1 常见工程质量问题的成因

由于建筑工程工期较长,所用材料品种繁杂,在施工过程中,受社会环境和自然条件方面异常因素的影响,使产生的工程质量问题表现形式千差万别,类型多种多样。这使得引起工程质量问题的成因也错综复杂,往往一项质量问题是由于多种原因引起。虽然每次发生质量问题的类型各不相同,但是通过对大量质量问题调查与分析发现,其发生的原因有不少相同或相似之处,归纳其最基本的因素主要有以下几方面。

1. 违背建设程序

建设程序是工程项目建设过程及其客观规律的反映。不按建设程序办事,例如未搞清地质情况就仓促开工、边设计边施工、无图施工、不经竣工验收就交付使用等是导致工程质量问题的重要原因。

2. 违反法规行为

在建筑工程的实际建造过程中,无证设计、无证施工、越级设计、越级施工、工程招投标中的不公平竞争、超常的低价中标、非法分包转包挂靠、擅自修改设计等行为,均属于违反建设工程法规的行为,均有可能造成严重的工程质量问题。

3. 地质勘察失真

在建筑工程的实际地质勘查过程中,未认真进行工程地质勘察,勘探时钻孔深度、间距、范围不符合规定要求,地质勘察报告不详细、不准确、不能全面反映实际的地基情况从而使得地下情况不清导致采用不恰当或错误的基础方案,均会造成地基不均匀沉降、地基失稳,从而导致上部结构或墙体开裂、破坏,甚至引发建筑物倾斜、倒塌等严重的质量问题。

4. 设计差错

在建筑工程的实际设计过程中,盲目套用图纸,采用不正确的结构方案,计算简图与实际受力情况不符,荷载取值过小,内力分析有误,沉降缝或变形缝设置不当,悬挑结构未进行抗倾覆验算,以及计算错误等,都是引发严重质量问题的原因。

5. 施工与管理不到位

在建筑工程的实际施工过程中,不按图纸施工或未经设计单位同意擅自修改设计,如将铰接做成刚接、将简支梁做成连续梁、挡土墙不按图设滤水层和排水孔;不按有关的施工规范和操作规程施工,如浇筑混凝土时振捣层过厚、振捣时间不够、振捣间距过大,砖砌体砌筑上下通缝、灰浆不饱满等均能导致严重的质量问题。另外,施工组织管理紊乱、不熟悉图纸、盲目施工,施工方案考虑不周、施工顺序颠倒,图纸未经会审、仓促施工,技术交底不清、违章作业,疏于检查、验收等,也都可能导致严重的质量问题。

6. 使用不合格的原材料、制品及设备

1)建筑材料及制品不合格

如钢筋物理力学性能不良会导致钢筋混凝土结构产生裂缝;骨料中的活性氧化硅会发生碱骨料反应导致混凝土产生裂缝;水泥安定性不合格会造成混凝土爆裂;水泥受潮、过期、结块,砂石含泥量及有害物含量超标,外加剂掺量等不符合要求时,均会影响混凝土强度、和易性、密实性、抗渗性，从而导致混凝土结构强度不足、裂缝、渗漏等质量问题。此外，预制构件截面尺寸不足，支承锚固长度不足，未可靠地建立预应力值，漏放或少放钢筋，板面开裂等均可能出现断裂、坍塌等质量问题。

2）建筑设备不合格

如变配电设备质量缺陷导致自燃或火灾，电梯质量不合格危及人身安全，均可造成工程质量问题。

7. 自然环境因素

空气温度、湿度、暴雨、大风、洪水、雷电、日晒和浪潮等均可能诱发工程质量问题。

8. 不当使用

对建筑物或设施的不当使用，如未经校核验算就任意对建筑物加层，任意拆除承重部位结构构件，任意在结构上开槽、打洞、削弱承重结构截面等都会引起严重的质量问题。

5.1.2.2 质量问题成因分析方法

1. 基本步骤

（1）进行细致的现场调查研究，观察记录全部实况，充分了解与掌握引发质量问题的现象和特征。

（2）收集调查与质量问题有关的全部设计和施工资料，分析摸清工程在施工或使用过程中所处的环境及面临的各种条件和情况。

（3）找出可能产生质量问题的所有因素。

（4）分析、比较和判断，找出最可能造成质量问题的原因。

（5）进行必要的计算分析或模拟试验予以论证确认。

2. 分析要领

采用逻辑推理法分析质量事故的成因，其基本原理是：

（1）确定质量问题的初始点，即所谓原点，它是一系列独立原因集合起来形成的爆发点。因为质量问题的初始点能够反映出质量问题的直接原因，因而它在分析过程中具有关键性作用。

（2）围绕初始点对现场各种现象和特征进行分析，区别导致同类质量问题的不同原因，逐步揭示质量问题萌生、发展和最终形成的过程。

（3）综合考虑原因复杂性，确定诱发质量问题的起源点即真正原因，其结果不单是简单的信息描述，而是逻辑推理的产物，其推理可用于工程质量的事前控制。

5.1.3 工程质量问题的处理

5.1.3.1 质量问题处理目的

1. 防止工程质量事故的恶化

发现工程质量问题后，首先要对其进行影响危害分析，目的是防止工程质量事故的恶化。如施工中发现现浇混凝土结构的混凝土强度不足，就应当引起足够的重视。如果尚未拆模，在拆模前应采取一定的补救措施和安全措施，防止发生结构倒塌。如果已拆模，则应考虑控制施工中的荷载量，或采用加支撑的措施，防止结构严重开裂或倒塌，同时及早采取适当的补救措施。

2. 创造正常的施工条件

建筑工程是由分部分项工程所组成,各分部分项工程是由一系列紧密相联的工序和检验批所完成的,前道工序是后续工序的基础,是为完成整个工程所创造的施工条件。例如,发现预埋件等偏位较大,如果不对其纠正,必然会影响后续工程的施工,所以必须及时分析与处理,为后期安装创造施工条件,才能保证工程继续施工及工程结构的安全。

3. 排除工程上存在的隐患

在建筑工程施工过程中,按照有关规定对工程质量问题事故进行分析,对于及时排除工程上的隐患,确保工程质量和安全具有非常重要的意义。例如,在砌体工程施工中,砂浆强度不足、砂浆饱满度达不到规定要求、砌筑方法不当等,都将降低砌体的承载能力,给工程结构留下隐患。发现这类工程质量问题后,应从设计、监理、材料、施工和管理等方面,进行周密的分析和必要的计算,并采取相应的技术措施,以便及时排除这些隐患,确保工程质量和工程结构的安全。

4. 预防质量问题再次发生

发现、分析和处理工程事故的目的,是查明事故原因、总结经验教训、采取相应措施、预防此类质量事故的再次发生,以保证工程质量和减少工程的损失。例如承重砖柱压坏、悬挑结构倒塌、混凝土裂缝和防水工程渗漏等质量事故,在许多地区、很多工程中时有发生,因此及时总结经验教训,进行工程质量教育,或作适当交流,引起人们的警惕,将有助于减少乃至杜绝这类工程质量事故的发生。

5. 减少工程质量问题的损失

在整个建设工程实施过程中,有些质量问题是不可避免的,对出现的这些质量问题,以正确的方法进行处理,将其造成的损失降低到最小程度,这是质量问题处理的重要原则之一。对施工中的质量问题应及时地进行分析,可以防止质量问题的进一步恶化,及时地创造正常的施工条件,并迅速排除质量隐患,可以取得明显的经济效益和社会效益。此外,正确地分析工程质量问题,找准发生问题的原因,可为合理地处理问题提供依据,达到尽量减少问题损失的目的。

6. 有利于工程交工验收

工程在竣工验收阶段,是检查、评价质量的关键时刻,要求工程质量必须达到设计,和有关规范及标准要求。但是,对于那些已出现的工程质量事故,往往是交工验收中争论的焦点,如果事先未进行处理或处理不当,必然影响工程交工验收工作。所以,对施工中所发生的质量问题,若能正确分析其原因和危害,找出正确的解决方法,使有关各方认识一致,可避免在交工验收时发生不必要的争议,而延误工程的验收和按期使用。

7. 为制定和修改标准规范提供依据

建筑工程设计与施工方面的规范、标准和规程,并不是凭空想象、主观制定的,任何规范和标准的出台、修改,都是在不断发现质量问题、总结经验教训、提出相应措施中产生的。所以说,认真对质量事故进行分析,提出正确的解决方法,在实践中得到进一步验证,能为制定和修改标准、规范提供可靠的依据。例如通过对砖墙裂缝问题的分析,可为标准、规范在制定变形缝的设置和防止墙体开裂方面提供依据。

5.1.3.2 质量问题处理方式

在各项工程的施工过程中或完工以后，现场质量员如发现工程项目存在着不合格项或质量问题，应根据其性质和严重程度按如下方式处理：

(1)当施工而引起的质量问题在萌芽状态，应及时制止，并要求施工单位立即更换不合格材料、设备或不称职人员，或要求施工单位立即改变不正确的施工方法和操作工艺。

(2)当因施工而引起的质量问题已出现时，应监理单位向施工单位发出"监理通知单"；质量员应按照"监理通知单"的要求对质量问题进行补救处理，并采取足以保证施工质量的有效措施后，填"监理通知回复单"报监理单位。

(3)当某道工序或分项工程完工以后，出现不合格项，监理工程师填写"不合格项处置记录"要求施工单位及时采取措施予以整改。质量员应按照"不合格项处置记录"的要求进行补救处理。建立工程师对补救方案进行确认，跟踪处理过程，对处理结果进行验收，未验收或者验收不合格不允许进行下道工序或分项的施工。

5.1.4 建筑工程质量缺陷的处理

5.1.4.1 建筑工程质量缺陷

按照中华人民共和国建设部令第80号《房屋建筑工程质量保修办法》第三条规定："本办法所称质量缺陷，是指房屋建筑工程的质量不符合工程建设强制性标准以及合同的约定。"

5.1.4.2 质量缺陷的判定方法

(1)凭目测检查。

(2)无法以目测方法对质量缺陷做出准确判断，应进行实际检验测试，并依此结果认定质量缺陷。

(3)当质量缺陷被认定，而且质量缺陷的严重程度将影响工程安全时，应邀请设计单位进行现场诊断或验算，以决定采取处理措施。

5.1.4.3 质量缺陷的修补

(1)任何质量缺陷的修补，应制订修补方案及方法。

(2)修补措施及方法应不降低质量控制指标和验收标准，并应是技术规范允许的或是行业公认的良好工程技术。

5.1.4.4 质量缺陷的处理方式

(1)质量缺陷处于萌芽状态时：质量指标开始下降，出现有个别的与质量标准稍有偏离的检测数据，出现少量的不影响产品合格检验，但应处理修补的质量缺陷，如混凝土表面的麻面，小面积蜂窝等。这时应及时召开质量问题分析会，采取措施纠正，扭转质量下降的趋势。

(2)质量缺陷正在发生时：若正在发生质量缺陷，或已经出现质量缺陷，应暂停施工。待采取保证施工质量的有效措施，并对缺陷进行了正确的补救处理后复工。

(3)当质量缺陷发生在某道工序或单项工程完工以后，而且质量缺陷的存在将对下道工序或分项工程产生质量影响时，应返工处理。

子任务 5.2 工程质量事故的认知

5.2.1 工程质量事故的原因分析

对于事故发生的原因分析，要建立在事故情况调查的基础上，避免情况不明就主观分析推断事故的原因。只有对调查提供的数据、资料进行详细分析后，才能去伪存真，找到造成事故的主要原因。调查后发现，事故原因主要有以下几方面：

5.2.1.1 设计质量问题

（1）在我国设计与施工相互分离的承包方式下，设计的质量问题相对比较突出。设计文件的“错、漏、碰、缺”是设计中的常见病。

（2）设计计算时考虑不周，结构构造不合理，计算简图不正确，计算荷载取值过小，内力分析有误，沉降缝及伸缩缝设置不当，悬挑结构未进行抗倾覆验算等，都是诱发质量问题的隐患。

（3）设计质量的另一主要问题是基础工作深度不足，不重视现场调查、勘探，只是通过定性对比；或查手册、套标准图。在设计时，不重视总体设计和多方案的技术经济论证，造成设计不合理、浪费严重，甚至留下工程隐患。

5.2.1.2 建设单位管理和施工质量问题

（1）通过对国内多起工程质量事故的分析，发现有的建设单位一再压低承包价格；施工单位按国家相应施工与验收规范施工，就无利可图。施工单位势必要在偷工减料、以次代好方面下工夫，这样必然会出现工程质量事故。

（2）某些建设单位为了进一步有利可图，强行向施工单位提供建筑材料。这些材料往往以次充好，必然造成质量隐患。

（3）多数建设单位没有懂土建的技术人员和对工程的检测手段、对施工不熟悉，对施工单位的施工质量的检查、监督不够。

（4）由于施工企业经营责任制的推行，承包商实行工程独立核算，自负盈亏。因而，部分承包商为取得中标，有意压低投标价使标价偏低，在施工过程中出现成本与质量的矛盾，少数承包商还暗中分包，偷工减料现象时有发生。

（5）个别施工队伍缺乏施工经验，施工管理紊乱，施工方案考虑不周，盲目施工。图纸未经会审，仓促施工；未经监理、设计部门同意，擅自修改设计，致使施工质量得不到保证。

（6）当前我国的建筑工人有3 800多万，其中多数是从农村出来的，他们对建筑方面缺乏基本结构知识，施工蛮干，因此人员素质也是影响工程质量的一个重要因素。

5.2.1.3 监理队伍素质问题

（1）现在的工程监理有相当多是建设单位说什么，他干什么，权威性不够。当然，监理公司是受雇于建设单位，代表建设单位来管好工程，当然要听业主的。但监理公司还有另一面，他必须按照国家的法律、法规、设计文件和合同规定，独立地行使自己的职责，对社会负责。

因此，监理公司既要对建设单位负责，也要对社会负责。所以，我们要强调监理公司在工程监理中"公正、独立、自主"地行使职能。

(2)监理队伍应该由既善设计，又具有施工实际经验的人组成，但我国现阶段的监理队伍严重存在着"三多三少"即兼营监理企业多，专营监理企业少；兼职人员多，专职人员少；返聘人员多，正式职工少。现在大多数监理公司从事施工工作经验多的人比较多，对设计方面的知识掌握不多。一些以设计单位为基础成立的监理公司，懂设计的人多，有施工实际经验的人少。此外，个别监理人员不讲职业道德，利用监理之便，行个人之私，和某些方面勾结起来，弄虚作假，损害工程质量。

上述原因导致建筑工程质量事故的频繁发生。

5.2.2 工程质量事故的预防

建设工程出现质量事故，这不是好事，但可转变为好事，即从质量事故的分析处理中吸取教训，总结经验，不断改进建设工作，提高建设水平和工程质量，预防工程质量事故的重复发生。

5.2.2.1 做好建设工程质量事故的相关工作，增强相关人员的质量责任意识

工程项目建设一个显著的特点是项目形体大，投资多。建设一项工程少则投资几十万以至几百万，大中型建设项目投资更达几千万、几亿甚至上百亿。全国每年用于建设工程的费用已达几万亿。特别是政府投资的基础设施项目，不仅投资大，而且是为国民经济现代化打基础的工程，是为子孙后代造福的千秋大业，一定要确保工程质量万无一失，决不能因质量问题给人民的生命财产带来损失，决不能将带有隐患的工程留给子孙后代，也决不能把人民的血汗钱肆意浪费。工程质量责任重于泰山。质量关系到社会经济发展的大局，也是摆在每一个参与工程建设的人面前的历史责任，必须以对国家、对人民、对子孙后代高度负责的精神，切实增强质量责任意识，牢固树立"百年大计，质量第一"的思想，从建设过程各个方面、各个环节落实质量责任，建设工程质量才能有可靠保证。

5.2.2.2 预防建设工程质量事故，必须尊重客观规律，按科学态度办事

任何事物都有其内在联系和发展过程，工程建设活动也不例外。一个建设项目从设想、选择、评估、决策、设计和施工，到竣工验收、投入使用是一个完整的过程，各个环节相互联系缺一不可，各项工作的展开必须遵循建设程序，不能颠倒。例如未经勘察，不能设计；没有设计，不能施工，未经图纸审查不能施工；施工不打无准备之仗；工程未经验收，不能交付使用等，这些都是人们对建设过程客观规律的认识，是建设项目顺利进行的重要保证。经验告诉我们，否定建设程序，不按科学态度办事，盲目决策，盲目指挥，搞"边勘察、边设计、边施工"的"三边"工程；不讲合理工期，一味求快，搞"献礼工程"的这些错误做法，违背了工程建设的客观规律，对工程建设危害极大，必须引以为戒。只有坚持建设程序，尊重客观规律，严格按科学态度办事，才能使我国现代化建设事业健康、有序、可持续发展。

5.2.2.3 保证和提高建设工程质量，首先要提高建设队伍的素质

工程质量的好坏，是建设工程形成过程中各方面、各环节工作质量的综合反映，起决定作用的是人的素质，包括工程建设决策者、管理者、勘察设计人员和施工人员的素质。

改革开放以来，随着建设事业的蓬勃发展，建设队伍迅速扩增，全国已有3 000多万人，其中大多数是进城不久的农民工，文化程度低，也未经过正规的技术培训，素质不高；相当一部分领导和管理人员，缺乏建设工程质量方面必要的技术管理知识，不能适应现代化建设的需要。因此要确保建设工程质量，切实提高质量水平，就要从普及工程技术质量知识做起，扎扎实实地全面提高建设队伍素质，这是至关重要的基础性工作，是当务之急。

5.2.2.4　**依法有序地规范建设活动，是保证建设工程质量的基础**

建设工程项目的形成是一个有序的系统活动过程。为了保障建设活动的顺利进行，确保建设工程质量，国家制定和颁发了一系列行政法规、技术标准、工艺规程，对工程项目建设活动的全过程和参与建设活动各方行为人的行为进行规范和约束。建设工作的参与者，包括工程建设的领导人、管理人员、技术人员和作业人员应该根据自己的各位职责，熟悉和掌握有关的法规、标准和规定，并自觉地严格遵守，真正做到按建设程序办事，按技术标准进行勘察设计，按工艺规程认真施工操作，按规章制度实施管理，对违章行为依法予以惩处，真正使建设工程活动在有序的环境中进行，建设项目必定能如期优质地完成。

子任务5.3　工程质量事故处理程序

5.3.1　工程质量事故处理的依据

进行工程质量事故处理的主要依据有四个方面：质量事故的实况资料；具有法律效力的，得到有关当事各方认可的工程承包合同、设计委托合同、材料或设备购销合同以及监理合同或分包合同等合同文件；有关的技术文件、档案和相关的建设法规。

在这四方面依据中，前三种是与特定的工程项目密切相关的具有特定性质的依据。第四种法规性依据，是具有很高权威性、约束性、通用性和普遍性的依据，因而它在工程质量事故的处理事务中，也具有极其重要的、不容置疑的作用。现将这四方面依据详述如下。

5.3.1.1　**质量事故的实况资料**

要搞清质量事故的原因和确定处理对策，首要的是要掌握质量事故的实际情况。有关质量事故实况的资料主要可来自以下几个方面。

1.施工单位的质量事故调查报告

质量事故发生后，施工单位有责任就所发生的质量事故进行周密的调查、研究掌握情况，并在此基础上写出调查报告，提交监理工程师和业主。在调查报告中首先就与质量事故有关的实际情况做详尽的说明，其内容应包括：

(1)质量事故发生的时间、地点。

(2)质量事故状况的描述。例如，发生的事故类型(如混凝土裂缝、砖砌体裂缝)；发生的部位(如楼层、梁、柱，及其所在的具体位置)；分布状态及范围；严重程度(如裂缝长度、宽度、深度等)。

(3)质量事故发展变化的情况(其范围是否继续扩大，程度是否已经稳定等)。

(4)有关质量事故的观测记录、事故现场状态的照片或录像。

2. 监理单位调查研究所获得的第一手资料

其内容大致与施工单位调查报告中有关内容相似，可用来与施工单位所提供的情况对照、核实。

5.3.1.2　有关合同及合同文件

(1)所涉及的合同文件可以是：工程承包合同、设计委托合同、设备与器材购销合同、监理合同等。

(2)有关合同和合同文件在处理质量事故中的作用是：确定在施工过程中有关各方是否按照合同有关条款实施其活动，借以探寻产生事故的可能原因。例如，施工单位是否在规定时间内通知监理单位进行隐蔽工程验收，监理单位是否按规定时间实施了检查验收；施工单位在材料进场时，是否按规定或约定进行了检验等。此外，有关合同文件还是界定质量责任的重要依据。

5.3.1.3　有关的技术文件和档案

1. 有关的设计文件

如施工图纸和技术说明等。它是施工的重要依据。在处理质量事故中，其作用一方面是可以对照设计文件，核查施工质量是否完全符合设计的规定和要求；另一方面是可以根据所发生的质量事故情况，核查设计中是否存在问题或缺陷，成为导致质量事故的一方面原因。

2. 与施工有关的技术文件、档案和资料

属于这类文件、档案有：

(1)施工组织设计或施工方案、施工计划。

(2)施工记录、施工日志等。根据它们可以查对发生质量事故的工程施工时的情况，如：施工时的气温、降雨、风、浪等有关的自然条件；施工人员的情况；施工工艺与操作过程的情况；使用的材料情况；施工场地、工作面、交通等情况；地质及水文地质情况等。借助这些资料可以追溯和探寻事故的可能原因。

(3)有关建筑材料的质量证明资料。例如，材料批次、出厂日期、出厂合格证或检验报告、施工单位抽检或试验报告等。

(4)现场制备材料的质量证明资料。例如，混凝土拌和料的级配、水灰比、坍落度记录；混凝土试块强度试验报告，沥青拌和料配比、出机温度和摊铺温度记录等。

(5)质量事故发生后，对事故状况的观测记录、试验记录或试验报告等。例如，对地基沉降的观测记录；对建筑物倾斜或变形的观测记录；对地基钻探取样记录与试验报告；对混凝土结构物钻取试样的记录与试验报告等。

(6)其他有关资料。

上述各类技术资料对于分析质量事故原因，判断其发展变化趋势，推断事故影响及严重程度，考虑处理措施等都是不可缺少的，起着重要的作用。

5.3.1.4　相关的建设法规

1998年3月1日《中华人民共和国建筑法》颁布实施，对加强建筑活动的监督管理，维护市场秩序，保证建设工程质量提供了法律保障。这部工程建设和建筑业的大法的实施，标志着我国工程建设和建筑业进入了法制管理新时期。通过十几年的发展，国家已基本建立起以《中华人民共和国建筑法》为基础与社会主义市场经济体制相适应的工程建设和建筑业法规体系,包括法律、法规、规章及示范文本等。与工程质量及质量事故处理有关的有以下几类,简述如下。

1. 勘察、设计、施工、监理等单位资质管理方面的法规

《中华人民共和国建筑法》明确规定"国家对从事建筑活动的单位实行资质审查制度"。这方面的法规有建设部于2001年以部令发布的《建设工程勘察设计企业资质管理规定》《建筑业企业资质管理规定》和《工程监理企业资质管理规定》等。这类法规主要内容涉及:勘察、设计、施工和监理等单位的等级划分;明确各级企业应具备的条件;确定各级企业所能承担的任务范围;以及其等级评定的申请、审查、批准、升降管理等方面。例如《建筑业企业资质管理规定》中,明确规定建筑业企业经审查合格,"取得相应等级的资质证书,方可在其资质等级许可的范围内从事建筑活动"。

2. 从业者资格管理方面的法规

《中华人民共和国建筑法》规定对注册建筑师、注册结构工程师和注册监理工程师等有关人员实行资格认证制度。1995年国务院颁布的《中华人民共和国注册建筑师条例》,1997年建设部、人事部颁布的《注册结构工程师执业资格制度暂行规定》和1998年建设部、人事部颁发的《监理工程师考试和注册试行办法》等。这类法规主要涉及建筑活动的从业者应具有相应的执业资格;注册等级划分;考试和注册办法;执业范围;权利、义务及管理等。例如《注册结构工程师执业资格制度暂行规定》中明确注册结构工程师"不得准许他人以本人名义执行业务"。

3. 建筑市场方面的法规

这类法律、法规主要涉及工程发包、承包活动,以及国家对建筑市场的管理活动。于1999年1月1日施行的《中华人民共和国合同法》和于2000年1月1日施行的《中华人民共和国招标投标法》是国家对建筑市场管理的两个基本法律。与之相配套的法规有2001年国务院发布的《工程建设项目招标范围和规模标准的规定》、国家计委《工程项目自行招标的试行办法》、建设部《建筑工程设计招标投标管理办法》、2001年国家计委等七部委联合发布的《评标委员会和评标方法的暂行规定》等以及2001年建设部发布的《建筑工程发包与承包价格计价管理办法》和与国家工商行政管理总局共同发布的《建设工程勘察合同》《建筑工程设计合同》《建设工程施工合同》和《建设工程监理合同》等示范文本。

这类法律、法规文件主要是为了维护建筑市场的正常秩序和良好环境,充分发挥竞争机制,保证工程项目质量,提高建设水平。例如《中华人民共和国招标投标法》明确规定"投标人不得以低于成本的报价竞标",就是防止恶性杀价竞争,导致偷工减料引起工程质量事故。《中华人民共和国合同法》明文"禁止承包人将工程分包给不具备相应资质条件的单位,禁止分包单位将其承包的工程再分包。建设工程主体结构的施工必须由承包人自行完成"。对违反者处以罚款,没收非法所得直至吊销资质证书,这均是为了保证工程施工的质量,防止因操作人员素质低造成质量事故。

4. 建筑施工方面的法规

以《中华人民共和国建筑法》为基础,国务院于2000年颁布了《建筑工程勘察设计管

理条例》和《建设工程质量管理条例》。建设部于1989年发布《工程建设重大事故报告和调查程序的规定》,于1991年发布《建筑安全生产监督管理规定》和《建设工程施工现场管理规定》,于1995年发布《建筑装饰装修管理规定》,于2000年发布《房屋建筑工程质量保修办法》以及《关于建设工程质量监督机构深化改革的指导意见》《建设工程质量监督机构监督工作指南》和《建设工程监理规范》等法规和文件。主要涉及施工技术管理、建设工程监理、建筑安全生产管理、施工机械设备管理和建设工程质量监督管理。它们与现场施工密切相关,因而与工程施工质量有密切关系或直接关系。

这类法律、法规文件涉及的内容十分广泛,其特点是大多与现场施工有直接关系。例如《建设工程监理规范》明确了现场监理工作的内容、深度、范围、程序、行为规范和工作制度;《建设工程施工现场管理规定》则要求有施工技术、安全岗位责任制度、组织措施制度,对施工准备,计划、技术、安全交底,施工组织设计编制,现场总平面布置等均做了明确规定。特别是国务院颁布的《建设工程质量管理条例》,以《中华人民共和国建筑法》为基础,全面系统地对与建设工程有关的质量责任和管理问题,做了明确的规定,可操作性强。它不但对建设工程的质量管理具有指导作用,而且是全面保证工程质量和处理工程质量事故的重要依据。

5. 关于标准化管理方面的法规

这类法规主要涉及技术标准(勘察、设计、施工、安装、验收等)、经济标准和管理标准(如建设程序、设计文件深度、企业生产组织和生产能力标准、质量管理与质量保证标准等)。2000年建设部发布《工程建设标准强制性条文》和《实施工程建设强制性标准监督规定》是典型的标准化管理类法规,它的实施为《建设工程质量管理条例》提供了技术法规支持,是参与建设活动各方执行工程建设强制性标准和政府实施监督的依据,同时也是保证建设工程质量的必要条件,是分析处理工程质量事故,判定责任方的重要依据。一切工程建设的勘察、设计、施工、安装、验收都应按现行标准进行,不符合现行强制性标准的勘察报告不得报出,不符合强制性条文规定的设计不得审批,不符合强制性标准的材料、半成品、设备不得进场,不符合强制性标准的工程质量,必须处理,否则不得验收,不得投入使用。

5.3.2　工程质量事故处理的程序

监理工程师应熟悉各级政府建设行政主管部门处理工程质量事故的基本程序,特别是应把握在质量事故处理过程中如何履行自己的职责。工程质量事故发生后,监理工程师可按以下程序进行处理,如图5-1所示。

5.3.2.1　质量事故上报

工程质量事故发生后,总监理工程师应签发“工程暂停令”,并要求停止进行质量缺陷部位和与其有关联部位及下道工序施工,应要求施工单位采取必要的措施,防止事故扩大并保护好现场。同时,要求质量事故发生单位迅速按类别和等级向相应的主管部门上报,并于24 h内写出书面报告。质量事故报告应包括以下主要内容:

(1)事故发生的单位名称,工程(产品)名称、部位、时间、地点。

(2)事故概况和初步估计的直接损失。

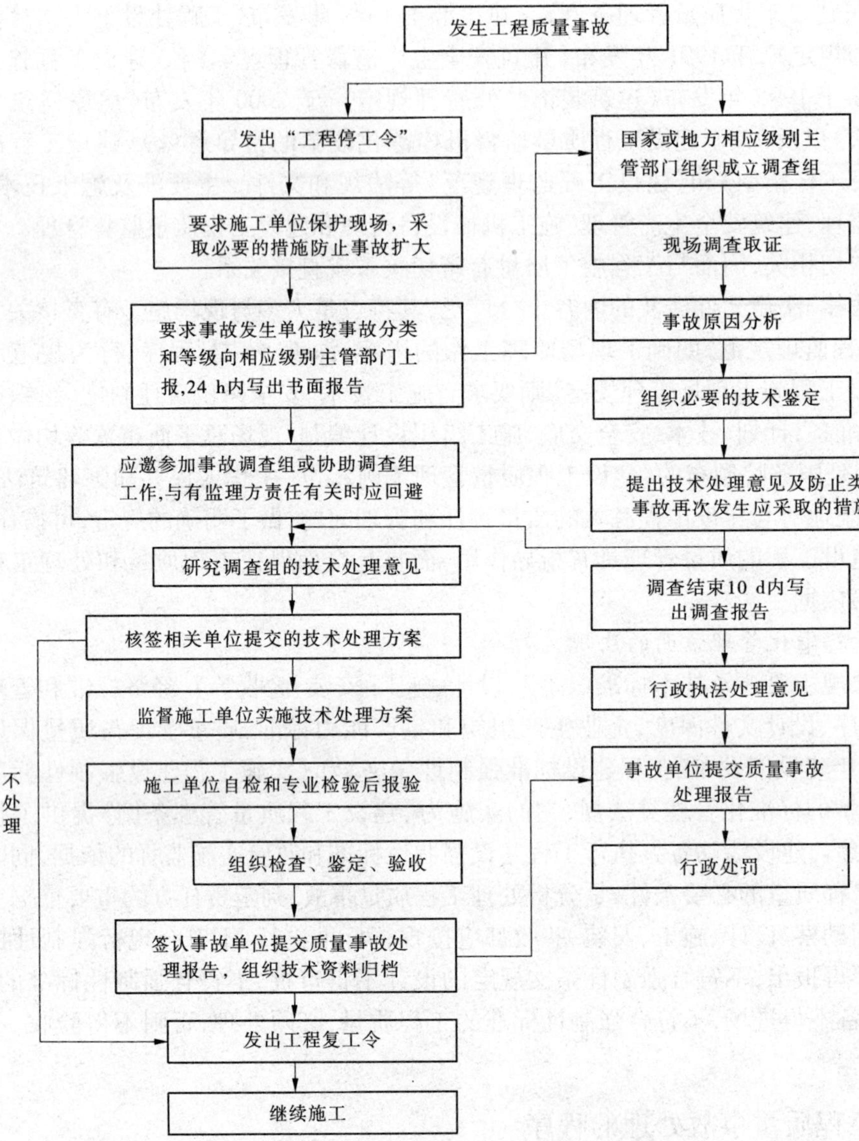

图5-1　工程质量事故处理程序框图

(3)事故发生原因的初步分析。

(4)事故发生后采取的措施。

(5)相关各种资料(有条件时)。

5.3.2.2　**质量事故调查**

各级主管部门处理权限及组成调查组权限如下：

特别重大质量事故由国务院按有关程序和规定处理；重大质量事故由国家建设行政主管部门归口管理；严重质量事故由省、自治区、直辖市建设行政主管部门归口管理；一般质量事故由市、县级建设行政主管部门归口管理。

工程质量事故调查组由事故发生地的市、县以上建设行政主管部门或国务院有关主管部门组织成立。特别重大质量事故调查组组成由国务院批准;一、二级重大质量事故由省、自治区、直辖市建设行政主管部门提出组成意见,人民政府批准;三、四级重大质量事故由市、县级行政主管部门提出组成意见,相应级别人民政府批准;严重质量事故,调查组由省、自治区、直辖市建设行政主管部门组织;一般质量事故,调查组由市、县级建设行政主管部门组织;事故发生单位属国务院部委的,由国务院有关主管部门或其授权部门会同当地建设行政主管部门组织调查组。

监理工程师在事故调查组展开工作后,应积极协助,客观地提供相应证据,若监理方无责任,监理工程师可应邀参加调查组,参与事故调查;若监理方有责任,则应予以回避,但应配合调查组工作。质量事故调查组的职责是:

(1)查明事故发生的原因、过程、事故的严重程度和经济损失情况。

(2)查明事故的性质、责任单位和主要责任人。

(3)组织技术鉴定。

(4)明确事故主要责任单位和次要责任单位,承担经济损失的划分原则。

(5)提出技术处理意见及防止类似事故再次发生应采取的措施。

(6)提出对事故责任单位和责任人的处理建议。

(7)写出事故调查报告。

5.3.2.3 质量事故技术处理

当监理工程师接到质量事故调查组提出的技术处理意见后,可组织相关单位研究,并责成相关单位完成技术处理方案,并予以审核签认。质量事故技术处理方案,一般应委托原设计单位提出,由其他单位提供的技术处理方案,应经原设计单位同意签认。技术处理方案的制订,应征求建设单位意见。技术处理方案必须依据充分,应在质量事故的部位、原因全部查清的基础上,必要时,应委托法定工程质量检测单位进行质量鉴定或请专家论证,以确保技术处理方案可靠、可行,保证结构安全和使用功能。

技术处理方案核签后,监理工程师应要求施工单位制订详细的施工方案设计,必要时应编制监理实施细则,对工程质量事故技术处理施工质量进行监理,技术处理过程中的关键部位和关键工序应进行旁站,并会同设计、建设等有关单位共同检查认可。

5.3.2.4 事故处理鉴定及处理报告

对施工单位完工自检后报验结果,组织有关各方进行检查验收,必要时应进行处理结果鉴定。要求事故单位整理编写质量事故处理报告,并审核签认,组织将有关技术资料归档。

工程质量事故处理报告主要内容:

(1)工程质量事故情况、调查情况、原因分析(选自质量事故调查报告)。

(2)质量事故处理的依据。

(3)质量事故技术处理方案。

(4)实施技术处理施工中有关问题和资料。

(5)对处理结果的检查鉴定和验收。

(6)质量事故处理结论。

5.3.2.5 **恢复正常施工**

签发“工程复工令”,恢复正常施工。

子任务 5.4 事故处理方案确定及鉴定验收

5.4.1 工程质量事故处理方案的确定

本节所指工程质量事故处理方案是指技术处理方案,其目的是消除质量隐患,以达到建筑物的安全可靠和正常使用各项功能及寿命要求,并保证施工的正常进行。其一般处理原则是:正确确定事故性质,是表面性还是实质性、是结构性还是一般性、是迫切性还是可缓性;正确确定处理范围,除了直接发生部位,还应检查处理事故相邻影响作用范围的结构部位或构件。其处理基本要求是:安全可靠,不留隐患;满足建筑物的功能和使用要求;技术上可行,经济合理原则。

这就要求监理工程师在审核质量事故处理方案时,以分析事故调查报告中事故原因为基础,结合实地勘查成果,应努力掌握事故的性质和变化规律,并应尽量满足建设单位的要求。因同类和同一性质的事故常可以选择不同的处理方案,故在签认时,应审核其是否遵循一般处理原则和要求,尤其应重视工程实际条件,如建筑物实际状态、材料实测性能、各种作用的实际情况等,以确保做出正确判断和选择。

尽管对造成质量事故的技术处理方案多种多样,但根据质量事故的情况可归纳为三种类型的处理方案,监理工程师应掌握从中选择最适用处理方案的方法,方能对相关单位上报的事故技术处理方案作出正确审核结论。

5.4.1.1 **工程质量事故处理方案类型**

1. 修补处理

这是最常用的一类处理方案。通常当工程的某个检验批、分项或分部的质量虽未达到规定的规范、标准或设计要求,存在一定缺陷,但通过修补或更换器具、设备后还可达到要求的标准,又不影响使用功能和外观要求,在此情况下,可以进行修补处理。

属于修补处理这类具体方案很多,诸如封闭保护、复位纠偏、结构补强、表面处理等。某些事故造成的结构混凝土表面裂缝,可根据其受力情况,仅作表面封闭保护。某些混凝土结构表面的蜂窝、麻面,经调查分析,可进行剔凿、抹灰等表面处理,一般不会影响其使用和外观。

对较严重的质量问题,可能影响结构的安全性和使用功能,必须按一定的技术方案进行加固补强处理,这样往往会造成一些永久性缺陷,如改变结构外形尺寸,影响一些次要的使用功能等。

2. 返工处理

当工程质量未达到规定的标准和要求,存在的严重质量问题,对结构的使用和安全构成重大影响,且又无法通过修补处理的情况下,可对检验批、分项、分部甚至整个工程返工处理。例如,某防洪堤坝填筑压实后,其压实土的干密度未达到规定值,经核算将影响土体的稳定且不满足抗渗能力要求,可挖除不合格土,重新填筑,进行返工处理。又如某公路桥梁工程预应力按规定张力系数为1.3,实际仅为0.8,属于严重的质量缺陷,也无法修补,只有返工处理。对某些存在严重质量缺陷,且无法采用加固补强等修补处理或修补处理费用比原工程造价还高的工程,应进行整体拆除,全面返工。

3. 不作处理

某些工程质量问题虽然不符合规定的要求和标准构成质量事故,但视其严重情况,经过分析、论证、法定检测单位鉴定和设计等有关单位认可,对工程或结构使用及安全影响不大,也可不作专门处理。通常不用专门处理的情况有以下几种:

(1)不影响结构安全和正常使用。

例如,有的工业建筑物出现放线定位偏差,且严重超过规范标准规定,若要纠正会造成重大经济损失,若经过分析、论证其偏差不影响生产工艺和正常使用,在外观上也无明显影响,可不作处理。又如,某些隐蔽部位结构混凝土表面裂缝,经检查分析,属于表面养护不够的干缩微裂,不影响使用及外观,也可不作处理。

(2)有些质量问题,经过后续工序可以弥补。例如,混凝土墙表面轻微麻面,可通过后续的抹灰、喷涂或刷白等工序弥补,亦可不作专门处理。

(3)经法定检测单位鉴定合格。

例如,某检验批混凝土试块强度值不满足规范要求,强度不足,在法定检测单位,对混凝土实体采用非破损检验等方法测定其实际强度已达规范允许和设计要求值时,可不作处理。对经检测未达要求值,但相差不多,经分析论证,只要使用前经再次检测达设计强度,也可不作处理,但应严格控制施工荷载。

(4)出现的质量问题,经检测鉴定达不到设计要求,但经原设计单位核算,仍能满足结构安全和使用功能。例如,某一结构构件截面尺寸不足,或材料强度不足,影响结构承载力,但经按实际检测所得截面尺寸和材料强度复核验算,仍能满足设计的承载力,可不进行专门处理。这是因为一般情况下,规范标准给出了满足安全和功能的最低限度要求,而设计往往在此基础上留有一定余量,这种处理方式实际上是挖掘了设计潜力或降低了设计的安全系数。

监理工程师应牢记,不论哪种情况,特别是不作处理的质量问题,均要备好必要的书面文件,对技术处理方案、不作处理结论和各方协商文件等有关档案资料认真组织签认。对责任方应承担的经济责任和合同中约定的罚则应正确判定。

5.4.1.2 选择最适用工程质量事故处理方案的辅助方法

选择工程质量处理方案,是复杂而重要的工作,它直接关系到工程的质量、费用和工期。处理方案选择不合理,不仅劳民伤财,严重的会留有隐患,危及人身安全,特别是对需要返工或不做处理的方案,更应慎重对待。

下面给出一些可采取的选择工程质量事故处理方案的辅助决策方法。

1. 试验验证

即对某些有严重质量缺陷的项目,可采取合同规定的常规试验以外的试验方法进一步进行验证,以便确定缺陷的严重程度。例如,混凝土构件的试件强度低于要求的标准不太大(例如10%以下)时,可进行加载试验,以证明其是否满足使用要求。又如,公路工程的沥青面层厚度误差超过了规范允许的范围,可采用弯沉试验,检查路面的整体强度等。

监理工程师可根据对试验验证结果的分析、论证，再研究选择最佳的处理方案。

2. 定期观测

有些工程，在发现其质量缺陷时其状态可能尚未达到稳定仍会继续发展，在这种情况下一般不宜过早做出决定，可以对其进行一段时间的观测，然后再根据情况做出决定。

属于这类的质量问题如桥墩或其他工程的基础在施工期间发生沉降超过预计的或规定的标准；混凝土表面发生裂缝，并处于发展状态等。有些有缺陷的工程，短期内其影响可能不十分明显，需要较长时间的观测才能得出结论。对此，监理工程师应与建设单位及施工单位协商，是否可以留待责任期解决或采取修改合同，延长责任期的办法。

3. 专家论证

对于某些工程质量问题，可能涉及的技术领域比较广泛，或问题很复杂，有时仅根据合同规定难以决策，这时可提请专家论证。而采用这种办法时，应事先做好充分准备，尽早为专家提供尽可能详尽的情况和资料，以便使专家能够进行较充分、全面和细致的分析、研究，提出切实的意见与建议。实践证明，采取这种方法，对于监理工程师正确选择重大工程质量缺陷的处理方案十分有益。

4. 方案比较

这是比较常用的一种方法。同类型和同一性质的事故可先设计多种处理方案，然后结合当地的资源情况、施工条件等逐项给出权重，做出对比，从而选择具有较高处理效果又便于施工的处理方案。例如，结构构件承载力达不到设计要求，可采用改变结构构造来减少结构内力、结构卸荷或结构补强等不同处理方案，可将其每一方案按经济、工期、效果等指标列项并分配相应权重值，进行对比，辅助决策。

5.4.2　工程质量事故处理的鉴定验收

质量事故的技术处理是否达到了预期目的，消除了工程质量不合格和工程质量问题，是否仍留有隐患。监理工程师应通过组织检查和必要的鉴定，进行验收并予以最终确认。

5.4.2.1　检查验收

工程质量事故处理完成后，监理工程师在施工单位自检合格报验的基础上，应严格按施工验收标准及有关规范的规定进行，结合监理人员的旁站、巡视和平行检验结果，依据质量事故技术处理方案设计要求，通过实际量测，检查各种资料数据进行验收，并应办理交工验收文件，组织各有关单位会签。

5.4.2.2　必要的鉴定

为确保工程质量事故的处理效果，凡涉及结构承载力等使用安全和其他重要性能的处理工作，常需做必要的试验和检验鉴定工作。或质量事故处理施工过程中建筑材料及构配件保证资料严重缺乏，或对检查验收结果各参与单位有争议时。常见的检验工作有：混凝土钻芯取样，用于检查密实性和裂缝修补效果，或检测实际强度；结构荷载试验，确定其实际承载力；超声波检测焊接或结构内部质量；池、罐、箱柜工程的渗漏检验等。检测鉴定必须委托政府批准的有资质的法定检测单位进行。

5.4.2.3　验收结论

对所有质量事故无论经过技术处理，通过检查鉴定验收还是不需专门处理的，均应有明确的书面结论。若对后续工程施工有特定要求，或对建筑物使用有一定限制条件，应在结论中提出。验收结论通常有以下几种：

(1)事故已排除，可以继续施工。

(2)隐患已消除，结构安全有保证。

(3)经修补处理后，完全能够满足使用要求。

(4)基本上满足使用要求，但使用时应有附加限制条件，例如限制荷载等。

(5)对耐久性的结论。

(6)对建筑物外观影响的结论。

(7)对短期内难以作出结论的，可提出进一步观测检验意见。

对于处理后符合《建筑工程施工质量验收统一标准》(GB 50300—2013)规定的，监理工程师应予以验收、确认，并应注明责任方主要承担的经济责任。对经加固补强或返工处理仍不能满足安全使用要求的分部工程、单位(子单位)工程，应拒绝验收。

子任务5.5 工程质量处理案例

5.5.1 ×××小区联排屋面保护层松散无强度的问题

5.5.1.1 事件描述

南区联排户型屋面保护层为40 mm后细石混凝土保护层。后期在使用过程中，发现混凝土保护层局部松散、无强度，大面积起砂，局部甚至露出防水层，雨季水泥砂浆顺水流入地面，堵塞雨水管及地漏，业主投诉强烈。

5.5.1.2 原因

经查看，混凝土保护层强度较低，局部起砂严重，有开裂现象，经鉴定及查阅施工资料，首先混凝土保护层浇筑时间未在冬季，排除混凝土受冻无强度的可能性。

无强度起砂原因怀疑为在浇筑混凝土保护层时混凝土强度严重不够，混凝土配合比有问题，水泥含量过少。在浇筑施工时未对混凝土进行振捣密实处理，后期养护不到位，养护时间过少所致。排水属于设计缺陷问题，未考虑排放方向及雨水管排水系统。

5.5.1.3 建议

保护层混凝土无强度起砂现象的发生，给屋面很多的启发，混凝土的强度、配合比、浇筑及养护工序尤为重要，特殊部位如梁、墙等受力部位的混凝土配合比及浇筑的管理监督尤为重要。

5.5.2 ×××小区59-1暖气接反的问题

5.5.2.1 事件描述

南区联排户型59-1暖气系统为独立的燃气锅炉供暖系统，地上三层、地下一层，暖气分三个组系统循环，其中一层及地下一层为其中的一组循环。自业主入住以来，一层及地下室六组暖气片出现温度不高，供热较慢的现象，业主坚持不懈投诉。

5.5.2.2 **原因**

经查看现场及图纸设计,出现不热的六组暖气为单独的一组循环,此组循环正好为六组暖气,不热暖气位置正好与实际相吻合,说明在供暖管件施工时将此组暖气全部接反,在分水器位置。

5.5.2.3 **整改措施**

在分水器位置将供回水两根管件调换,方法为在适当位置截断管件,用两个45°弯头交叉连接,调换供回水管件。

5.5.2.4 **建议**

在施工过程中应注意供暖系统的供回水管件的连接,做好检查及验收,对于暖气供回水管件,建议用不同颜色的管件将其分开,避免后期安装敷设过程中造成接反事件的发生。

5.5.3 ×××小区90#楼门洞口尺寸误差的问题

5.5.3.1 **事件描述**

南区独栋楼90#楼业主在装修时,发现一层结构门洞口左右偏差较大,无法装修。业主投诉,门两侧结构柱偏移,不在一水平线上。

5.5.3.2 **原因**

经查看现场门洞口尺寸偏差问题,用直条铝合金测量比试,门洞口两侧结构柱偏差太大,误差有50 mm,属于结构施工时门洞口结构柱偏移所致。

导致门洞口两侧墙体整体左右位移50 mm,误差严重,施工单位测量施工误差原因,给后期维修整改造成很大困难,影响房屋产品质量的整体效果。

5.5.3.3 **建议**

在结构施工时,对测量放线环节的控制及监管尤为重要,结构一旦出现误差,后期装修很难调整过来。注意测量放线后的验收工序,发现问题及时解决。

在结构施工工程中,加强测量、结构、施工及各方的交接检查,这样才能避免误差等质量问题的发生。

5.5.4 ×××小区90#楼楼梯台阶上下错位的问题

5.5.4.1 **事件描述**

南区独栋楼90#楼业主在装修时,发现一层结构门洞口左右偏差较大,无法装修。业主投诉,门两侧结构柱偏移,不在一水平线上。

5.5.4.2 **原因**

经查看现场门洞口尺寸偏差问题,用直条铝合金测量比试,门洞口两侧结构柱偏差太大,误差有50 mm,属于结构施工时门洞口结构柱偏移所致。

导致门洞口两侧墙体整体左右位移50 mm,误差严重,施工单位测量施工误差原因,给后期维修整改造成很大困难,影响房屋产品质量的整体效果。

5.5.4.3 **建议**

在结构施工时,对测量放线环节的控制及监管尤为重要,结构一旦出现误差,后期装修很难调整过来。注意测量放线后的验收工序，发现问题及时解决。

在结构施工工程中，加强测量、结构、施工及各方的交接检查，这样才能避免误差等质量问题的发生。

5.5.5 ×××小区独栋楼车库地面回填土下沉的问题

5.5.5.1 事件描述

南区独栋楼一层车库地面业主在入住时发现有下陷问题，混凝土水泥地面有裂缝，局部有下陷，雨季期间，赶上大雨地下水上涨，车库地面下回填土下沉，导致混凝土地面大面积下沉。经挖开后发现下陷 20～40 cm 不等，情况严重。

5.5.5.2 原因

此地面为混凝土地面，下部为回填土，因回填土回填质量差，没有逐步夯实，有下沉情况，雨季情况更加严重。经查看现场，完全属于回填土质量不合格所致。

5.5.5.3 整改方案

将车库地面混凝土地面凿开，将下部回填土下挖 30 cm，重新回填 3∶7 回填土，200 mm 一步逐步夯实，回填至地面标高 -0.100 m，大面夯实。再次夯实后浇筑 10 mm 厚混凝土地面，养护。

5.5.5.4 建议

回填土施工一定要按照施工工艺规范要求进行施工，200 mm 一步逐步夯实。回填土施工的质量工艺对后期的房屋质量问题影响比较严重，且后期维修难度较大，维修成本较高。

任务小结

本任务主要是建设工程质量问题的认知及处理、工程质量事故的认知、工程质量事故处理程序、事故处理方案确定及鉴定验收、工程质量处理案例等内容。通过学习工程质量问题的分析、预防及处理方法，达到能够识别工程质量缺陷并进行分析和处理、能够参与调查分析质量事故并提出处理意见的目的。从而使学员获得能够在工作中参与制定质量通病预防和纠正措施、负责监督质量缺陷的处理、参与质量事故的调查分析和处理的能力。

工作任务6　建筑施工质量技术资料管理

【学习目标】

能力目标	能够在工作中编写施工质量检查记录、参与编制建筑施工质量技术资料,汇总、移交工程质量资料
知识要点	施工质量检查记录、施工质量资料

【任务介绍】　本任务介绍了建筑工程施工现场施工质量技术资料的编制及管理技术。

【任务分析】　主要包括施工质量检查记录与质量资料编制、施工质量资料的汇总、整理与移交。

【任务实施】

施工质量检查与验收技术资料是建筑工程施工质量控制的关键环节,本节结合《建筑工程施工质量验收统一标准》(GB 50300—2013)、《陕西省建筑工程施工质量验收技术资料管理整编规定》及建筑工程其他专业验收规范与陕西建工集团总公司及各子公司项目部有关施工质量技术资料管理实践,重点介绍陕西建工集团有关施工质量技术资料的编制与管理。

子任务6.1　施工质量检查记录与质量资料编制

施工质量检查记录系施工过程中工程质量检查的直接记录,是施工质量控制的关键文件。施工质量检查记录与质量资料也是工程竣工验收,评定工程质量优劣、结构及安全卫生可靠程度,认定工程质量等级的必要条件。这些检查记录与施工质量技术资料也是对工程质量及安全事故处理,以及对工程进行检查、维修、管理、使用、改建、扩建、工程结算、决算、审计等的重要技术依据。

6.1.1　陕建施工质量检查记录

施工质量检查记录是施工过程质量记录,依据《建筑工程施工质量验收统一标准》(GB 50300—2013)主要在四个方面(检验批、分项工程、分部工程与单位工程)对工程质量的验收,进行了基本的要求和规定。

6.1.1.1　施工现场质量检查记录

1. 施工现场质量检查记录表

施工现场质量管理检查记录表,按 GB 50300—2013 附录 A 表 A.0.1 填制,如图 6-1 所示。健全的质量管理体系的具体要求,一般一个单位(子单位)工程检查一次,在开工前由施工单位现场负责人填写,由监理单位的总监理工程师(建设单位项目负责人)验收。施工现场质量管理检查必须记录,总监理工程师或建设单位项目负责人进行检查,并作出检查结论。

表6-1　施工现场质量管理检查记录本

开工日期：

<table>
<tr><td colspan="2">工程名称</td><td colspan="2"></td><td colspan="2">施工许可证号</td><td></td></tr>
<tr><td colspan="2">建设单位</td><td colspan="2"></td><td colspan="2">项目负责人</td><td></td></tr>
<tr><td colspan="2">设计单位</td><td colspan="2"></td><td colspan="2">项目负责人</td><td></td></tr>
<tr><td colspan="2">监理单位</td><td colspan="2"></td><td colspan="2">总监理工程师</td><td></td></tr>
<tr><td colspan="2">施工单位</td><td></td><td>项目负责人</td><td></td><td>项目技术负责人</td><td></td></tr>
<tr><td>序号</td><td colspan="2">项　目</td><td colspan="4">主要内容</td></tr>
<tr><td>1</td><td colspan="2">项目部质量管理体系</td><td colspan="4"></td></tr>
<tr><td>2</td><td colspan="2">现场质量责任制</td><td colspan="4"></td></tr>
<tr><td>3</td><td colspan="2">主要专业工种操作岗位证书</td><td colspan="4"></td></tr>
<tr><td>4</td><td colspan="2">分包单位管理制度</td><td colspan="4"></td></tr>
<tr><td>5</td><td colspan="2">图纸会审记录</td><td colspan="4"></td></tr>
<tr><td>6</td><td colspan="2">地质勘察资料</td><td colspan="4"></td></tr>
<tr><td>7</td><td colspan="2">施工技术标准</td><td colspan="4"></td></tr>
<tr><td>8</td><td colspan="2">施工组织设计、施工方案编制及审批</td><td colspan="4"></td></tr>
<tr><td>9</td><td colspan="2">物资采购管理制度</td><td colspan="4"></td></tr>
<tr><td>10</td><td colspan="2">施工设施和机械设备管理制度</td><td colspan="4"></td></tr>
<tr><td>11</td><td colspan="2">计量设备配备</td><td colspan="4"></td></tr>
<tr><td>12</td><td colspan="2">检测试验管理制度</td><td colspan="4"></td></tr>
<tr><td>13</td><td colspan="2">工程质量检查验收制度</td><td colspan="4"></td></tr>
<tr><td>14</td><td colspan="2"></td><td colspan="4"></td></tr>
<tr><td colspan="4">自检结果：

施工单位项目负责人：　　　年　月　日</td><td colspan="3">检查结论：

总监理工程师：　　　年　月　日</td></tr>
</table>

2. 表头部分填写

填写参与工程建设各方责任主体的概况。由施工单位的现场负责人填写。

工程名称栏。应填写工程名称的全称，与合同或招投标文件中的工程名称一致。

施工许可证(开工证)，填写当地建设行政主管部门批准发给的施工许可证(开工证)的编号。

建设单位栏填写合同文件中的甲方，单位名称也应写全称，与合同签章上的单位名称相同。建设单位项目负责人栏，应填合同书上签字人或签字人以文字形式委托的代表——工程的项目负责人。

设计单位栏填写设计合同中签章单位的名称，其全称应与印章上的名称一致。设计单位的项目负责人栏，应是设计合同书签字人或签字人以文字形式委托的项目负责人。

监理单位栏填写单位全称，应与合同或协议书中的名称一致。总监理工程师栏应是合同或协议书中明确的项目监理负责人，也可以是监理单位以文件形式明确的该项目监理负责人，必须有监理工程师任职资格证书，专业要对口。

施工单位栏填写施工合同中签章单位的全称，与签章上的名称一致。项目经理栏、项目技术负责人栏与合同中明确的项目经理、项目技术负责人一致。

3. 检查项目部分填写

填写各项检查项目文件的名称或编号，并将文件(复印件或原件)附在表的后面供检查，检查后应将文件归还。

(1)现场质量管理制度。主要是图纸会审、设计交底、技术交底、施工组织设计编制审批程序、工序交接、质量检查评定制度，质量好的奖励及达不到质量要求处罚办法，以及质量例会制度及质量问题处理制度等。

(2)质量责任制栏，质量负责人的分工，各项质量责任的落实规定，定期检查及有关人员奖罚制度等。

(3)主要专业工种操作上岗证书栏。测量工、起重、塔吊等垂直运输司机，钢筋、混凝土、机械、焊接、瓦工、防水工等建筑结构工种。

电工、管道等安装工种的上岗证，以当地建设行政主管部门的规定为准。

(4)分包方资质与对分包单位的管理制度栏。专业承包单位的资质应在其承包业务的范围内承建工程，超出范围的应办理特许证书，否则不能承包工程。在有分包的情况下，总承包单位应有管理分包单位的制度，主要是质量、技术的管理制度等。

(5)施工图审查情况栏，重点是看建设行政主管部门出具的施工图审查批准书及审查机构出具的审查报告。如果图纸是分批交出的话，施工图审可分段进行。

(6)地质勘察资料栏:有勘察资质的单位出具的正式地质勘察报告，地下部分施工方案制订和施工组织总平面图编制时参考等。

(7)施工组织设计、施工方案及审批栏。检查编写内容、有针对性的具体措施，编制程序、内容，有编制单位、审核单位、批准单位，并有贯彻执行的措施。

(8)施工技术标准栏。是操作的依据和保证工程质量的基础,承建企业应编制不低于国家质量验收规范的操作规程等企业标准。要有批准程序,由企业的总工程师、技术委员会负责人审查批准,有批准日期、执行日期、企业标准编号及标准名称。企业应建立技术标准档案。施工现场应有的施工技术标准都有。可作培训工人、技术交底和施工操作的主要依据,也是质量检查评定的标准。

(9)工程质量检验制度栏。包括三个方面的检验,一是原材料、设备进场检验制度;二是施工过程的试验报告;三是竣工后的抽查检测,应专门制订抽测项目、抽测时间、抽测单位等计划,使监理、建设单位等都做到心中有数。可以单独搞一个计划,也可在施工组织设计中作为一项内容。

(10)搅拌站及计量设置栏。主要是说明设置在工地的搅拌站计量设施精度、管理制度等内容。

(11)现场材料、设备存放与管理栏。这是为保持材料、设备质量和性能必须有的措施。要根据材料、设备性能制定管理制度,建立相应的库房等。

4.检查项目填写内容

(1)直接将有关资料的名称写上,资料较多时,也可将有关资料进行编号,将编号填写上,注明份数。

(2)填表时间是在开工之前,监理单位的总监理工程师(建设单位项目负责人)应对施工现场进行检查,这是保证开工后施工顺利进行和保证工程质量的基础,目的是做好施工前的准备。

(3)填写由施工单位负责人填写,填写之后,并将有关文件的原件或复印件附在后边,请总监理工程师(建设单位项目负责人)验收核查,验收核查后,返还施工单位,并签字认可。

(4)通常情况下一个工程的一个标段或一个单位工程只查一次,如分段施工、人员更换,或管理工作不到位时,可再次检查。

(5)如总监理工程师或建设单位项目负责人检查验收不合格,施工单位必须限期改正,否则不许开工。

6.1.1.2 检验批质量检查记录

1.检验批的质量验收记录表

检验批是分项中的最小基本单元,是分项工程质量验收的基础检验批的质量验收记录由施工项目专业质量检查员填写,监理工程师(建设单位专业技术负责人)组织项目专业质量检查员等进行验收,检验批验收表按 GB 50300—2013 附录表 G.0.1(见表6-2)填制。

表 6-2　检验批质量验收记录

<table>
<tr><td colspan="3">单位(子单位)
工程名称</td><td colspan="2"></td><td>分部(子分部)
工程名称</td><td></td><td>分项工程
名称</td><td></td></tr>
<tr><td colspan="3">施工单位</td><td colspan="2"></td><td>项目负责人</td><td></td><td>检验批容量</td><td></td></tr>
<tr><td colspan="3">分包单位</td><td colspan="2"></td><td>分包单位
项目负责人</td><td></td><td>检验批部位</td><td></td></tr>
<tr><td colspan="3">施工依据</td><td colspan="3"></td><td>验收依据</td><td colspan="2"></td></tr>
<tr><td colspan="3">验收项目</td><td>设计要求及
规范规定</td><td>最小/实际
抽样数量</td><td colspan="3">检查记录</td><td>检查结果</td></tr>
<tr><td rowspan="10">主控项目</td><td>1</td><td></td><td></td><td></td><td colspan="3"></td><td></td></tr>
<tr><td>2</td><td></td><td></td><td></td><td colspan="3"></td><td></td></tr>
<tr><td>3</td><td></td><td></td><td></td><td colspan="3"></td><td></td></tr>
<tr><td>4</td><td></td><td></td><td></td><td colspan="3"></td><td></td></tr>
<tr><td>5</td><td></td><td></td><td></td><td colspan="3"></td><td></td></tr>
<tr><td>6</td><td></td><td></td><td></td><td colspan="3"></td><td></td></tr>
<tr><td>7</td><td></td><td></td><td></td><td colspan="3"></td><td></td></tr>
<tr><td>8</td><td></td><td></td><td></td><td colspan="3"></td><td></td></tr>
<tr><td>9</td><td></td><td></td><td></td><td colspan="3"></td><td></td></tr>
<tr><td>10</td><td></td><td></td><td></td><td colspan="3"></td><td></td></tr>
<tr><td rowspan="5">一般项目</td><td>1</td><td></td><td></td><td></td><td colspan="3"></td><td></td></tr>
<tr><td>2</td><td></td><td></td><td></td><td colspan="3"></td><td></td></tr>
<tr><td>3</td><td></td><td></td><td></td><td colspan="3"></td><td></td></tr>
<tr><td>4</td><td></td><td></td><td></td><td colspan="3"></td><td></td></tr>
<tr><td>5</td><td></td><td></td><td></td><td colspan="3"></td><td></td></tr>
<tr><td colspan="3">施工单位
检查结果</td><td colspan="6">专业工长：
项目专业质量检查员：
年　月　日</td></tr>
<tr><td colspan="3">监理单位
验收结论</td><td colspan="6">专业监理工程师：
年　月　日</td></tr>
</table>

2. 检验批表编号

检验批表的编号按全部施工质量验收规范系列的分部工程、子分部工程统一为6位数的数码编号，写在表的右上角，前6位数字均印在表上，后留两个口，检查验收时填写检验批的顺序号。其编号规则为：

"陕ZJP"代表陕西省建筑工程施工质量技术资料分项工程检验批的验收用表，前边两个数字是分部工程的代码，01～09。地基与基础为01，主体结构为02，建筑装饰装修为03，建筑屋面为04，建筑给水排水及采暖为05，建筑电气为06，智能建筑为07，通风与空调为08，电梯为09。

第3、4位数字是子分部工程的代码。

第5、6位数字是分项工程的代码。

其顺序号见附录B，表B.0.1 建筑工程分部（子分部）工程、分项工程划分表。

第7、8位数字（方框）是各分项工程检验批验收的顺序号。由于在大体量高层或超高层建筑中，同一个分项工程会有很多检验批的数量，故留了2位数（方框）的空位置。

如地基与基础分部工程，无支护土方子分部工程，土方开挖分项工程，其检验批表的编号为陕ZJP－010101，第一个检验批编号为：陕ZJP－010101　01。

还需说明的是，有些子分部工程中有些项目可能在两个分部工程中出现，这就要在同一个表上编2个分部工程及相应的子分部工程的编号；如砖砌体分项工程在地基与基础和主体结构中都有，砖砌体分项工程检验批的表编号为：陕ZJP－010701、陕ZJP－020301。

有些分项工程可能在几个子分部工程中出现，这就应在同一个检验批表上编几个子分部工程及子分部工程的编号。如建筑电气的接地装置安装，在室外电气、变配电室、备用和不间断电源安装及防雷接地安装等于分部工程中都有。

其编号为：陕ZJP 060109
陕ZJP 060206
陕ZJP 060608
陕ZJP 060701

4行编号中的第5、6位数字的分别是第一行09，是室外电气分部工程的第9个分项工程，第二行的06是变配电室子分部工程的第6个分项工程，其余类推。

另外，有些规范的分项工程，在验收时也将其划分为几个不同的检验批来验收。如混凝土结构子分部工程的混凝土分项工程，分为原材料、配合比设计、混凝土施工3个检验批来验收。又如建筑装饰装修分部工程建筑地面子分部工程中的基层分项工程，其中有几种不同的检验批。故在其编号后加"－01～××"。

3. 表头部分的填写

（1）检验批表编号的填写，在2个方框内填写检验批序号。如为第11个检验批则填为11。

（2）单位（子单位）工程名称，按合同文件上的单位工程名称填写，子单位工程标出该部分的位置。分部(子分部)工程名称,按验收规范划定的分部(子分部)名称填写。检验批部位是指一个分项工程中的验收的那个检验批的抽样范围,要标注清楚,如二层①~③轴线砖砌体。

施工单位、分包单位、填写施工单位的全称,与合同上公章名称相一致。项目经理填写合同中指定的项目经理。

(3)施工执行标准名称及编号。

这是这次验收规范编制的一个基本思路,由于验收规范只列出验收的质量指标,其工艺等只提出一个原则要求,具体的操作工艺就靠企业标准了。只有按照不低于国家质量验收规范的企业标准来操作,才能保证国家验收规范的实施。如果没有具体的操作工艺,保证工程质量就是一句空话。企业必须制定企业标准(操作工艺、工艺标准、工法等),来进行培训工人,技术交底,来规范工人班组的操作。为了能成为企业的标准体系的重要组成部分,企业标准应有编制人、批准人、批准时间、执行时间、标准名称及编号。填写表时只要将标准名称及编号填写上,就能在企业的标准系列中查到其详细情况,并要在施工现场有这项标准,供操作工人执行。

4. 质量验收规范的规定栏

质量验收规范的规定填写具体的质量要求,在制表时就已填写好国家验收规范中主控项目、一般项目的全部内容。但由于表格的地方小,多数指标不能将全部内容填写下,所以,只将质量指标归纳、简化描述或题目及条文号填写上,作为检查内容提示。以便查对验收规范的原文;对计数检验的项目,将数据直接写出来。这些项目的主要要求用注的形式放在表的背面。如果是将验收规范的主控、一般项目的内容全摘录在表的背面,这样方便查对验收条文的内容,根据以往的经验,这样做就会引起只看表格,不看验收规范的后果,规范上还有基本规定,一般规定等内容,它们虽然不是主控项目和一般项目的条文但这些内容也是验收主控项目和一般项目的依据。所以验收规范的质量指标不宜全抄过来,故只将其主要要求及如何判定注明。这些在制表时就印上去了。

5. 主控项目、一般项目施工单位检查评定记录

填写方法分以下几种情况,判定验收不验收均按施工质量验收规定进行判定。

(1)对定量项目直接填写检查的数据;

(2)对定性项目,当符合规范规定时,采用打"√"的方法标注;当不符合规范规定时,采用打"×"的方法标注。

(3)有混凝土、砂浆强度等级的检验批,按规定制取试件后,可填写试件编号,待试件试验报告出来后,对检验批进行判定,并在分项工程验收时进一步进行强度评定及验收。

(4)对既有定性又有定量的项目,各个自项目质量均符合规范规定时,采用打"√"来标注;否则采用打"×"来标注。无此项内容的打"/V"来标注。

(5)对一般项目合格点有要求的项目,应是其中带有数据的定量项目,定性项目必须基本达到。定量项目其中每个项目都必须有80%以上(混凝土土保护层为90%),检测点的实测数值达到规范规定。其余20%按各专业施工质量验收规范规定,不能大于

150%，钢结构为120%，就是说有数据的项目，除必须达到规定的数值外，其余可放宽的，最大放宽到150%。

“施工单位检查评定记录”栏的填写，有数据的项目，将实际测量的数值填入格内，超企业标准的数字，而没有超过国家验收规范的用“○”将其圈住；对超过国家验收规范的用“△”圈住。

6. 监理(建设)单位验收记录

通常监理人员应进行平行、旁站或巡回的方法进行监理，在施工过程中，对施工质量进行察看和测量，并参加施工单位的重要项目的检测。对新开工程或首件产品进行全面检查，以了解质量水平和控制措施的有效性及执行情况，在整个过程中，随时可以测量等。在检验批验收时，对主控项目、一般项目应逐项进行验收。对符合验收规范规定的项目，填写“合格”或“符合要求”；对不符合验收规范规定的项目，暂不填写，待处理后再验收，但应做标记。

7. 施工单位检查评定结果

施工单位自行检查评定合格后，应注明“主控项目全部合格，一般项目满足规范规定要求”。

专业工长(施工员)和施工班，组长栏目由本人签字，以示承担责任。专业质量检查员代表企业逐项检查评定合格，将表填写并写清楚明结果，签字后，交监理工程师或建设单位项目专业技术负责人验收。

8. 监理(建设)单位验收结论

主控项目、一般项目验收合格，混凝土、砂浆试件强度待试验报告出来后判定，其余项目已全部验收合格。注明“同意验收”专业监理工程师建设单位的专业技术负责人签字。

6.1.1.3 分项工程质量验收记录

1. 分项工程质量验收记录表

分项工程由一个或若干个检验批组成。分项工程合格质量验收，即只要构成分项工程的各检验批的验收资料文件完整，并且均已验收合格，则分项工程验收合格。分项工程质量应由监理工程师(建设单位项目专业技术负责人)组织项目专业技术负责人等进行验收，分项工程验收表按GB 50300—2013表F.0.1(见表6-3)填制。

2. 分项工程验收记录本填写

分项工程验收由监理工程师组织项目专业技术负责人等进行验收。分项工程是在检验批验收合格的基础上进行，通常起一个归纳整理的作用。是一个统计表，没有实质性验收内容。只要注意三点就可以了，一是检查检验批是否将整个工程复盖了没有漏掉的部位；二是检查有混凝土、砂浆强度要求的检验批，到令期后能否达到规范规定；三是将检验批的资料统一，依次进行登记整理，方便管理。

表的填写：表名填上所验收分项工程的名称，表头及检验批部位、区段，施工单位检查评定结果，由施工单位项目专业质量检查员填写，由施工单位的项目专业技术负责人检查后给出评价并签字，交监理单位或建设单位验收。

表 6-3　分项工程质量验收记录表

单位（子单位）工程名称		分部（子分部）工程名称			
分项工程数量		检验批数量			
施工单位		项目负责人		项目技术负责人	
分包单位		分包单位项目负责人		分包内容	

序号	检验批名称	检验批容量	部位/区段	施工单位检查结果	监理单位验收结论
1					
2					
3					
4					
5					
6					
7					
8					
9					
10					
11					
12					
13					
14					
15					

说明：

施工单位检查结果	项目专业技术负责人： 年　月　日
监理单位验收结论	专业监理工程师： 年　月　日

监理单位的专业监理工程师(或册单位的专业负责人)应逐项审查,同意时填写“合格或符合要求”不同意时暂不填写,待处理后再验收,但应做标记。注明验收和不验收的意见,如同意验收并签字确认。不同意验收请指出存在问题,明确处理意见和完成时间。

6.1.1.4　分部(子分部)工程质量验收规定与记录

1. 分部(子分部)工程质量验收记录

在一个分部工程中只有一个子分部工程时,子分部就是分部工程;当不只一个子分部工程时,可以一个子分部、一个子分部地进行质量验收。分部(子分部)工程质量应由总监理工程师(建设单位项目专业负责人)组织施工项目经理和有关勘察、设计单位项目负责人进行验收,分部(子分部)工程验收表按 GB 50300—2013 附表 G. 0. 1(见表 6-4)填制。

表 6-4　分部(子分部)工程质量验收记录

单位(子单位)工程名称		子分部工程数量		分项工程数量	
施工单位		项目负责人		技术(质量)负责人	
分包单位		分包单位负责人		分包内容	
序号	子分部工程名称	分项工程名称	检验批数量	施工单位检查结果	监理单位验收结论
1					
2					
3					
4					
5					
6					
7					
8					
	质量控制资料				
	安全和功能检验结果				
	观感质量检验结果				
综合验收结论					
施工单位 项目负责人: 年　月　日	勘察单位 项目负责人: 年　月　日		设计单位 项目负责人: 年　月　日	监理单位 总监理工程师: 年　月　日	

注:1. 地基与基础分部工程的验收应由施工、勘察、设计单位项目负责人和总监理工程师参加并签字;

2. 主体结构、节能分部工程的验收应由施工、设计单位项目负责人和总监理工程师参加并签字。

分部(子分部)工程验收记录表。分部(子分部)工程的验收,比88标准增加了内容,是质量控制的一个重点。由于单位工程体量的增大,复杂程度的增加,专业施工单位的增多,为了分清责任,及时整修等,分部(子分部)工程的验收就显得较重要,以往一些单位工程验收的内容,移到分部(子分部)工程来了,除分项工程的核查外,还有质量控制资料核查;安全、功能项目的检测;观感质量的验收等。

分部(子分部)工程应由施工单位将自行检查评定合格的表填写好后,由项目经理交监理单位或建设单位验收。由总监理工程师组织施工项目经理及有关勘察(地基与基础部分)设计(地基与基础及主体结构等)单位项目负责人进行验收,并按表6-4的要求进行记录。

2. 表名及表头部分

(1)表名:分部(子分部)工程的名称填写要具体,写在分部(子分部)工程的前边,并分别划掉分部或子分部。

(2)表头部分的工程名称填写工程全称,与检验批、分项工程、单位工程验收表的工程名称一致。

结构类型填写按设计文件提供的结构类型。层数应分别注明地下和地上的层数。

施工单位填写单位全称。与检验批、分项工程、单位工程验收表填写的名称一致。

技术部门负责人及质量部门负责人多数情况下填写项目的技术及质量负责人,只有地基与基础、主体结构及重要安装分部(子分部)工程应填写施工单位的技术部门及质量部门负责人签字。

分包单位的填写,有分包单位时才填,没有时就不填写,主体结构不应进行分包。分包单位名称要写全称,与合同或图章上的名称一致。分包单位负责人及分包单位技术负责人,填写本项目的项目负责人及项目技术负责人。

3. 验收内容填写

1)分项工程

按分项工程第一个检验批施工先后的顺序,将分项工程名称填写上,在第二格栏内分别填写各分项工程实际的检验批数量,即分项工程验收处的检验批数量,并将各分项工程评定表按顺序附在表后。

施工单位检查评定栏,填写施工单位自行检查评定的结果。核查一下各分项工程是否都通过验收,有关有令期试件的合格评定是否达到要求;有全高垂直度或总的标高的检验项目的应进行检查验收。自检符合要求的可打"√"标注。否则打"×"标注。有"×"的项目不能交给监理单位或建设单位验收,应进行返修达到合格后再提交验收。监理单位或建设单位由总监理工程师或建设单位项目专业技术负责人组织审查,在符合要求后,在验收意见栏内签注"同意验收"意见。

2)质量控制资料

应按"单位(子单位)工程质量控制资料核查记录"中的相关内容逐项进行核查。能基本反映工程质量情况,达到保证结构安全和使用功能的要求,即可通过验收。全部项目都通过,即可在施工单位检查评定栏内打"√"标注检查合格。并送监理单位或建设单位验收,监理单位总监理工程师组织审查,在符合要求后,在验收意见栏内签注"同意验收"

意见。

有些工程可按子分部工程进行资料验收，有些工程可按分部工程进行资料验收，由于工程不同，不强求统一。

3）安全和功能检验（检测）报告

这个项目是指竣工抽样检测的项目，能在分部（子分部）工程中检测的，尽量放在分部（子分部）工程中检测。“单位（子单位）工程安全和功能检验资料核查及主要功能抽查记录”中相关内容核查。在开工之前确定的项目是否都进行了检测；逐一检查每个检测报告，核查检测方法、程序是否符合有关标准规定；结果是否达到规范的要求。检测报告的审批程序签字是否完整。在每个报告上标注审查同意。每个检测项目都通过审查，即可在施工单位检查评定栏内打“√”标注检查合格。由项目经理送监理单位或建设单位验收，监理单位总监理工程师或建设单位项目专业负责人组织审查，在符合要求后，在验收意见栏内签注“同意验收意见”。

4）观感质量验收

实际不单单是外观质量、还有能启动或运转的要启动或试运转，能打开看的打开看，有代表性的房间、部位都应走到，并由施工单位项目经理组织进行现场检查合格后，将施工单位填写的内容填写好，由项目经理签字后交监理单位或建设单位验收。监理单位由总监理工程师或建设单位项目专业负责人组织验收，在听取参加检查人员意见的基础上，以总监理工程师或建设单位项目专业负责人为主导共同确定质量评价，好、一般、差。由施工单位的项目经理和总监理工程师或够单位项目专业负责人共同签认。如评价观感质量差的项目，能修理的尽量修理，如果确难修理，只要不影响结构安全和使用功能的，可采用协商解决的方法进行验收，并在验收表上注明，然后将验收评价结论填写在分部（子分部）工程观感质量验收栏格内。

4. 验收单位签字认可

按表列参与工程建设责任单位的有关人员应亲自签名，以示负责，以便追查质量责任。

勘察单位可只签认地基基础分部（子分部）工程，由项目负责人亲自签认。

设计单位可只签地基基础、主体结构及重要安装分部（子分部）工程，由项目负责人亲自签认。

施工单位总承包单位必须签认，由项目经理亲自签认，有分包单位的分包单位也必须签认其分包的分部（子分部）工程，由分包项目经理亲自签认。

监理单位作为验收方。由总监理工程师亲自签认验收。如果按规定不委托监理单位的工程，可由建设单位项目专业负责人亲自签认验收。

6.1.1.5 单位工程质量验收规定与记录

1. 单位（子单位）工程质量竣工验收记录

单位（子单位）工程质量竣工验收由五部分内容组成，每一项内容都有自己的专门验收记录表，该表是一个综合性的表，是各项目验收合格后填写的。单位（子单位）工程由建设单位（项目）负责人组织施工（含分包单位）、设计、监理等单位（项目）负责人进行验收。单位（子单位）工程验收参加验收单位盖公章，并由负责人签字。单位（子单位）工程质量竣工验收表按 GB 50300—2013 附录 H.0.1－1 填制。

表 3-7 为单位工程质量验收汇总表，单位（子单位）工程质量验收应按表 6-5 记录。表 6-5 与分部（子分部）工程验收记录表 6-4 和单位（子单位）工程质量控制资料核查记录表 6-6、单位（子单位）工程安全和功能检验资料核查及主要功能抽查记录表 6-7、单位（子单位）工程观感质量检查记录表 6-8 配合使用。

单位（子单位）工程质量验收记录由施工单位填写，验收结论由监理（建设）单位填写。综合验收结论由参加验收各方共同商定，建设单位填写，应对工程质量是否符合设计和规范要求及总体质量水平作出评价。

表 6-5　单位（子单位）工程质量验收记录

<table>
<tr><td colspan="2">工程名称</td><td></td><td>结构类型</td><td></td><td>层数/建筑面积</td><td></td></tr>
<tr><td colspan="2">施工单位</td><td></td><td>技术负责人</td><td></td><td>开工日期</td><td></td></tr>
<tr><td colspan="2">项目经理</td><td></td><td>项目技术负责人</td><td></td><td>完工日期</td><td></td></tr>
<tr><td>序号</td><td colspan="2">项目</td><td colspan="2">验收记录</td><td colspan="2">验收结论</td></tr>
<tr><td>1</td><td colspan="2">分部工程验收</td><td colspan="2">共　分部，经查符合设计及标准规定　分部</td><td colspan="2"></td></tr>
<tr><td>2</td><td colspan="2">质量控制资料核查</td><td colspan="2">共　项，经核查符合规定　项</td><td colspan="2"></td></tr>
<tr><td>3</td><td colspan="2">安全和使用功能核查及抽查结果</td><td colspan="2">共核查　项，符合规定　项，共抽查　项，符合规定　项，经返工处理符合规定　项</td><td colspan="2"></td></tr>
<tr><td>4</td><td colspan="2">观感质量验收</td><td colspan="2">共抽查　项，达到“好”和“一般”的　项，经返修处理符合要求的　项</td><td colspan="2"></td></tr>
<tr><td>5</td><td colspan="2">综合验收结论</td><td colspan="4"></td></tr>
<tr><td rowspan="2">参加验收单位</td><td>建设单位</td><td>监理单位</td><td>施工单位</td><td colspan="2">设计单位</td><td>勘察单位</td></tr>
<tr><td>（公章）
项目负责人：
年　月　日</td><td>（公章）
总监理工程师：
年　月　日</td><td>（公章）
项目负责人：
年　月　日</td><td colspan="2">（公章）
项目负责人：
年　月　日</td><td>（公章）
项目负责人：
年　月　日</td></tr>
</table>

注：单位工程验收时，验收签字人员应由相应单位的法人代表书面授权。

表6-6 单位(子单位)工程质量控制资料核查记录

工程名称			施工单位				
序号	项目	资料名称	份数	核查意见		核查人	
				核查意见	核查人	核查意见	核查人
1	建筑与结构	图纸会审记录、设计变更通知单、工程洽商记录					
2		工程定位测量、放线记录					
3		原材料出厂合格证书及进场检验、试验报告					
4		施工试验报告及见证检测报告					
5		隐蔽工程验收记录					
6		施工记录					
7		地基、基础、主体结构检验及抽样检测资料					
8		分项、分部工程质量验收记录					
9		工程质量事故调查处理资料					
10		新技术论证、备案及施工记录					
1	给水排水与供暖	图纸会审记录、设计变更通知单、工程洽商记录					
2		原材料出厂合格证书及进场检验、试验报告					
3		管道、设备强度试验、严密性试验记录					
4		隐蔽工程验收记录					
5		系统清洗、灌水、通水、通球试验记录					
6		施工记录					
7		分项、分部工程质量验收记录					
8		新技术论证、备案及施工记录					

续表 6-6

工程名称			施工单位				
序号	项目	资料名称	份数	核查意见		核查人	
				核查意见	核查人	核查意见	核查人
1	通风与空调	图纸会审记录、设计变更通知单、工程洽商记录					
2		原材料出厂合格证书及进场检验、试验报告					
3		制冷、空调、水管道强度试验、严密性试验记录					
4		隐蔽工程验收记录					
5		制冷设备运行调试记录					
6		通风、空调系统调试记录					
7		施工记录					
8		分项、分部工程质量验收记录					
9		新技术论证、备案及施工记录					
1	建筑电气	图纸会审记录、设计变更通知单、工程洽商记录					
2		原材料出厂合格证书及进场检验、试验报告					
3		设备调试记录					
4		接地、绝缘电阻测试记录					
5		隐蔽工程验收记录					
6		施工记录					
7		分项、分部工程质量验收记录					
8		新技术论证、备案及施工记录					

续表 6-6

工程名称			施工单位				
序号	项目	资料名称	份数	核查意见		核查人	
				核查意见	核查人	核查意见	核查人
1	智能建筑	图纸会审记录、设计变更通知单、工程洽商记录					
2		原材料出厂合格证书及进场检验、试验报告					
3		隐蔽工程验收记录					
4		施工记录					
5		系统功能测定及设备调试记录					
6		系统技术、操作和维护手册					
7		系统管理、操作人员培训记录					
8		系统检测报告					
9		分项、分部工程质量验收记录					
10		新技术论证、备案及施工记录					
1	建筑节能	图纸会审记录、设计变更通知单、工程洽商记录					
2		原材料出厂合格证书及进场检验、试验报告					
3		隐蔽工程验收记录					
4		施工记录					
5		外墙、外窗节能检验报告					
6		设备系统节能检测报告					
7		分项、分部工程质量验收记录					
8		新技术论证、备案及施工记录					
1	电梯	图纸会审记录、设计变更通知单、工程洽商记录					
2		设备出厂合格证书及开箱检验记录					
3		隐蔽工程验收记录					
4		施工记录					
5		接地、绝缘电阻测试记录					
6		负荷试验、安全装置检查记录					
7		分项、分部工程质量验收记录					
8		新技术论证、备案及施工记录					

结论：

施工单位项目负责人： 总监理工程师：

年 月 日 年 月 日

表6-7　单位(子单位)工程安全和功能检验资料核查及主要功能抽查记录

工程名称			施工单位				
序号	项目	安全和功能检查项目	份数	施工单位		监理单位	
				核查意见	核查人	核查意见	核查人
1	建筑与结构	地基承载力检验报告					
2		桩基承载力检验报告					
3		混凝土强度试验报告					
4		砂浆强度试验报告					
5		主体结构尺寸、位置抽查记录					
6		建筑物垂直度、标高、全高测量记录					
7		屋面淋水或蓄水试验记录					
8		地下室渗漏水检测记录					
9		有防水要求的地面蓄水试验记录					
10		抽气(风)道检查记录					
11		外窗气密性、水密性、耐风压检测报告					
12		幕墙气密性、水密性、耐风压检测报告					
13		建筑物沉降观测测量记录					
14		节能、保温测试记录					
15		室内环境检测报告					
16		土壤氡气浓度检测报告					
1	给水排水与供暖	给水管道通水试验记录					
2		暖气管道、散热器压力试验记录					
3		卫生器具满水试验记录					
4		消防管道、燃气管压力试验记录					
5		排水干管通球试验记录					
6		锅炉试运行、安全阀及报警联动测试记录					
1	通风与空调	通风、空调系统试运行记录					
2		风量、温度测试记录					
3		空气能量回收装置测试记录					
4		洁净室洁净度测试记录					
5		制冷机组试运行调试记录					

续表 6-7

工程名称				施工单位			
序号	项目	安全和功能检查项目	份数	施工单位		监理单位	
				核查意见	核查人	核查意见	核查人
1	建筑电气	建筑照明通电试运行记录					
2		灯具牢固定装置及悬吊装置的载荷强度试验记录					
3		绝缘电阻测试记录					
4		剩余电流动作保护器测试记录					
5		应急电源装置应急持续供电记录					
6		接地电阻测试记录					
7		接地故障回路阻抗测试记录					
1	智能建筑	系统试运行记录					
2		系统电源及接地检测报告					
3		系统接地检测报告					
1	建筑节能	外墙节能构造检查记录或热工性能检验报告					
2		设备系统节能性能检验记录					
1	电梯	运行记录					
2		安装装置检测报告					

结论：

施工单位项目负责人：　　　　年　月　日　总监理工程师：　　　　年　月　日

注：抽查项目由验收组协商确定。

表6-8　单位(子单位)工程观感质量检查记录

工程名称			施工单位	
序号		项　目	抽查质量状况	质量评价
1	建筑与结构	主体结构外观	共检查　点,好　点,一般　点,差　点	
2	建筑与结构	室外墙面	共检查　点,好　点,一般　点,差　点	
3	建筑与结构	变形缝、雨水管	共检查　点,好　点,一般　点,差　点	
4	建筑与结构	屋面	共检查　点,好　点,一般　点,差　点	
5	建筑与结构	室内墙面	共检查　点,好　点,一般　点,差　点	
6	建筑与结构	室内顶棚	共检查　点,好　点,一般　点,差　点	
7	建筑与结构	室内地面	共检查　点,好　点,一般　点,差　点	
8	建筑与结构	楼梯、踏步、护栏	共检查　点,好　点,一般　点,差　点	
9	建筑与结构	门窗	共检查　点,好　点,一般　点,差　点	
10	建筑与结构	雨罩、台阶、坡道、散水	共检查　点,好　点,一般　点,差　点	
1	给水排水与供暖	管道接口、坡度、支架	共检查　点,好　点,一般　点,差　点	
2	给水排水与供暖	卫生器具、支架、阀门	共检查　点,好　点,一般　点,差　点	
3	给水排水与供暖	检查口、扫除口、地漏	共检查　点,好　点,一般　点,差　点	
4	给水排水与供暖	散热器、支架	共检查　点,好　点,一般　点,差　点	
1	通风与空调	风管、支架	共检查　点,好　点,一般　点,差　点	
2	通风与空调	风口、风阀	共检查　点,好　点,一般　点,差　点	
3	通风与空调	风机、空调设备	共检查　点,好　点,一般　点,差　点	
4	通风与空调	管道、阀门、支架	共检查　点,好　点,一般　点,差　点	
5	通风与空调	水泵、冷却塔	共检查　点,好　点,一般　点,差　点	
6	通风与空调	绝热	共检查　点,好　点,一般　点,差　点	
1	建筑电气	配电箱、盘、板、接线盒	共检查　点,好　点,一般　点,差　点	
2	建筑电气	设备器具、开关、插座	共检查　点,好　点,一般　点,差　点	
3	建筑电气	防雷、接地、防火	共检查　点,好　点,一般　点,差　点	

续表6-8

<table>
<tr><td colspan="2">工程名称</td><td></td><td>施工单位</td><td colspan="2"></td></tr>
<tr><td>序号</td><td colspan="2">项　目</td><td colspan="2">抽查质量状况</td><td>质量评价</td></tr>
<tr><td>1</td><td rowspan="2">智能建筑</td><td>机房设备安装及布局</td><td colspan="2">共检查　点,好　点,一般　点,差　点</td><td></td></tr>
<tr><td>2</td><td>现场设备安装</td><td colspan="2">共检查　点,好　点,一般　点,差　点</td><td></td></tr>
<tr><td>1</td><td rowspan="3">电梯</td><td>运行、平层、开门</td><td colspan="2">共检查　点,好　点,一般　点,差　点</td><td></td></tr>
<tr><td>2</td><td>层门、信号系统</td><td colspan="2">共检查　点,好　点,一般　点,差　点</td><td></td></tr>
<tr><td>3</td><td>机房</td><td colspan="2">共检查　点,好　点,一般　点,差　点</td><td></td></tr>
<tr><td colspan="3">观感质量综合评价</td><td colspan="3"></td></tr>
<tr><td colspan="6">结论：
施工单位项目负责人：　　　　　　　　　　　　总监理工程师：
年　月　日　　　　　　　　　　　　年　月　日</td></tr>
</table>

注:1. 对质量评价为差的项目应进行返修。

2. 观感质量检查的原始记录应作为本表附件。

2. 表名及表头的填写

将单位工程或子单位工程的名称(项目批准的工程名称)填写在表名的前边,并将子单位或单位工程的名称画掉。

3. 验收内容之一是"分部工程",对所含分部工程逐项检查

首先由施工单位的项目经理组织有关人员逐个分部(子分部)进行检查评定。所含分部(子分部)工程检查合格后,由项目经理提交验收。经验收组成员验收后,由施工单位填写"验收记录"栏。注明共验收几个分部,经验收符合标准及设计要求的几个分部。审查验收的分部工程全部符合要求,由监理单位在验收结论栏内,写上"同意验收"的结论。

4. 验收内容之二是"质量控制资料核查"

这项内容也是先由施工单位检查合格,再提交监理单位验收。其全部内容在分部(子分部)工程中已经审查。通常单位(子单位)工程质量控制资料核查,也是按分部(子分部)工程逐项检查和审查,一个分部工程只有一个子分部工程时,子分部工程就是分部工程,多个子分部工程时,可一个一个地检查和审查,也可按分部工程检查和审查。每个子分部、分部工程检查审查后,也不必再整理分部工程的质量控制资料,只将其依次装订起来,前边的封面写上分部工程的名称,并将所含子分部工程的名称依次填写在下边就行了。然后将各子分部工程审查的资料逐项进行统计,填入验收记录栏内。通常共有多少项资料,经审查也都应符合要求。如果出现有核定的项目,应查明情况,只要是协商验收

的内容，填在验收结论栏内，通常严禁验收的事件，不会留在单位工程来处理。这项也是先施工单位自行检查评定合格后，提交验收，由总监理工程师或建设单位项目负责人组织审查符合要求后，在验收记录栏格内填写项数。在验收结论栏内，写上“同意验收”的意见。

5. 验收内容之三是安全和主要使用功能核查及抽查结果

这个项目包括两个方面的内容。一是在分部(子分部)进行了安全和功能检测的项目要核查其检测报告结论是否符合设计要求。二是在单位工程进行的安全和功能抽测项目，要核查其项目是否与设计内容一致，抽测的程序、方法是否符合有关规定，抽测报告的结论是否达到设计要求及规范规定。这个项目也是由施工单位检查评定合格，再提交验收，由总监理工程师或建设单位项目负责人组织审查，程序内容基本是一致的。按项目逐个进行核查验收。然后统计核查的项数和抽查的项数，填入验收记录栏，并分别统计符合要求的项数，也分别填入验收记录栏相应的空档内。通常两个项数是一致的，如果个别项目的抽测结果达不到设计要求，则可以进行返工处理达到符合要求。然后由总监理工程师或建设单位项目负责人在验收结论栏内填写“同意验收”的结论。

如果返工处理后仍达不到设计要求，就要按不合格处理程序进行处理。

6. 验收内容之四是观感质量验收

观感质量检查的方法同分部(子分部)工程，单位工程观感质量检查验收不同的是项目比较多，是一个综合性验收。实际是复查一下各分部(子分部)工程验收后，到单位工程竣工的质量变化，成品保护以及分部(子分部)工程验收时，还没有形成部分的观感质量等。这个项目也是先由施工单位检查评定合格，提交验收。由总监理工程师或建设单位项目负责人组织审查，程序和内容基本是一致的。按核查的项目数及符合要求的项目数填写在验收记录栏内，如果没有影响结构安全和使用功能的项目，由总监理工程师或建设单位项目负责人为主导意见，评价“好”“一般”“差”，则不论评价为“好”“一般”“差”的项目都可作为符合要求的项目。由总监理工程师或建设单位项目负责人在验收结论栏内填写“同意验收”的结论。如果有不符合要求的项目就要按不合格处理程序进行处理。

7. 验收内容之五是综合验收结论

施工单位应在工程完工后，由项目经理组织有关人员对验收内容逐项进行查对，并将表格中应填写的内容进行填写，自检评定符合要求后，在验收记录栏内填写各有关项数，交建设单位组织验收。综合验收是指在前五项内容均验收符合要求后进行的验收。在建设单位组织下，由建设单位相关专业人员及监理单位专业监理工程师和设计单位、施工单位相关人员分别核查验收有关项目，并由总监理工程师组织进行现场观感质量检查。经各项目审查符合要求时，由监理单位或建设单位在“验收结论”栏内填写“同意验收”的意见。各栏均同意验收且经各参加检验方共同同意商定后，由建设单位填写“综合验收结论”可填写为“通过验收”。

8. 参加验收单位签名

勘察单位、设计单位、施工单位、监理单位、建设单位同意验收时，其各单位的单位项目负责人要亲自签字，以示对工程质量的负责，并加盖单位公章，注明签字验收的年月日。

6.1.2 陕西省建筑工程施工质量资料整编指南

6.1.2.1 基本规定

1. 资料编制依据

为统一陕西省建筑工程施工质量验收技术资料(简称技术资料)的整编,促进和规范各责任主体单位的管理工作,依据《建筑工程施工质量验收统一标准》(GB 50300—2013)、《建设工程文件归档整理规范》(GB 50328—2011)(简称《统一标准》和《文档规范》)等国家有关法规、技术标准、规范制定《陕西省建筑工程施工质量验收技术资料管理整编规定》(简称本《规定》)。

2. 适用范围

本《规定》适用于新建、扩建、改建的工业与民用房屋建筑工程、装饰装修工程、构筑物工程等。凡在陕西省境内承建建筑工程的施工单位及各责任主体单位,不论其隶属关系、资质等级,均应执行本规定。原材料、建筑构配件、成品、半成品、器具和设备的生产、供应单位,应按本《规定》提供相关技术资料。

3. 技术资料编制原则

技术资料是施工单位在施工质量控制过程中严格按施工图、设计文件,标准、规范、规程,坚持同步收集、积累、整理、整编形成且必须归档保存的文字记载资料,不得后补。技术资料均应采用 A4 幅面纸打印。无条件打印时必须使用耐久性强的书写材料如:碳素墨水、蓝黑墨水书写,不得使用易褪色的书写材料如:红色墨水、墨水、圆珠笔、铅笔等书写。技术资料目前原则上采用纸质载体,有条件的施工单位可采用光盘、缩微品载体,并逐步过渡到以光盘、缩微品载体为主。

4. 技术资料管理

技术资料的管理、各类试验、见证取(送)样人员应由经培训持证的人员担任,所收集、积累、整理的资料应保存在施工现场,保证随时提供监理(建设)监督等部门的检查。为能反映工程建设的全过程,技术资料的内容还应包括有个别建设、监理、竣工验收方面的资料。

6.1.2.2 技术资料的分类及验收

本《规定》将技术资料按性质划分为五类:施工质量管理、竣工验收综合资料;分项工程检验批质量验收资料;工程质量控制资料;工程安全和功能检验及主要功能抽查资料;竣工图。施工日志单独组卷装订附后。

技术资料应按统一标准规定,施工单位分级自行检查评定合格后,由监理(建设)单位分级核查验收,签名、公章必须齐全。

6.1.2.3 技术资料的内容

1. 施工质量管理、竣工验收综合资料

包括工程概况、施工许可证(开工报告)、地质报告结论、地基处理方案、人工地基检测报告结论、深基础监测结论、施工现场质量管理检查记录、竣工验收参加各方的质量评价及验收结论等。

2. 分项工程检验批质量验收资料

按《统一标准》(表 B. 0. 1)“建筑工程分部工程、分项工程划分表”中 9 个分部工程中的所有分项工程,在施工过程中按工程量的规模、部位,分项工程可再划分为若干检验批,按相应的专业施工质量验收规范规定的主控项目和一般项目,由施工单位自检评定填制表格、监理位核查验收合格后所形成的工程质量核心资料。

3. 工程质量控制资料

按《统一标准》(G. 0. 1 - 2)表“单位(子单位)工程质量控制资料核查记录”划分的 6 个专业所列的资料项目,包括图纸会审、设计变更、工程定位测放线;原材料、构配件的试验;施工试验、施工记录、隐蔽验收、地基基础主体结构检验及抽查检测;管线系统检验、设备调试;分项分部工程质量验收核查记录、事故处理;新材料、新工艺的应用等一系列对控制工程质量起决定性作用的关键资料。

4. 工程安全和功能检验及主要功能抽查资料

按《统一标准》(G. 0. 1 - 3)表,“单位(子单位)工程安全和功能检验资料核查及主要功能抽查记录”划分的 6 个专业所列的检查项目,除合同特殊约定外,一般不得再增加项目。按相关施工质量验收规范和有关试验检查方法的标准进行抽查试验,检查合格后,填制相关表格所形成的文件资料。

5. 观感质量检查记录

观感质量检查记录不单独分列,划归在施工质量管理、竣工验收综合资料和分部工程验收资料内。

6. 竣工图

未变更的图纸仅加印竣工图印章,变更不多时可用碳素墨水绘制在图纸空白处。凡建筑结构平面图、结构图变更较多的,设备、管线系统图及变更超过图面 1/3 的,应以设计单位重新绘制的变更图纸为准。不同幅面的图纸应按《技术制图复制图的折叠方法》(GB/T 10609. 3—89)统一折叠成 A4 幅面,图标栏应露在外面。装订以散装在卷合内为主,也可用卷夹装订,应按专业进行组卷。竣工图印章的规格及内容按如下格式刻制。用不易褪色的红印泥加印在图标栏的上方。

6.1.2.4 **职责**

1. 原材料、半成品、成品、建筑构配件、器具和设备采购职责

建设单位、施工单位在采购业务过程中,必须索取生产厂家合法、正式的产品合格证,以及品种、规格、性能、执行标准、质量指标、检验报告、使用操作说明等技术文件资料。单机或成套设备进场,必须开箱检查验收并作好记录。凡采购的钢材、水泥、砖、防水材料、外加剂、焊接材料、设备安装工程使用的配件、管线材料等,规定应进行进场复试时,必须按批量随机抽样(或全数)进行复试。规定应见证取(送)样的必须执行。所有试验宜委托同一单位进行,以保证试验工作的连续性和统一性。凡经查验、复试不合格的产品不得用在工程上。凡降低等级使用的,必须有设计或有关单位的书面认可文件,并注明使用部位。不合格的产品调出时,应向对方提供复试报告,并应有调往去向及必要的记录以备查考。采购人员必须对所采购产品的生产厂家、供货单位、产品名称、数量、采购日期、进场时间、质量证明原件存放何处等建立记录台账,并对其产品质量负有采购责任。

2. 检验批施工单位检查评定职责

检验批完工后，班组长、施工员、工长应自行检查分别签字。专业质量检查员复查合格后报监理（建设）单位验收，否则不得进行下道工序。施工单位有关人员对评定结果负责。

3. 现场施工试验、施工记录职责

素灰土回填，砂石回填，砂、石含水率，混凝土及砌筑砂浆配合比计量控制，混凝土坍落度，砂浆稠度，混凝土、砂浆试件取样及制作，钢材连接，焊缝探伤等，必须按相关标准、规范规定进行操作、试验。规定必须见证取（送）样的项目要执行其规定。

现场施工试验不合格时，必须及时向项目技术负责人、项目经理报告，应立即取措施进行整改，形成隐患或事故时，应与监理（建设）单位协商，认真处理，并作为记录存档。现场施工试验应由经培训持有上岗证的人员担任，并对施工试验的结果负责。

4. 试验、检测职责。

试验、检测必须按国家现行标准或商定的标准进行，无相关标准时可各方商定。试验、检测必须严格按规定的操作程序进行。新产品的试验按当地标准化行政主管部门的规定执行，国外进口产品按国家有关规定及合同条款执行。核对取（送）样见证人员的资格是否和授权书一致。

施工单位按规定抽样，经监理（建设）单位见证后所送的试样、试件即代表批量，并对其代表性、真实性负责。试验、测试单位和测试人员应对使用的标准和结论负责。其报告必须签章齐全并加印CMA印章，并填写单位地址、电话、邮编方为有效。不得在报告上声明“仅对来样负责” 工程质量事故的检测、鉴定，事故责任单位的测试机构必须回避，由有关各方商定或当地政府职能部门指定检测、鉴定单位。经试验不合格的产品、试件，必须及时通知委托单位，并做好记录存档。

5. 工程安全和功能检验及主要功能抽查职责

按《统一标准》（G. 0. 1 -3）表“单位（子单位）工程安全和功能检验资料核查及主要功能抽查记录”6个专业划分所列的检查项目，以及施工质量验收规范规定的结构体检验，必须检验和抽查。检验、抽查必须按相关标准、规范规定的方法进行，并形成表格或文字记录资料。

当检验抽查的项目有不符合标准、规范规定时，应进行整修、返修以至返工，然后重新检验，达到标准、规范规定后方可验收。进行抽查、检验、验收的人员应对其定性、定量的结果负责。

6. 工程观感质量检查职责

按《统一标准》（G. 0. 1 -4）表“单位（子单位）工程（专业分部工程）观感质量检查记录”所列的项目，由施工单位项目经理组织自检合格后，填表交监理（建设）单位验收。总监理工程师再组织人员到现场检查验收，检查人员应具有相应的资格。观感检查的定性结论，按“好”“一般”“差”确定。

当有不符合要求的项目时，应进行整修、返修以至返工至符合要求。参与观感检查的人员应对其定性结论负责。

7. 施工单位资料管理职责

项目部对技术资料的管理工作应建立有效、实用的规章制度,实行总工程师负责制,资料管理应由经培训的人员担任。总承包施工单位对资料的总体质量负责,分包施工单位对所分包工程项目资料的质量负责。施工单位的主管经理、总工程师、项目部经理、总工程师应在整编成册的资料封面上署名签字并加印公章。

施工单位整编的资料应齐全、系统、完整,不得弄虚作假。装订成册的资料应编印页码,任何人不得涂改、更换、抽除。若确须变动,应按有关程序办理,否则应追究相关人员的行政责任,情节严重时应追究其法律责任。竣工验收前应将整编的资料提供给建设单位审核,并经城建档案管理部门预审符合要求后,再正式移交给建设单位。

8. 监理(建设)单位工程质量验收职责

从分项工程检验批到单位(子单位)的工程质量验收,监理(建设)单位是决定施工单位工程质量是否做国家标准的责任单位。工程质量验收时,除施工单位外,按规定应分别通知勘察、设计、人工地基检测、深基坑支护监测、规划、消防、环保、防雷等有关单位参加。参加单位应将通过验收的各自评语填制相应表格附在验收表之后。监理(建设)单位是验收会议的主持单位,其主持人对验收结论负责。

6.1.2.5 表格使用

(1)技术资料的表格,统一使用陕西省建设厅发布的"陕西省建筑工程施工质量验收配套表格及使用指南"中的表格(见表6-9、表6-10)。

表6-9 统一表格编号表

序号		表格类别名称	表格编号	检索号文字字头	备注
1		分项工程检验批质量验收记录表	陕 ZJP-010101-01	A	
2		施工质量验收技术资料通用表	陕 ZTY-0001	B	
3	①	工程质量控制资料表	陕 ZKZ-010101	C	不包括原材料、试件、配件,试验
	②	工程质量控制资料表(强文检查)	陕 ZKZ-0101	C	
4		安全和功能检验或功能抽查记录表	陕 ZAG-010101	D	
5	①	建筑与结构原材料、试件试验表	陕 ZSJ-1001	C	指在经计量认证且有资质的法定试验单位进行试验
	②	安装工程材料、配件试验表	陕 ZSA-1001	C	

表6-10　分项工程检验批质量验收记录表

序号	表格类别名称	表格编号	检索号文字字头	备注
1	地基与基础分部工程各分项工程检验批质量验收记录表	陕 ZJP－010	A1	
2	主体结构分部工程各分项工程检验批质量验收记录表	陕 ZJP－0201	A2	
3	建筑装饰装修分部工程各分项工程检验批质量验收记录表	陕 ZJP－0301	A3	
4	建筑屋面分部工程各分项工程检验批质量验收记录表	陕 ZJP－0401	A4	
5	建筑给水、排水及采暖分部工程各分项工程检验批质量验收记录表	陕 ZJP－0501	A5	
6	建筑电气分部工程各分项工程检验批质量验收记录表	陕 ZJP－060101	A6	
7	通风与空调分部工程各分项工程检验批验收记录表	陕 ZJP－070101	A7	
8	通风与空调分部工程各分项工程检验批验收记录表	陕 ZJP－080101	A8	
9	电梯分部工程各分项工程检验批质量验收记录表	陕 ZJP－090101	A9	

（2）当表格不敷应用时，施工单位可按表的基本格式自行补充制定，并送省总站三份。

子任务6.2　施工质量资料的汇总、整理与移交

6.2.1　施工质量验收资料汇总整理

6.2.1.1　一般简单工程的五类组卷

一般简单的单位工程可按规定技术资料划分的五类进行组卷。

1.施工质量管理及竣工验收资料

按单位（子单位）或专业工程的具体情况和特点，主要选用“施工质量验收技术资料通用表”目录中有关表格组成。该部分资料主要反映施工质量管理的全面情况，即施工企业的管理水平、技术实力、人员素质，及概括反映按国家规定程序进行工程建设的全过程。并包括土方工程开始直至竣工各主要工程项目总体质量的状况及结论。同时，也列入了工程质量验收及最后竣工验收的部分资料。

2.分项工程检验批质量验收资料

根据单位（子单位）或专业工程所含的分项工程内容，按“分项工程检验批质量验收

记录”目录进行选用。应该注意的是，各分项工程的检验批组成分项工程，填制《统一标准》中×××分项工程质量验收记录（表 E. 0. 1）各分项工程组成分部（子分部）工程，填制统一标准中“×××分部（子分部）工程验收记录（表 F. 0. 1），其整编顺序按

×××分部（子分部）工程验收记录（表）

①×××分项工程质量验收记录（表）

×××检验批质量验收记录表

②×××分项工程质量验收记录（表）

×××检验批质量验收记录表

③…

④…

由①、②、③、④等组成×××分部（子分部）工程验收记录（表），依次是检验批—分项工程—分部（子分部）工程进行编排。

3. 工程质量控制资料

按“工程质量控制资料表”目录中所列的表格，根据工程实际发生的项目进行选用。编排顺序按统一标准中“单位（子单位）工程质量控制资料核查记录”（表 G. 0. 1 - 2）各专业所列资料各称的顺序编排。同时应注意各表不包括由生产厂家或试验检测单位应提供的试验检测报告，这些应编排在选用表格之后。例如：

“幕墙用硅酮胶性能检测报告”

“进口硅酮胶商检报告”

“玻璃性能检测报告”

“涂料性能检测报告”

总之，各施工单位应根据工程实际需要并能充分体现质量控制资料的全面性、完整性、科学性、真实性、实用性进行收集、整理、整编组卷。

4. 工程安全和功能检验及主要功能抽查记录资料

按目录表可列的 9 项资料顺序进行整编。一般不再增加项目，若建设（监理）单位提出增加项目，需要先进行商定。同时应注意在表后应附本表不包括内容如：

（1）“幕墙墙及外窗气密性、水密性、耐风压检测报告结论汇总表”应附“耐风压性能、空气渗透性能、雨水渗漏性能及平面变形性能的检测报告”。

（2）“民用建筑室内环境检测报告结论汇总表”应附：

“土壤中氡浓度 Rn - 222 测定报告”

“放射性检测报告”

“氨浓度限量检测报告”

“TVOC 限量检测报告”等。

（3）“节能、保温测试报告结论汇总表”应附：

“外墙保温性能测试报告”

“屋顶保温性能测试报告”

“管道保温层厚度及性能测试报告”

“空调效率测试报告”等。

5. 竣工图

竣工图按《建设工程文件归档整编规范》(GB/T 50328—2014)的规定及要求整编组卷。

另外,"施工日志"应每日按本资料提供的表格按日、月、年单独装订组卷。

6.2.1.2 复杂工程组卷

大体量复杂的单位工程,凡具有独立施工条件并能形成使用功能的工程,若划分为若干子单位工程进行竣工验收和备案,其技术资料可单独整编组卷。

(1)子单位工程体量小不复杂时,可按资料性质划分的5类进行组卷。

(2)子单位工程相对体量较大且复杂时,可按9个分部工程即地基与基础、主体结构、建筑装饰装修、建筑屋面、给水排水与采暖、建筑电气、通风与空调、电梯、建筑智能化分别组卷。

(3)大型工程不划分子单位工程且9个分部全部由承包单位施工时,其资料的整编按9个分部分别组卷。

6.2.1.3 专业分包组卷

专业分包施工单位承建的分项、子分部、分部工程(如大型土方、桩基、幕墙、地下防水、屋面防水、钢结构及各类设备安装等)在竣工后应进行竣工验收,其技术资料应按5类资料的顺序组卷。

6.2.1.4 总包组卷

总承包单位负责总体技术资料的整编及组卷。

6.2.2 施工技术资料的移交

6.2.2.1 专业分包资料移交

(1)分包施工单位应按合同约定的资料份数、内容、装订方式、移交时限,将整编组卷成型的资料移交给总承包施工单位,并办理移交手续。

(2)移交给总包单位的资料,本规定确定为两套,一套原件,一套复印件。若要增加套数,应在合同中确定或另行商定,并明确所发生的费用。分包单位自存资料份数自定。

(3)分包施工单位应按合同约定时限将资料移交给总承包单位或监理(建设)单位,不得由于某些原因,拖延甚至拒绝资料的移交。

6.2.2.2 总包资料移交

(1)总承包施工单位应按合同约定的资料份数、内容、装订方式、移交时限,将整编组卷成型的资料移交给建设单位,并办理移交手续。

(2)移交给建设单位的资料,本规定确定为两套,一套原件,一套复印件。若要增加套数,应在合同中确定或另行商定,并明确所发生的费用。施工单位自存资料份数自定。

(3)分包或总包施工单位应按合同约定时限将资料移交给总承包单位或监理(建设)单位,不得由于某些原因,拖延甚至拒绝资料的移交。

(4)总承包单位或监理(建设)单位不得由于非资料问题的某些原因,拖延甚至拒绝接收分包单位或总承包单位资料的移交。

子任务6.3 陕西建工集团施工质量技术资料整理

陕西建工集团各企业施工技术资料整编是按照陕西省技术资料整编要求进行,下面给出两个陕建七公司在宝鸡某项目装饰工程技术资料案例,供大家参考。

内墙抹灰分项工程 报验申请表

工程名称: ××市×××小区2#住宅楼　　　　编号:

致:陕西方得项目管理有限公司(监理单位)

我单位已完成了　2#楼主体七层内墙抹灰的施工　工作,并按有关规定、验评标准进行自检,质量等级为　10。现报上该工程报验申请表,请予以审查和验收。

附件:

1. 一般抹灰工程检验批质量验收记录表;
2. 隐蔽工程验收记录表。

陕西建工集团第×建筑公司

承包单位(章)×××工程项目部

项目经理　×××

资质证号7113100×××

日　期2011年06月11日

审查意见:

项目监理机构						
总/专业监理工程师						
			岗位证号			
日期				年　月　日		

本表一式三份,建设单位、监理单位、承包单位各一份。

	陕西省建设厅建制
	陕西省建设监理协会承印

陕西省建筑工程施工质量验收技术资料统一用表

施工质量验收技术资料通用表

外墙面砖分项

陕 ZTY－10××

<table>
<tr><td>工程名称</td><td>××市×××小区
5#住宅楼工程</td><td>建设单位</td><td>宝鸡市××房地产开发公司</td></tr>
<tr><td>总承包企业</td><td>陕西建工集团第×建筑工程
有限公司</td><td>施工企业</td><td>陕西建工集团第×建筑公司
轩苑世家项目部</td></tr>
<tr><td>隐蔽工程
部位</td><td>标准、规范、规程、
设计的规定</td><td colspan="2">监理（建设）验收意见</td></tr>
<tr><td>—/①西立面
外墙面砖</td><td>1.《混凝土结构工程施工质量验收规范》（GB 50204—2002）
2. 设计图纸：结构总说明
3. 设计要求：
3.1　砌块填充墙：
砌体材料为轻集料混凝土空心砌块，强度等级：MU3.5级。砌筑砂浆为M5混合砂浆。
3.2　混凝土剪力墙：
一层至十八层混凝土强度等级为C30；一层至十八层填充墙厚为200 mm。</td><td colspan="2"></td></tr>
<tr><td colspan="2">施工企业</td><td colspan="2">监理（建设）单位检查结论</td></tr>
<tr><td>班组长

2011年04月03日</td><td>工段长（施工员）：

2011年04月03日</td><td colspan="2">监理工程师（建设单位
项目专业技术负责人）

年　月　日</td></tr>
</table>

陕西省建设工程质量安全监督总站编印

任务小结

本任务主要包括施工质量检查记录与质量资料编制、施工质量资料的汇总、整理与移交等内容，使学生能够在工作中编写施工质量检查记录、参与编制建筑施工质量技术资料，汇总、移交工程质量资料。

参考文献

[1] 危道军．质量员专业管理事务[M]．北京:中国建筑工业出版社，2007.

[2] 中华人民共和国住房和城乡建设部．JGJT 250—2011 建筑与市政工程施工现场专业人员职业标准[S]．北京:中国建筑工业出版社,2011.

[3] 中国建设监理协会．建设工程质量控制[M]．北京:中国建筑工业出版社,2010.

[4] 徐猛勇,陶继水．建设工程质量与安全控制(含验收)[M]．北京:中国水利水电出版社，2011.

[5] 中华人民共和国建设部,中华人民共和国国家质量监督检验、检疫总局．GB/T 50375—2006 建筑工程施工质量评价标准[S]．北京:中国建筑工业出版社,2006.

[6] 中华人民共和国住房和城乡建设部．GB 50207—2012 屋面工程质量验收规范[S]．北京:中国建筑工业出版社,2012.

[7] 中华人民共和国建设部．GB/T 50430—2007 工程建设施工企业质量管理规范[S]．北京:中国建筑工业出版社,2007.

[8] 全国建筑项目经理培训教材编写委员会．施工项目质量与安全管理[M]．北京:中国建筑工业出版社,2002.

[9] 全国注册安全工程师执业资格考试辅导教材编写委员会．安全生产技术[M]．北京:煤炭工业出版社,2005.

[10] JGJ/T 185—2009 建筑工程资料管理规程[S]．北京:中国建筑工业出版社,2009.